뼈가
들려준
이야기

인류학 박사 진주현의

뼈가 들려준 이야기

재밌는 뼈, 이상한 뼈, 오래된 뼈

진주현 지음

푸른숲

뼈를 만나러 가는 길

6월의 어느 무더운 날. 베트남 꽝빈성Tỉnh Quảng Bình의 시골 마을에서 우리 팀은 열심히 발굴을 하고 있었다. 날이 얼마나 덥고 습했던지 5분만 삽질을 해도 어느새 온몸이 땀범벅이 되었다. 어쩜 하늘에는 저렇게 구름 한 점 없을까. 쨍쨍 내리쬐는 햇볕 아래서 발굴을 하다 보면 가끔씩 불어오는 바람이 그렇게 고마울 수가 없었다. 베트남 현지인 마흔 명과 우리 연구소 소속 직원 열 명이 힘을 합쳐 열심히 땅을 파고, 파낸 흙을 체로 쳤다.

우리는 사람 뼈를 찾고 있었다. 땅을 파다가 혹시 뼈처럼 생긴 게 있는지 잘 봐야 했기 때문에 한시도 긴장을 늦출 수 없었다. 땅속에서 파낸 흙에 섞인 작은 돌멩이가 뼈처럼 보이는 경우가 허다했다. 드디어 뼈를 찾았나 보다 하고 자세히 보면 돌멩이였다. 이런 돌멩이 같은!

매일 고된 작업이 이어졌지만 베트남 사람들과 함께 일하는 건 참 즐거웠다. 통역병의 도움 없이는 서로 말이 통하지 않았지만 말이 필요 없을 정도로 마음이 잘 통했다. 50분 일하고 10분 쉴 때마다 베트남 아줌마와 아저씨들은 내게 간식과 물을 가져다주었다. 하루 종일 일해도 일당이 2천 원밖에 되지 않는 가난한 동네였지만 인심은 그 어느 곳보다 넉넉했다.

하루는 점심시간에 한 집으로 초대를 받았다. 시멘트로 엉성하게 지은 집에 살림이라곤 작은 텔레비전 한 대와 딱딱한 나무 침대 두 개가 전부였다. 그 집 아이들은 나를 보자 활짝 웃더니 바닥에 깔린 대나무 돗자리 위에 앉혔다. 그러더니 베트남 말로 나에게 쫑알쫑알 뭐라뭐라 말을 건넸다. 무슨 말인지 전혀 알아들을 수는 없었지만 이렇게 반가워해주니 나도 덩달아 신이 났다. 그날 주인 아주머니가 해준 삼겹살 간장 양념 구이는 얼마나 맛이 있던지 아직도 그 맛을 떠올리면 저절로 군침이 돈다. 작은 새우와 야채를 넣어 볶은 요리도 맛있었고 여기에 곁들여 먹은 고슬고슬한 밥도 잊을 수가 없다.

식사를 마칠 무렵 사람들은 내게 베트남에서도 한창 유행이던 케이팝을 불러 보라 했다. 핑클과 H.O.T. 세대인 나는 미국으로 떠난 2003년 이후에 나온 한국 가요를 거의 몰랐다. 당황스러웠지만 한편으로는 이런 시골 마을에서도 우리나라 노래들이 인기라니 왠지 마음이 뿌듯했다. 그래서 급하게 한 곡 배워 투애니원의 "아이

돈 케어 그만 할래~"를 외치며 열심히 불렀다. 가사가 생각나지 않을 땐 그냥 아무 말이나 지어내서 끝까지 마무리했는데 그럼에도 우레와 같은 박수가 터졌다. 민망하기 짝이 없었지만 이런 소소한 재미 덕에 무더운 날의 발굴도 견딜 만했다.

발굴을 시작한 지 벌써 보름이 지났건만 우리가 찾는 '뼈'는 나오질 않았다. 매일 발굴을 마친 뒤 동네 호텔로 돌아가서 씻고 보고서를 작성하면 어느새 저녁 먹을 시간이었다. 피곤하니 그냥 호텔방에서 대충 빵으로 때울까 하다가도 베트남까지 온 게 아까워서 시장에 나가곤 했다. 거리에서 파는 진한 국물의 베트남 쌀국수 한 그릇을 땀을 뻘뻘 흘리며 먹기도 하고, 바삭바삭한 바게트로 만든 베트남식 샌드위치를 사 먹기도 했다. 또 어떤 날은 시원한 밤바람을 맞으며 정체불명의 꼬치구이를 사 먹고, 디저트로 연유를 듬뿍 넣은 달달한 베트남식 아이스커피도 마시곤 했다.

해가 져 시장 상인들이 모두 집으로 가고 나면 길거리에는 작은 테이블과 의자들이 죽 놓였다. 자세히 보니 테이블 위의 양동이 속에는 달걀이 수북이 담겨 있었다. 어둑어둑한 저녁에 달걀 장사들이 나오는 게 신기해서 통역병에게 물었더니, 저건 내가 생각하는 달걀이 아니라고 했다. 그러곤 베트남 사람들이 야식으로 즐겨 먹는다는 저 달걀 안에는 부화하기 전의 병아리가 들어 있다고 덧붙였다.

예전에 읽고 또 읽던 한비야의 여행기에서 본 기억이 나 문득 어떤 맛일까 궁금해졌다. 통역병은 자기도 어렸을 때 맛있게 먹던 거라며 같이 먹어보겠냐고 물었다. 좀 징그럽기는 했지만 해가 진 후라 어차피 먹을 때 병아리가 보이진 않을 테고 이 동네 사람들이 그렇게 즐겨 먹을 정도로 맛있다고 하니 한 번 믿고 먹어보기로 했다. 목욕탕에나 있을 법한 아주 작은 의자에 쭈그려 앉아 달걀 하나를 깨서 입에 털어 넣었다. 바삭. 흠. 닭고기 맛인 것도 같고 달걀 맛인 것도 같았다. 생각만큼 이상하진 않았다. 이렇게 하루하루가 흘렀다.

꼬박 한 달 동안 땅을 팠는데, 그동안의 땀방울이 무색하게도 우리가 찾는 뼈는 결국 나오지 않았다. 우리는 베트남전에서 전사한 미군의 유해를 찾고 있었다. 동네 사람들의 증언에 따르면 분명히 이 근처에 미군 시신을 묻었다고 했다. 수십 년 전의 일이니 기억이 희미해졌거나 워낙 덥고 습한 지역이라 이미 뼈가 다 삭아 없어졌을 수도 있다. 어쩌면 누군가가 농사를 짓다가 파내서 이미 다른 곳으로 뼈를 옮겼을 수도 있다.

우리가 확인할 수 있었던 것은 이곳에는 뼈가 없다는 사실이었다. 아직도 유해를 찾지 못한 미군 전사자의 수는 베트남전쟁에서 1천 6백 명, 그리고 한국전쟁에서 7천 9백 명이나 된다. 머나먼 외국 땅에서 전사한 이들의 유해조차 찾지 못했다는 건 미국 사람들 입장에서는 안타까운 일이다. 그래서 이미 수십 년이 지난 지금도 그들의 유해를 찾기 위한 노력을 세계 각지에서 계속하고 있다.

나는 그 팀의 일원으로 뼈를 찾으러 다니는 여자다. 남들이 무섭다며 겁내는 '사람 뼈'를 찾아 베트남의 정글과 남아프리카 공화국의 동굴 그리고 온두라스의 유적을 찾아 다니는 인류학자다. 체력적으로 힘든 일을 여자가 어떻게 하느냐는 주위의 걱정을 뒤로 한 채 38도를 넘는 맹렬한 더위 속에서도 사람 뼈를 찾아 땀을 뻘뻘 흘리며 삽질을 하면서 좋다고 웃는 여자다.

생각해보면 뼈는 내 몸속에 있으니 무서울 건 없다. 하지만 뼈는 사람이 죽은 이후에야 겉으로 드러나기 때문에 대부분의 사람들은 사람 뼈에서 자연스레 죽음이 연상되는지 가까이 가려고 하지 않는다. 그러나 알면 달리 보이고 알수록 사랑하게 되는 것처럼 뼈는 알면 알수록 신기하고 흥미롭다.

뼈는 우리 몸속에서 평생의 흔적을 고스란히 담아낸다. 죽은 사람의 뼈만 봐도 이 사람이 나이가 몇이었는지, 여자인지 남자인지, 키는 얼마나 컸었는지, 몸을 많이 썼던 사람인지, 잘 먹던 사람인지 굶주리던 사람인지와 같은 것들을 대강 짐작할 수 있다.

한시도 쉬지 않고 뛰는 심장처럼 뼈도 한평생 계속해서 오래된 세포가 없어지고 새로운 세포로 바뀌는 살아 있는 조직이다. 만화에서 강아지가 물고 다니는 뼈를 떠올리면 왠지 그런 게 몸속에서 살아 있다는 것이 잘 믿기지 않는다. 뼈는 딱딱하니 한번 생기면 꼭 그 모습 그대로 우리 몸속에 있을 것만 같다. 하지만 뼈는 움직이면 움직일수록 튼튼해지고, 안 쓰면 안 쓸수록 약해진다.

뼈에는 한 사람의 인생뿐 아니라 인류의 역사도 담겨 있다. 사람이 오늘날과 같은 형태로 진화하기까지 거쳐온 수백만 년의 역사가 뼈에 고스란히 남아 있다. 수백만 년 전에 아프리카 땅을 누볐던 인류 조상의 뼈가 세월에 따라 변해온 모습을 통해 우리는 먼 옛날 사람들이 어떻게 살았는지 짐작해 볼 수 있다. 최초의 인류는 어떤 식으로 걸어 다녔으며 그들의 키는 어느 정도였고 무엇을 먹었는지, 심지어는 어떤 사회 구조였는지도 알 수 있다.

사람 뼈에 사람의 역사가 담겨 있듯이 다른 동물의 뼈에는 그들의 역사가 담겨 있다. 인류 역사에서 매우 중요한 말[馬]은 수백만 년 전에는 발굽이 세 개였다. 당시 말은 키가 60센티미터밖에 안 되는 작은 동물이었다. 그런데 시간이 흐르면서 몸집이 점점 커졌고 오랫동안 빨리 달리는 것은 말의 중요한 생존 전략이 되었다. 큰 몸집을 유지하면서 빠른 속도로 달리려다 보니 세 개였던 발굽은 점차 하나로 붙어버렸다. 무거워진 몸을 더 잘 받쳐주기 위해서였다. 그 결과 오늘날 지구상에 사는 말들은 모두 발굽이 하나뿐이다. 우리는 이러한 사실을 수많은 유적에서 쏟아져나오는 오래된 말 뼈 덕분에 알 수 있었다. 말 뿐만 아니라 물고기, 참새, 개구리, 고양이, 호랑이 등 뼈대 있는 모든 동물들은 모두 뼈 속에 진화의 역사를 담고 있다.

서로 다른 동물의 뼈를 비교해보면 그 두 종이 얼마나 닮았고 또 얼마나 다른지도 쉽게 알 수 있다. 사람과 침팬지는 다르게 생겼다면 정말 다르다. 일단 침팬지는 키가 사람보다 훨씬 작고 다리도 짧지만 팔은 훨씬 길다. 또 사람과 달리 시커먼 털이 온몸을 덮고 있다. 하지만 침팬지가 하는 행동을 가만히 보면 사람과 참 비슷한 구석이 많다. 손가락을 사람만큼이나 자유자재로 사용할 수 있기에 나무 막대기를 개미굴에 넣어 개미를 낚시해서 먹기도 하고 바나나를 주면 쓱쓱 껍질을 까서 먹을 줄도 안다.

《총, 균, 쇠》를 쓴 재레드 다이아몬드 교수가 사람을 '제3의 침팬지'라고 부른 것도 사람과 침팬지의 비슷한 특징 때문이었다. 야생에는 두 종류의 침팬지가 있으니 사람은 세 번째 침팬지라는 뜻이다. 사람과 침팬지는 유전자의 97퍼센트가 똑같다. 이 둘의 뼈를 비교해보면 확연히 다른 점도 있지만 너무나 비슷해 잘 모르는 사람 눈에는 침팬지 뼈도 얼마든지 사람처럼 보일 수 있다. 침팬지도 사람처럼 도구를 쓸 줄 알기 때문에 손가락과 손목뼈는 사람과 비슷하다. 하지만 곧게 서서 걷는 사람과 달리 침팬지는 몸을 앞으로 기울여 주먹을 바닥에 짚으며 네 발로 걷는다. 이런 걷는 방식의 차이 때문에 사람과 침팬지의 골반은 확연히 다르다. 생물 진화의 역사상 언제부터 사람과 침팬지에게 이런 차이가 생겼는지, 어떤 과정을 거쳐 이렇게 다른 모습으로 변했는지는 땅속에 묻힌 뼈만이 밝혀줄 수 있다.

뼈는 억울하게 죽은 이를 대신해 진실을 말해주기도 한다. 부모에게 맞아서 죽은 아이를 두고 사고사였다며 거짓말을 했을 때, 그 아이를 대신해 진실을 밝혀줄 단서는 뼈에 남아 있다. 시체를 잘게 토막 내서 여러 군데 묻은 다음 완전 범죄를 꿈꾸던 살인자도 500원짜리 동전만 한 크기의 뼈가 흙 밖으로 삐져나오는 바람에 평생을 감옥에서 보내게 되었다. 60여 년 전에 머나먼 한반도에서 목숨을 잃은 미군 전사자도 뼈가 남아 있었기에 가족의 품으로 돌아갈 수 있었다. 이미 여든이 넘은 여동생이 오빠의 뼈를 받아 들고 기쁨의 눈물을 흘릴 수 있는 것도, 평생 시신조차 찾지 못한 아들을 그리며 가슴이 까맣게 타 들어간 채 세상을 뜬 어머니의 곁에 뼈가 되어 돌아온 아들을 묻어줄 수 있었던 것도 모두 뼈가 남아 있었기 때문이다. 더 나은 삶을 찾아 고향 멕시코를 등지고 미국 국경을 향해 수백 킬로미터를 걷다가 애리조나 사막의 땡볕에 산화되어 버린 이들. 땡볕에 부패된 시신 뒤에 남은 것은 하얀 뼈뿐이지만 그 뼈 덕에 이들은 다시 가족의 품으로 돌아가 땅에 묻힐 수 있었다.

이 모든 것이 내가 뼈를 사랑하는 이유다. 지금부터 뼈가 들려주는 다양한 이야기 속으로 들어가 보자.

C O N T E N T S

CHAPTER 2 뼈 속 물질이 들려준 이야기

알면 알수록 놀라운 조직, 뼈

CHAPTER 3 오래된 뼈가 들려준 이야기

뼈대 있는 동물의 역사

CHAPTER 1

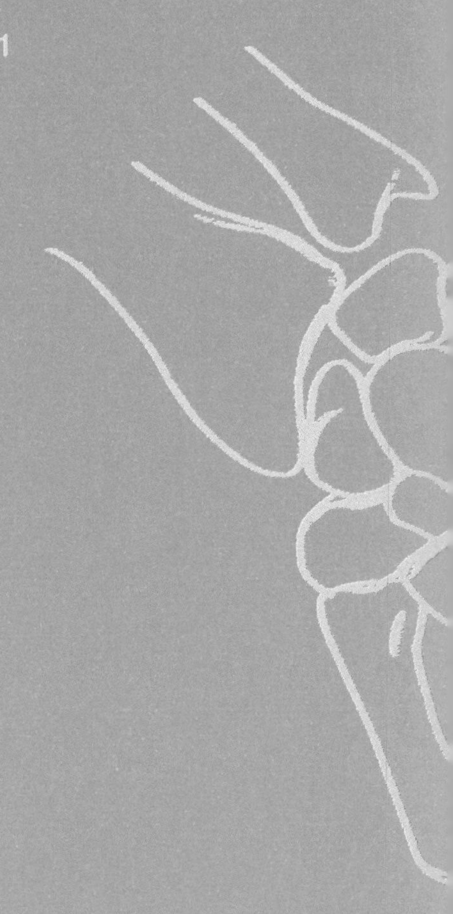

살아 있는 뼈가 들려준 이야기

우리 몸속 다양한 뼈

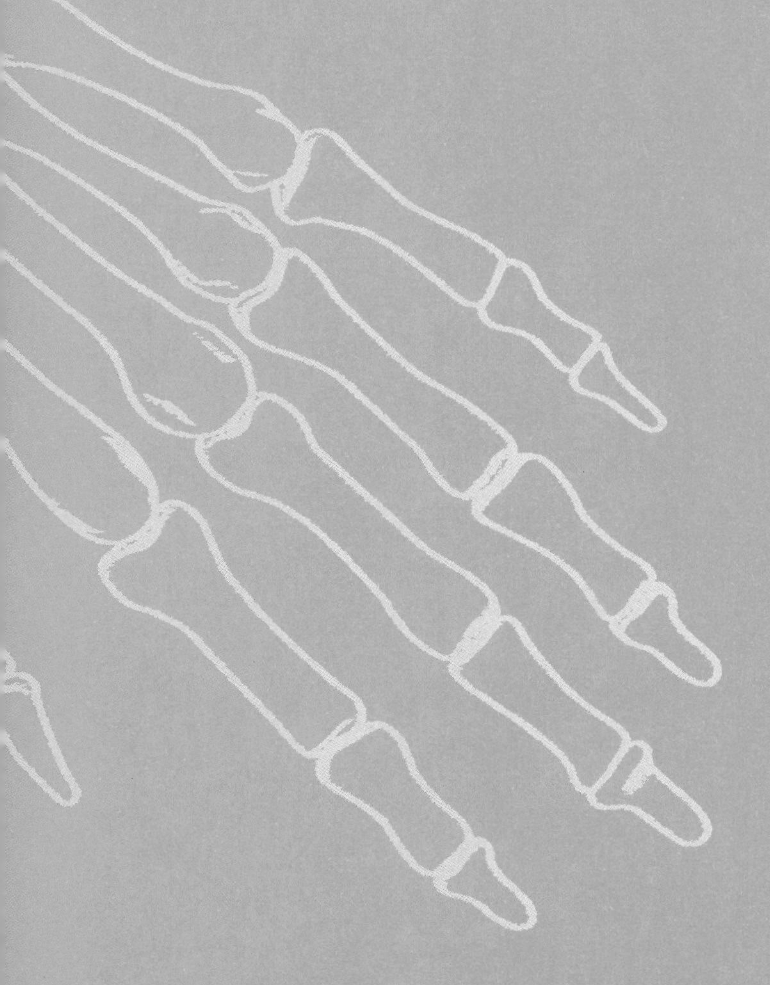

뼈는 살아 있다

1994년 3월. 당시 노래방은 딱히 갈 곳이 없는 고등학생들에게 몇 안 되는 스트레스 해소처였다. 고등학교에 입학한 막 한 달째를 보내던 어느 날, 그다지 스트레스 받을 일은 없었지만 그래도 친구들하고 토요일 오전 수업이 끝난 뒤 강남역에 있는 노래방에 갔다. 신나게 놀다 보니 어느새 시간이 많이 흘렀고 엄마한테 혼나겠다 싶어서 얼른 나와 부랴부랴 우리 동네로 가는 버스를 탔다. 그런데 어쩐 일인지 버스는 점점 더 한적하고 낯선 동네로 향하고 있었다. 핸드폰은 고사하고 삐삐도 구경해 본 적이 없는 시절이었기에 나는 일단 내려서 공중전화를 찾기로 했다.

내가 내린 곳은 차들이 쌩쌩 달리는 엄청나게 넓은 길이었다. 길을 건너서 같은 노선의 버스를 타고 되돌아가면 집으로 갈 수 있을 거란 생각에 그 큰길에서 횡단보도를 찾기 위해 두리번거렸다.

마침내 횡단보도를 발견한 나는 신호등이 녹색등으로 바뀌자마자 바삐 건너기 시작했다. 반대편에 거의 다다랐을 때 갑자기 눈앞이 캄캄해지더니 빛이 번쩍했다. 그 순간은 20년이 지난 지금까지도 생생하다. 정신을 차리고 눈을 떠 보니 나는 길바닥에 누워 있었고 사람들은 나를 둘러싸고 "눈 떴다! 살아 있어!" 하며 소리를 질렀다. 그때까지도 내가 차에 치었다는 사실조차 모르고 있었다. 나는 근처 정형외과로 옮겨졌고 천만다행히 오른쪽 위팔뼈만 부러졌다. 그깟 노래방이 뭐라고 거기 한 번 갔다가 팔이 부러지다니. 나는 수학여행도 깁스를 한 채로 가야 했다. 손꼽아 기다리던 학교 축제 때에도 아무 것도 하질 못했다. 그렇게 뼈가 한 번 부러지더니 그 이후에는 약속이라도 한 듯 2년마다 한 번씩 깁스를 하게 되었다.

그런데 그때마다 이해하기 힘들었던 점은 의학 기술이 이렇게 발달했는데도 부러진 뼈를 붙이는 방법은 너무도 원시적이라는 것이었다. 깁스로 부러진 곳을 고정한 채 가만히 기다리라니, 왜 첨단 의학의 힘을 빌어 뼈를 붙이지 못할까. 물론 심하게 부러진 경우에는 철심을 박는 외과 수술을 하기도 하지만 간단한 골절에는 시간이 약이라고 했다. 어쨌든 병원에서 하라는 대로 한두 달 기다리면 신기하게도 뼈가 붙었다. 그 한두 달 동안은 제대로 씻지도, 움직이지도 못하니 뼈 부러진 사람의 괴로움은 말할 것도 없다. 그래도 시간은 지나가고 부러진 뼈는 다시 붙는다.

도대체 그 한두 달 동안 뼈 안에서 어떤 일이 일어나고 있을까?

뼈가 부러지면 즉시 출동하는 세포

뼈 역시 다른 조직처럼 그 안에 세포들이 빽빽하게 들어차 있다. 골세포라 불리는 뼈 속 세포들은 서로 연결되어 있어서 신호를 주고받으며 뼈의 상태를 모니터링한다. 골세포끼리 손에 손 잡고 죽 늘어서 있다고 생각하면 된다. 이때 뼈에 골절이 생기면 그 부근에 있던 골세포는 다른 골세포와 연결이 끊기면서 저절로 죽는다. 옆의 세포와 교신이 끊어진 것을 눈치채자마자 그 옆의 살아 있는 골세포는 주변의 혈관으로 긴급 구조 요청을 한다. 문제가 생겼다는 신호를 받은 혈관은 바로 복구 작업에 들어간다. 뼈가 부러진 쪽으로 작은 혈관 가지를 치면 그 혈관을 따라 줄기세포가 줄을 서기 시작한다. 피부에 상처가 났을 때 약을 바르기 전에 상처 부위를 깨끗이 씻어야 하듯이 뼈가 부러진 곳도 조각들을 치운 후에 복구 작업을 해야 한다. 무너진 건물을 새로 짓기 위해서는 잔재부터 치워야 하듯이 말이다.

골절 부위에 새로 생긴 작은 혈관 가지를 통해 오래된 뼈나 죽은 뼈를 먹어 치우는 파골세포가 들어와 죽은 뼈의 세포를 먹어 치우기 시작한다. 아주 심하지 않은 골절은 이 과정이 보통 보름 정도 걸린다. 임무를 마친 파골세포는 그 자리에서 저절로 죽어서 사라진다. 이때부터 줄기세포에서 생겨난 뼈 만드는 세포인 조골세포가 뼈 속의 빈자리를 채우기 시작한다. 조골세포는 뼈가 새로 만

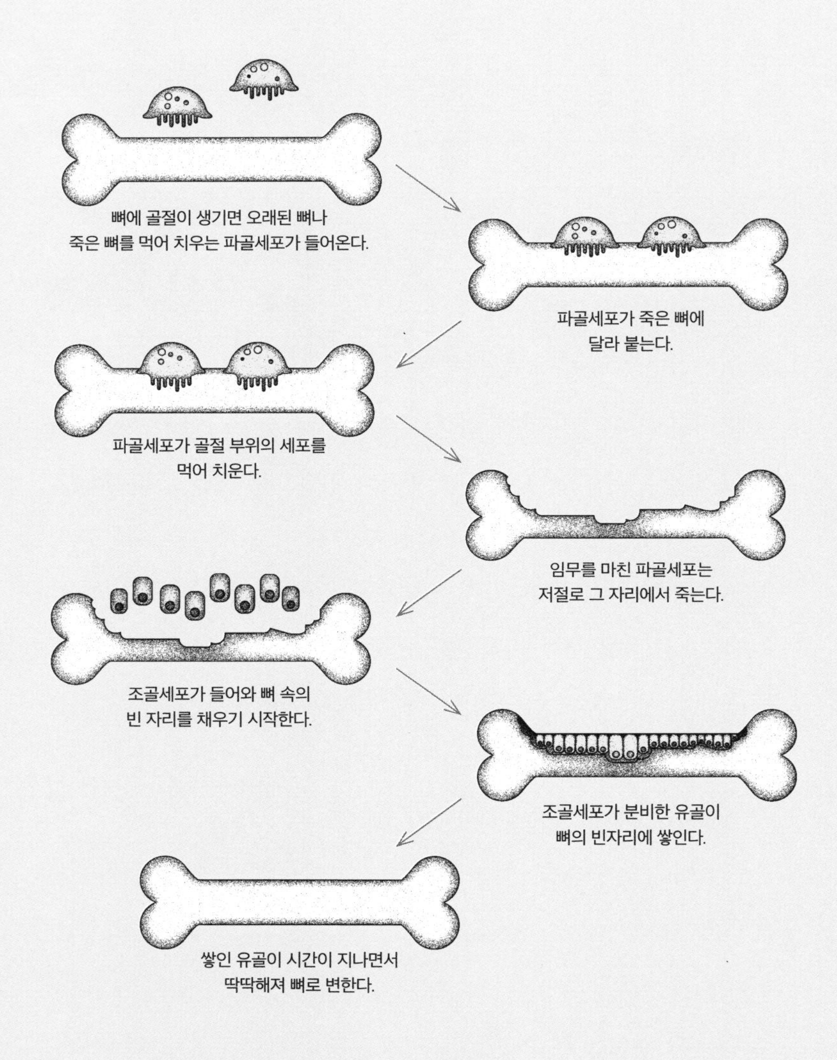

뼈의 재형성 과정 | 뼈는 오래된 세포가 없어지고 새로운 세포로 바뀌는 살아 있는 조직이다. 뼈의 재형성은 뼈가 부러질 때뿐 아니라 우리 몸속에서 수시로 일어난다.

들어져야 하는 자리에 뼈와 비슷한 성분의 물질인 유골osteoid, 類骨을 계속 분비하면서 지나간다. 이렇게 쌓인 유골은 시간이 지나면서 점차 딱딱해져 뼈로 변한다. 임무를 마치고 장렬히 전사하는 파골세포와 달리 새로운 뼈를 만들어주는 조골세포는 할 일이 끝나도 사라지지 않고 그 자리에 가만히 있다가 결국 뼈가 만들어지면 그 속에 갇혀버린다. 이렇게 갇힌 조골세포는 골세포로 바뀌어 뼈 안에서 뼈의 상태를 모니터링하는 역할을 맡는다. 이 모든 과정이 끝나는 데에 보통 3~4개월 정도 걸린다.

이 과정을 통틀어 뼈의 재형성리모델링이라고 부른다. 뼈의 재형성은 뼈가 부러질 때뿐 아니라 우리 몸속에서 수시로 일어난다. 매일 똑같이 걷는다 하더라도 어떤 때에는 뼈에 충격이 더 갈 수도 있고 평생 걷다 보니 그 하중이 쌓이고 쌓여 눈에 보이지 않는 미세골절이 생기기 때문이다. 그럴 때마다 우리 몸속에서는 끊임없이 뼈의 재형성이 이루어진다.

나이와 뼈의 개수는 반비례한다

뼈가 부러졌을 때 이를 다시 붙게 하는 원리나 아이의 뼈가 성인의 뼈로 자라는 과정이나 거의 다를 게 없다. 둘 다 새로운 뼈를 만들어내는 과정이기 때문이다. 아이들이 어른보다 뼈가 더 많은 게 사실이냐는 질문을 가끔씩 받는다. 아주 틀린 말은 아니다. 그러면 아이들이 자라면서 뼈가 없어지나? 이것도 아주 틀린 말은 아니다. 맞으면 맞고 틀리면 틀린 거지 이게 무슨 모호한 답인가 싶겠지만 이 모호한 답이 정답이다. 일단 무엇을 하나의 뼈로 세는지에 따라서 아이와 어른의 뼈의 개수에 차이가 난다.

팔뼈나 다리뼈는 태어날 때 여러 개의 작은 뼈들로 나뉘어 있다가 성장이 끝나면 결국 하나로 붙는다. 이런 경우에 어차피 하나의 팔뼈로 붙을 뼈들이니 팔뼈 하나로 셀 것인가 아니면 처음에는 떨어져 있던 뼈이니 여러 개로 셀 것인가에 따라 어른과 아이의 뼈의 개수가 달라진다.

엑스레이로 어른 뼈를 보면 어깨와 팔이 만나는 관절이나 골반과 허벅지를 연결하는 관절 모두 뼈들이 착착 잘 맞물려 있다. 손가락뼈도 마찬가지로 손등뼈가 손가락 마디뼈들과 착착 잘 연결되어 있다. 하지만 엑스레이로 찍어 아이들의 뼈를 보면 그 모양이 엉성하기 짝이 없다. 관절이 제대로 맞물려 있기는커녕 뼈끼리 서로 붙어 있지도 않아서 마치 골반과 다리뼈가 따로 노는 것처럼 보인다. 손가락 마디마디의 뼈들도 서로 맞물려 있지 않고 가운데 공간이 붕 떠 있어서 저런데 어떻게 손을 움직이나 싶을 정도다. 아이들의 뼈는 왜 이렇게 엉성하게 만들어져 있는 걸까? 그 이유는 뼈가 자라는 방식을 보면 알 수 있다.

뼈가 자라는 방식은 생각보다 훨씬 복잡하지만 그만큼 아주

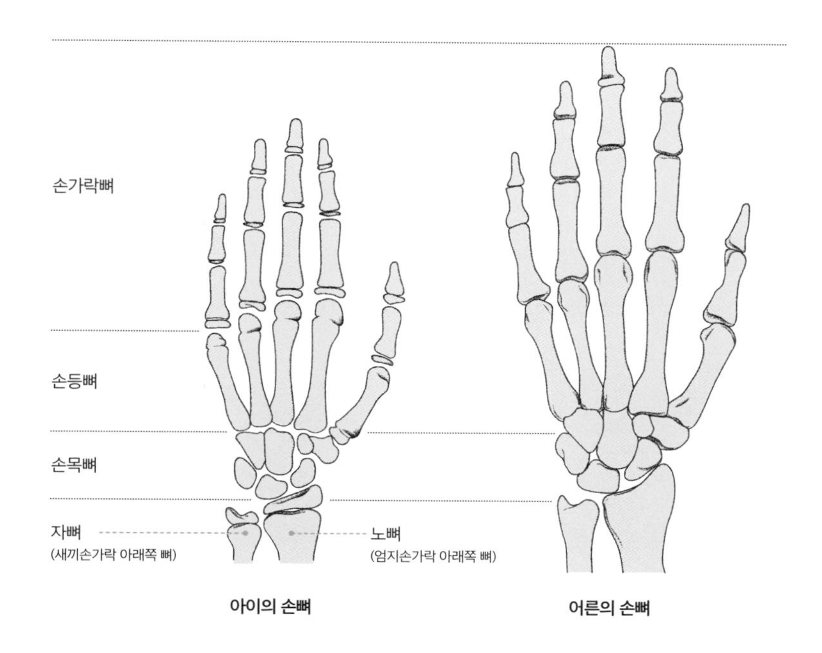

아이의 손뼈(왼쪽)**와 어른의 손뼈**(오른쪽) | 손등뼈가 손가락 마디뼈들과 잘 연결되어 있는 어른의 손뼈와 달리, 아이의 손뼈는 손가락 마디뼈의 양 끝이 떨어져 있고 손등뼈와 손가락뼈 사이가 모두 붕 떠 있다. 아이의 손뼈는 손목뼈와 연결되는 아래팔뼈인 자뼈와 노뼈도 아직 붙지 않았다.

흥미진진하다. 어깨와 팔이 연결되는 부분부터 팔꿈치까지 내려오는 하나의 긴 뼈인 위팔뼈를 예로 들어보자. 위팔뼈의 맨 윗부분은 마치 숟가락으로 퍼서 담은 아이스크림처럼 동글동글하다. 그 동글동글한 부분이 어깨뼈와 연결되는데 어깨뼈는 반대로 통 속에 남은 아이스크림같이 움푹 꺼져 있다. 흔히 팔이 빠졌다고 할 때 바로 이 부분에서 관절이 어긋나 어깨뼈와 위팔뼈가 제대로 맞물리지 않은 상태를 말한다.

위팔뼈가 하나의 긴 뼈로 되어 있는 어른과 달리 아이들의 위팔뼈는 여러 개로 떨어져 있다. 태아가 배 속에서 약 8주 정도 자랐을 무렵에 위팔뼈가 처음으로 모습을 드러낸다. 이때 없던 뼈가 갑자기 통째로 생기는 것이 아니라 뼈의 한가운데 부분부터 생겨나 위아래로 길이가 길어지면서 뼈가 만들어진다. 아이는 이 엉성하고 길쭉한 위팔뼈를 가지고 태어난다. 게다가 위팔뼈와 어깨뼈는 아직 연결되지 않은 상태다.

그러다가 아이가 막 걷기 시작하는 돌이 지날 무렵 위팔뼈의 어깨 부근에서 작은 뼈가 자라기 시작한다. 점점 말이 늘고 고집이 세지기 시작하는 두 돌쯤 되면 그 부분에서 또 하나의 작은 뼈가 생겨난다. 눈 깜짝할 새 아이가 유치원 들어갈 때가 되는데 이 무렵 그 부분에서 또 하나의 작은 뼈가 생겨나서 한두 살 때부터 만들어진 뼈와 서서히 붙는다. 그러다가 초등학교에 들어갈 즈음해서 그동안 만들어진 뼈와 모두 붙으면서 위팔뼈의 어깨 쪽 끝부분이 완성된다. 이 부분이 결국 어깨뼈와 맞물리게 되는 위팔뼈 맨 위쪽의 동글동글한 부분인데, 길쭉한 위팔뼈와 아직 붙지 않은 상태이다. 그럼 이건 언제 붙느냐? 대개 만 스무 살 정도가 되면 위팔뼈의 어깨 쪽 부분은 가운데 부분의 길쭉한 뼈와 완전히 붙는다. 어깨와 팔

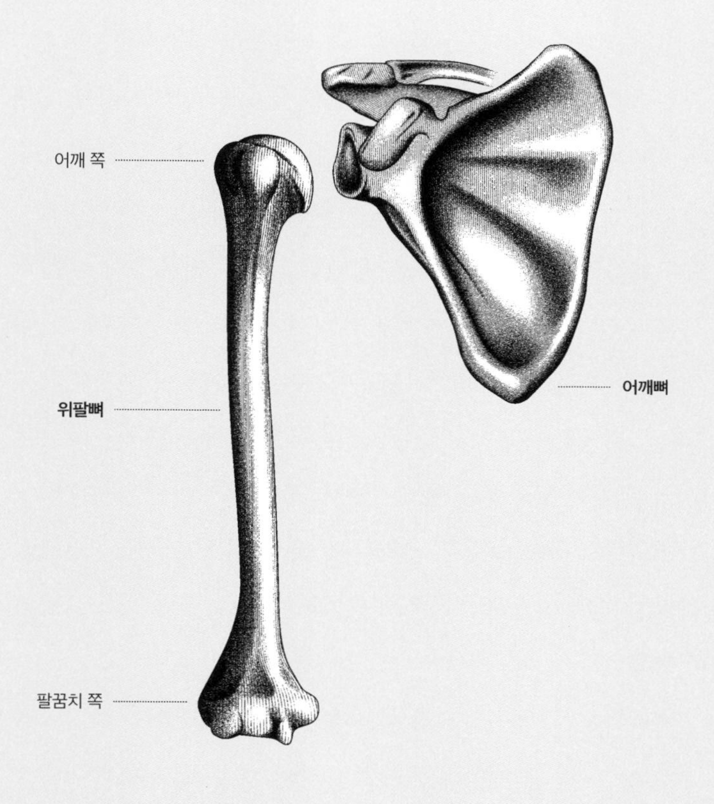

위팔뼈와 어깨뼈 | 위팔뼈의 맨 윗부분은 동글동글하고 그 부분과 연결되는 어깨뼈는 반대로 움푹 꺼져 있다. 위팔뼈와 어깨뼈는 서로 맞물리는 부분에서 인대와 근육으로 연결된다.
위팔뼈는 태아가 약 8주 정도 자랐을 때 뼈의 한가운데에서 만들어지기 시작해 위아래로 점차 길어진다. 위팔뼈의 어깨 쪽 끝부분은 초등학교에 들어갈 무렵 완성되어, 대개 만 스무 살 즈음 가운데 부분의 길쭉한 뼈와 완전히 붙는다. 위팔뼈의 팔꿈치 쪽 끝부분은 어깨 쪽 끝보다 더 많은 뼈들이 자라서 나중에 하나로 붙는다.

이 연결되는 하나의 관절이 완전히 형성되기까지 참 오랜 시간에 걸쳐 여러 곳에서 작은 뼈들이 생겨나 서로 붙고 붙는다.

위팔뼈의 팔꿈치 부근에서도 이와 비슷한 방식으로 뼈가 자란다. 팔꿈치와 손목 사이에는 두 개의 뼈가 있다. 이 두 뼈가 위팔뼈와 팔꿈치 부근에서 만나기 때문에 팔꿈치 부근의 관절은 어깨 쪽보다 복잡하게 생겼다. 그러다 보니 위팔뼈의 팔꿈치 쪽 끝은 어깨 쪽 끝보다 더 많은 뼈들이 자라서 하나의 뼈로 붙는다. "싫어!"라는 말에 재미를 붙이는 세 돌 정도에 팔꿈치 쪽에서 작은 뼈가 생겨난다. 그때부터 또 다시 "아니!"라는 말을 입에 달고 사는 사춘기에 접어들 때까지 팔꿈치 쪽에서는 계속해서 작은 뼈가 생겨나고 자라면서 서로 붙어 나간다. 그러다가 철이 좀 드는 십대 후반 정도에 팔꿈치 쪽의 위팔뼈는 비로소 완전히 성장이 끝나 제대로 된 관절이 형성된다.

위팔뼈뿐만 아니라 우리 몸속에 있는 뼈는 대개 이런 방식으로 자란다. 11주 된 태아의 몸에는 나중에 뼈로 변하게 될 부분이 800개 정도나 된다. 그러나 이미 배 속에서 어느 정도 뼈가 자라기 때문에 아이가 태어날 무렵에는 그 수가 450개로 줄고, 어른이 되면 206개의 뼈가 남는다. 머리에 피도 안 마른 것이 대든다는 말 대신 뼈도 안 붙은 것이 까분다는 말이 더 맞는 말인 듯 싶다.

뼈 붙는 시기는 신원 확인의 단초

키가 훤칠하게 큰 사람이 멋있어 보이는 시대에 살다 보니 엄마들은 어떻게 해서라도 아이들의 키를 키우려고 노력한다. 우유나 칼슘제를 비롯해 몸에 좋다는 건 다 먹여보고 성장판 자극 운동도 시키고 심지어는 성장 호르몬 주사도 맞힌다. 인터넷을 검색해보면 성장판이 언제 닫히느냐부터 성장판이 닫힌 뒤에도 키가 클 수 있느냐는 질문까지 엄마들의 간절한 마음이 느껴지는 질문이 참 많다.

도대체 성장판이란 무엇일까. 위팔뼈의 어깨 쪽 부분에서 동글동글한 뼈가 길쭉한 위팔뼈와 떨어져 있을 때 그 사이의 공간을 성장판이라 부른다. 이 부분을 성장판이라고 하는 이유는 이 부위에서 계속해서 뼈가 새로 자라면서 위아래로 점차 길어지기 때문이다. 그러다가 성장판의 위아래로 뼈가 붙으면 성장판이 닫히는 것이다.

우리 몸속에는 수많은 성장판이 있는데 키와 관련된 성장판은 다리뼈에 있다. 허벅지뼈와 종아리뼈의 성장판은 보통 만 16~22세 정도가 되면 닫혀서 비로소 완전한 어른의 다리뼈가 된다. 그래서 성장판이 닫히면 키가 더 쑥쑥 자라기는 힘들다.

뼈가 붙는 시기가 이렇게 뼈마다 또 같은 뼈라 하더라도 어느 쪽 끝이냐에 따라 달라지기 때문에 이를 이용해 죽은 사람의 연령을 추정할 수 있다. 이는 변사체가 발견되었는데 유류품이 없을 때 뼈를 통해 신원을 확인하는 한 방법이다. 예를 들어 위팔뼈의 팔꿈치 쪽은 완전히 성장이 끝났는데 어깨 쪽은 아직 뼈가 붙지 않았다고 해보자. 일단 팔꿈치 쪽은 만 16세 정도면 다 붙고 어깨 쪽은 만 20세 정도 되어야 다 붙으니 만 16세 이상 20세 이하로 추정할 수 있다. 어느 뼈가 몇 살 때 성장이 끝나서 완전히 붙는지에 관한 연구는 이미 상당히 진행되었다. 1950년대 이후 다양한 연령 추정 연구법이 개발되기 시작했는데 한국전쟁에서 사망한 미군 전사자의 유해 분석 역시 이러한 연구 중 하나였다.

전쟁 직후인 1954년, 북한과 유엔군은 한국전쟁에서 전사한 군인의 시신을 서로의 연고지로 되돌려주었다. 북한에게 2,000여 구의 전사자 시신을 돌려받은 미군은 시신을 바로 배에 실어 일본 고쿠라小倉시에 임시로 있던 미군 전사자 중앙 신원 확인 감식소로 보냈다. 그곳에는 당시 미국에서 신원 확인 분야의 최고 전문가로 불리던 인류학자들과 해부학자들이 모두 모여 있었다. 주로 대학 교수나 박물관 학예사로 일하던 이들은 하던 일을 몇 달 혹은 몇 년간 멈추고 일본으로 건너갔다. 머나먼 타향에서 목숨을 잃은 전사자들을 가족의 품으로 돌려보내기 위해 열악한 임시 시설에서 매일매일 시신과 유해를 분석하며 땀을 흘린 그들의 노력 덕분에 1,600구의 신원이 파악되어 고향으로 돌아갔다. 그러나 안타깝게도 나머지 400여 구는 이미 부패가 상당히 진행되어 신원을 확인할 수 없었다. 이 시신들과 나중에 돌려받은 400여 구의 신원 미상 시신은 하와이 국립묘지 '무명용사' 묘비 아래 한 구씩 묻혔다.

북한이 돌려준 2,000구의 시신 중에서 신원이 확인된 1,600구는 사망 당시의 나이를 정확히 알고 있어서 이를 표본 집단으로 나이와 뼈가 붙는 시기에 관한 연구가 가능했다. 이 과정에서 인류학자들은 유해 감식 기록을 상세하게 남겨두었다. 그중에서도 뼈의 성장이 끝났는지 아닌지에 관한 상세한 기록은 이후 뼈를 이용한 사망 당시의 연령 추정 방법의 기본 자료가 되었다. 한국전쟁에서 사망한 미군은 대부분 만 18~23세의 꽃다운 청춘들이었다. 그렇다 보니 아직 뼈가 제대로 붙지 않았거나 이제 갓 붙어서 뼈가 맞붙은 흔적인 가느다란 줄자국이 남아 있는 경우가 많았다.

가장 먼저 생기고 가장 늦게 붙는 뼈, 쇄골

미군 전사자 중 대부분은 아직 결혼도 하지 않은 어린 나이라 쇄골의 성장이 끝나 하나의 뼈로 완전히 붙어 있는 경우는 찾아보기 힘들었다. 이는 쇄골빗장뼈이 우리 몸에서 가장 늦게 붙는 뼈이기 때문이다. 아직 성장이 덜 끝난 청소년은 좌우의 쇄골이 서로 마주보고 있는 쪽에 50원짜리 동전만 한 크기의 작은 뼈가 떨어진 상태로 있다. 이 뼈는 20대 중반이 넘어가야 비로소 쇄골에 가서 완전히 붙는다. 대개 만 23세가 되어야 슬슬 쇄골판이 쇄골에 가서 붙기 시작하고, 좀 늦는 사람은 서른이 다 되어서야 쇄골판이 완전히 붙는다. 한 가지 재미있는 사실은 우리 몸에서 가장 늦게 성장이 끝나는 쇄골이 정자와 난자가 만난 지 불과 5주 만에 엄마 배 속에서 가장 먼저 생기는 뼈라는 것이다.

만약 숲 속에서 발견된 유해의 위팔뼈가 아래위 양쪽이 다 붙었는데 쇄골은 아직 떨어져 있다면 그 사람은 몇 살일까? 위팔뼈가 모두 붙은 것으로 보아 만 20세는 넘었을 것이고, 쇄골이 아직 안 붙은 것으로 보아 20대 후반보다는 적을 거다. 그렇다면 대략 만 20~25세, 넓게 잡으면 만 20~30세 정도의 나이로 추정할 수 있다. 우리 몸속에서 가장 먼저 생기지만 가장 나중에 완성되는 쇄골. 목 아래에 좌우로 하나씩 자리 잡고 있어서 손으로 쉽게 만져지는 쇄골. 매혹적인 여배우의 상징인 '아찔한 쇄골 라인'. 작지만 놀라운 이 뼈에 대해서 좀 더 살펴보자.

몸속의 지문, 쇄골

길이는 손바닥만 하고 두께는 새끼손가락 한 마디 정도 되는 쇄골은 팔 쪽으로는 어깨 뒷부분에 자리 잡고 있는 어깨뼈견갑골와 붙어 있고 목 쪽으로는 가슴뼈와 연결되어 있다. 이 뼈는 사람이나 원숭이처럼 팔과 어깨의 움직임이 많은 동물에게 특히 중요하다. 스트레칭 하듯이 팔을 좌우로 크게 벌릴 때 쇄골에 연결된 근육이 없으면 팔이 밑으로 축 처져 버린다. 쇄골은 아주 오래 전에 지구상에 등장한 물고기 화석에서도 발견될 정도로 동물의 진화 과정에서 아주 오랜 역사를 지닌 뼈다.

그런데 동물들이 다양한 모습으로 진화하면서 쇄골이 별로 필요 없어지는 경우가 생겨났다. 말이나 사슴처럼 네 발로 빠르게 달리는 동물은 사람의 팔에 해당하는 앞발을 좌우로 벌릴 일이 없다 보니 쇄골을 쓸 일이 점점 없어졌다. 그래서 말이나 사슴 같은 동물에게는 쇄골이 없다. 하지만 똑같이 네 발로 걷고 뛰는 고양이나 곰 같은 동물에게는 여전히 쇄골이 남아 있다. 고양이와 곰은 앞발을 마치 사람의 팔처럼 쓰기 때문이다. 고양이는 앞발로 쥐를 잡고 곰은 앞발을 사용해 강물을 거슬러 오르는 연어를 낚아챈다.

사람에게도 원숭이에게도 쇄골은 중요하지만 하늘을 나는 새에게 쇄골은 특히 중요한 뼈다. 삼계탕을 먹을 때 가느다란 V자 혹은 Y자 모양의 뼈를 본 적이 있는지? 만약 본 적이 없다면 다음에 삼계탕을 먹을 때 꼭 눈여겨보길 바란다. 바로 이 V자 모양의 뼈가 새의 쇄골이다.

사람이나 고양이는 무얼 잡기 위해 한쪽 팔이나 한쪽 앞발만을 사용할 때가 많은데, 새는 양쪽 날개를 항상 같이 움직인다. 그러다 보니 새의 쇄골은 두 팔을 따로 움직이는 사람처럼 좌우에 하나씩 있는 것보다 가운데에 크게 하나로 되어 있는 편이 더 효율적이었다. 그리하여 진화 과정에서 새의 쇄골은 좌우 두 개로 있던 것이 가운데에서 하나로 붙어버리면서 길쭉한 일자의 뼈가 V자 모양의 뼈로 변하였다. 그리고 그 뼈에 커다란 가슴 근육이 붙는다.

사람이 양팔을 쭉 벌릴 때 쇄골이 중요한 것처럼 새가 날개를 양쪽으로 벌리고 훨훨 날기 위해서 쇄골은 없어서는 안 되는 뼈다. 새가 날갯짓할 때 몸통에 매우 큰 힘이 가해지는데, 그 힘을 감당하는 것이 바로 쇄골이다. 매나 독수리가 먹잇감을 낚아채서 발톱으로 움켜쥔 채 다시 하늘로 날아오르려면 가슴팍에 엄청나게 튼튼

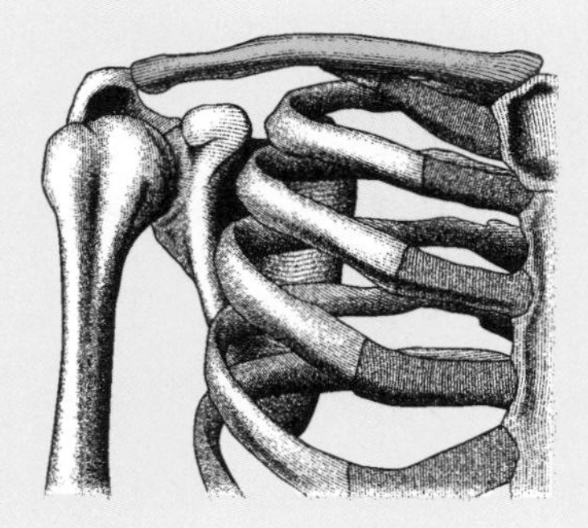

사람의 쇄골

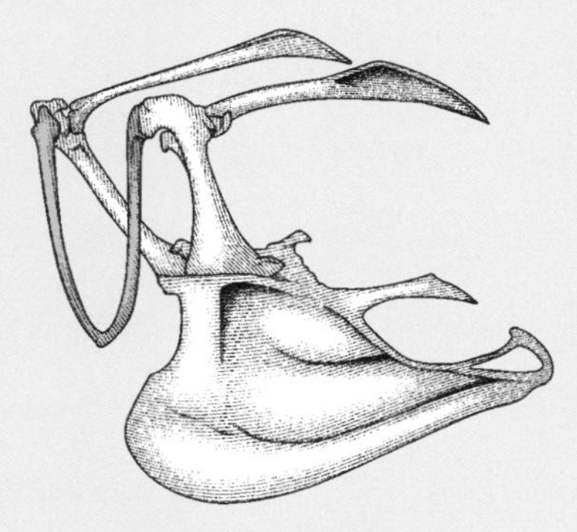

새의 차골

사람의 쇄골(위)**과 새의 차골**(아래) | 팔 쪽으로는 어깨뼈와 붙어 있고, 목 쪽으로는 가슴뼈와 연결되어 있는 쇄골은 사람이나 원숭이처럼 팔과 어깨의 움직임이 많은 동물에게 특히 중요한 뼈다. 팔을 좌우로 크게 벌릴 때 쇄골에 연결된 근육이 없으면 팔이 밑으로 축 처져 버리기 때문이다.
양쪽 날개를 항상 같이 움직이는 새에게는 쇄골이 좌우에 하나씩 있는 것보다 가운데에 크게 하나로 되어 있는 편이 더 효율적이었다. 진화 과정에서 좌우 두 개로 있던 새의 쇄골이 가운데에서 하나로 붙어버리면서 길쭉한 일자의 뼈가 V자 모양의 뼈로 변하였다.

한 근육이 있어야 한다. 모두 힘차게 하늘을 날기 위해 특화된 신체 구조다. 닭을 통째로 사서 손질하다 보면 다른 부위보다 닭가슴살이 유난히 두툼하고 크다. 비록 닭은 더 이상 날지 않지만 하늘을 나는 새의 후손이니 그 부분의 근육이 발달해 있는 것이다.

새의 몸속에 있는 V자 모양의 뼈는 사람의 쇄골과는 모양이 다르기 때문에 '차골叉骨'이라고 부른다. 영어로 새의 차골은 위시본wishbone, 우리말로 번역하면 '소망뼈'라는 예쁜 이름으로 불리곤 한다. 이 이름의 유래는 오래 전부터 유럽에서 전해 내려오던 전통과 관련이 있다. 세상 모든 생명에 신이 깃들어 있고 그중에서도 하늘을 날아다니는 새가 앞날을 점쳐준다고 믿었던 시절, 사람들은 새 뼈 중에서도 특히 차골의 영험함을 믿었다. 차골로 점을 치려면 먼저 새를 죽인 후 뼈를 꺼내 볕 좋은 곳에서 잘 말린다. 바싹 마른 차골을 두 사람이 잡고 각자 마음속으로 소망을 빈 후에 동시에 잡아당긴다. 차골은 매우 가늘고 V자로 생겨서 조금만 힘을 주어도 쉽게 부러진다. 이때 뼈가 더 길게 부러진 쪽 사람의 소망이 이루어진다고 믿었다. 이러한 전통은 지금까지 이어져 미국에서는 온 국민이 칠면조 요리를 먹는 추수감사절 때 가족끼리 소원을 빌며 '위시본 부러뜨리기 놀이'를 한다.

차골은 수천만 년 전의 화석에서도 종종 발견된다. 그 중에서도 가장 크기가 큰 것은 티라노사우루스Tyrannosaurus 공룡의 차골이다. 공룡은 날지는 않았지만 오늘날의 새와 비교했을 때 비슷한 점이 많았다. 차골은 새가 효율적으로 나는 데에 중요한 역할을 하지만, 공룡에게도 차골이 있었던 것으로 보아 처음부터 날기 위해 생긴 뼈는 아니다. 이것은 진화생물학에서 사람들이 자주 헷갈리는 것 중 하나다. 사람의 털이 썹는 기능을 하기 때문에 최초의 털도 썹기 위해 만들어졌을 거라고 믿는다든지, 차골이 나는 데 중요한 역할을 하니까 날기 위해 만들어졌을 거라고 믿는 거다. 하지만 쉽게 생각해보면 코가 안경을 받쳐준다고 해서 코가 안경을 받치기 위해 만들어진 것은 아니지 않는가.

쇄골로 어떻게 신원을 파악할까?

위에서 밝혔듯이 쇄골은 나이뿐 아니라 신원 감식에 중요한 역할을 한다. 쇄골을 이용해서 어떻게 신원을 밝힐 수 있을까? 사람의 지문이 개개인마다 차이가 나는 것처럼 쇄골의 모양도 각각 다르다.

몸속의 다른 뼈들도 사람마다 다를 텐데 굳이 쇄골로 신원을 확인하는 이유는 무엇일까? 그 이유 중 하나는 다른 뼈에 비해 쇄골은 평생 뼈 밀도나 모양이 그대로 유지되기 때문이다. 다리뼈 같이 몸을 계속 지탱하거나 팔뼈처럼 사용 빈도가 높은 뼈들은 손발을 쓰는 정도에 따라 뼈의 밀도에도 차이가 생길 수 있다. 젊었을 때 운동을 열심히 하던 사람이 나이가 들어 운동량이 줄면 그만큼 뼈 밀도도 줄어들어 모양이나 크기가 달라진다. 하지만 쇄골은 뼈 자체를 움직일 수 없기 때문에 평생 뼈 밀도나 모양이 비슷하게 유지된다. 젊었을 때나 나이 들었을 때나 쇄골 모양에 별 차이가 없는 것이다.

쇄골은 몸의 맨 앞쪽에 있어서 흉부 엑스레이를 찍으면 다른 뼈나 근육에 가리지 않고 비교적 선명하게 잘 보인다. 그렇기 때문에 실종된 사람의 유해가 발견되었을 때 그 사람의 생전 흉부 엑스레이가 있으면 유해의 쇄골과 맞추어볼 수 있다. 치과 치료 기록과 발견된 치아의 상태를 비교해 유해의 신원을 밝히는 것과 비슷하다. 다행히 흉부 엑스레이는 방사선 사진 중에서도 사람들이 가장 자주 찍기 때문에 웬만하면 살아 있을 때의 엑스레이 한 장 정도는 남아 있는 편이다.

지문을 통해 개인 식별을 할 때에는 지문을 확대해서 사람마다 차이가 많이 나는 곳에서 지문이 서로 일치하는지 아닌지를 살펴본 후 몇 군데에서 지문이 일치하는지를 센다. 이렇게 해서 아주 많은 곳에서 두 지문이 서로 일치하면 같은 사람의 지문으로 보고 한두 개만 일치하면 다른 사람이라는 결론을 내린다.

이런 정보를 컴퓨터 프로그램에 입력해 놓으면 유명한 미드 〈CSI 과학수사대〉에서처럼 지문을 넣자마자 컴퓨터가 알아서 띠리리릭 데이터베이스를 뒤져 삑삑삑 소리를 내며 '일치match found'

하는 사람을 찾아준다. 지문도 잉크를 묻혀 찍어야 분석이 가능하듯이 쇄골도 흉부 엑스레이 사진이 있어야 유해의 쇄골과 비교할 수 있다. 이런 방법으로 신원을 알지 못했던 군인 가운데 몇몇의 신원을 밝혀 가족의 품으로 돌려보냈다. 군에 입대하기 전 폐결핵 등의 유무를 확인하기 위해 흉부 엑스레이를 찍어둔 덕분이었다.

말 못하는 아이들의 대변인, 갈비뼈

얼마 전에 우리 연구소 동료가 호놀룰루 경찰이 의뢰한 사건이라며 아주 작은 뼈 여러 개를 분석하고 있었다. 책상 위에는 아주 작은 크기의 뼈가 머리부터 발까지 가지런히 놓여 있었다. 그 작은 뼈를 가져온 사람은 한 중년 남매인데, 듣고 보니 사연은 이랬다. 남매는 부모님이 모두 세상을 떠나자 생전에 살던 집을 정리했고, 옷장 깊숙한 곳에서 작은 상자 하나를 발견했다. 오래된 편지나 사진을 담아놓은 상자겠거니 하고 열었는데 황당하게도 그 속에는 뼈가 들어 있었다. 놀란 두 사람은 바로 경찰에 신고했고 경찰은 뼈 전문가들로 구성된 우리 연구소에 분석을 의뢰했다.

결과는 뜻밖이었다. 뼈의 주인인 아이는 젖니 20개가 모두 나 있는 상태였고 키로 미루어볼 때 사망 당시 만 2~3세 정도 된 것으로 보였다. 그런데 이 아이의 뼈는 참 많이도 부러져 있었다. 갈비뼈는 갓 부러진 것부터 이미 한 번 부러졌다 붙은 것까지 다양했고 다리뼈에도 골절의 흔적이 있었다. 이 아이는 어쩌다가 이렇게 되었을까.

남매의 말로는 자신들이 어렸을 때 동생이 하나 있었는데 그 동생이 두 살 되었을 때 부모가 다른 집에 입양을 보냈다고 했다. 여러 가지 증거로 보아 입양간 줄 알았던 막내 동생의 뼈가 분명했다. 이 아이는 부모의 상습적인 폭행을 당해내지 못해 결국 죽었고, 부모가 이를 감추기 위해 오랜 세월 동안 옷장 속에 아이의 시신을 숨긴 것이다. 섬뜩한 일이었다. 하지만 가해자인 부모가 이미 세상에 없기 때문에 사건은 그대로 종결되었다.

아직 말을 잘 못하는 두세 살 아이들은 학대를 당해도 이를 표현할 방법이 없다. 설령 경찰이 수사를 하더라도 피해자가 말을 못하니 부모가 쉽게 수사망을 빠져 나갈 수도 있다. 게다가 아이들의 뼈는 부러졌다가도 금방 감쪽같이 다시 붙기 때문에 상습적으로 폭행을 당하더라도 겉으로 증거가 남지 않는 경우가 많다. 그래서 학대로 아이가 죽었는데 넘어지면서 머리를 다쳤다든지 숨을 못 쉬어서 심폐소생술을 해주려고 가슴팍을 눌렀는데 그만 죽었다든지 하며 거짓 진술을 지어내는 부모도 있다. 하지만 이런 거짓말은 이제 통하지 않는다. 지난 수십 년간 뼈 전문가인 법의인류학자들과 의사들이 힘을 합쳐 아동 학대 케이스를 구체적으로 연구해왔기 때문이다.

앞서 살펴본 것처럼 뼈가 부러지면 오래된 세포는 죽고 그 자리에서 새로운 세포가 자라난다. 어른들은 이런 뼈의 재형성 과정이 더디게 진행되어 뼈가 부러지면 다시 붙는 데에 오래 걸리지만, 한창 자라는 아이들은 이 과정이 놀라울 정도로 빠르다. 산도를 통과하다가 어깨뼈가 부러진 신생아의 엑스레이를 보면 뼈가 단 4주 만에 골절의 흔적 없이 붙었다는 것을 알 수 있다. 반면 어른은 한 달 넘게 기다려도 부러진 어깨뼈가 예전같이 돌아오기 힘들다. 아이들의 뼈 회복 속도가 이렇게 빠르다 보니 부모에게 맞아서 뼈가 부러져도 금세 다시 붙어서 의사들이 엑스레이만으로 골절의 흔적을 찾기란 쉽지 않다. 하지만 뼈 전문가들은 뼈 주변의 연조직이 없는 상태에서 뼈만 들여다보는 데에 익숙하기 때문에 뼈에 남은 미세한 자국을 발견할 수 있다. 자기 의사 표현이 서툰 아이들을 대신해 '저 좀 구해주세요. 엄마 아빠가 때려요'라고 말해줄 수 있는 뼈가 바로 갈비뼈다.

웬만해선 부러지지 않는 아이의 갈비뼈

우리 몸속에는 총 12쌍의 갈비뼈가 있다. 갈비뼈는 가슴 앞쪽부터 등에 있는 척추뼈까지 쭉 이어지면서 몸통을 감싸고 있다. 우리 몸에 있는 24개의 척추뼈 중에 가슴 부위에 있는 척추를 흉추라고 하는데 그 흉추도 12개가 있다. 갈비뼈 12쌍이 흉추 12개를 사이에 두고 좌우로 붙어 있다.

갈비뼈는 심장이나 폐 같은 장기를 보호한다. 그러다 보니 뼈 자체가 몸을 지탱하는 다리뼈나 팔뼈처럼 튼튼하지는 않다. 기침만 심하게 해도 부러질 만큼 약한 뼈가 바로 갈비뼈다. 깁스를 하기도 쉽지 않은 부위여서 심한 골절이 아닌 이상 대개 그냥 두면 시간이 지나면서 뼈가 저절로 자라서 다시 붙는다.

이렇게 어른한테는 별것 아닌 갈비뼈 골절이 아이에게서 발견되면 상황이 달라진다. 갈비뼈 골절은 어른에게 학대를 당한 아이들에게서 가장 흔하게 발견되기 때문이다. 특히 두 돌 안 된 아이의 갈비뼈가 부러졌다고 하면 먼저 아동 학대가 아닌지 의심해 보아야 한다. 이 시기의 아이들은 몸통이 유연해서 웬만한 충격에도 뼈가 부러지지 않고 대부분 살짝 휘었다가 제자리로 돌아간다. 심지어 출산 과정에서 문제가 있었더라도 갈비뼈가 부러지는 일은 극히 드물다. 그렇기 때문에 두 돌 안 된 아이의 갈비뼈가 부러지는 건 대부분 어른이 양손으로 아이의 몸통을 온 힘을 다해 꽉 잡거나 그 상태에서 미친 듯이 흔들었기 때문이다.

이렇게 아이를 흔들면 대개 가슴 앞쪽이 아닌 등쪽에 골절이 생긴다. 만약 심폐소생술을 하다가 부러졌다면 골절이 가슴 앞쪽에 생기기 때문에, 이 골절의 위치가 중요하다. 갈비뼈는 부러져도

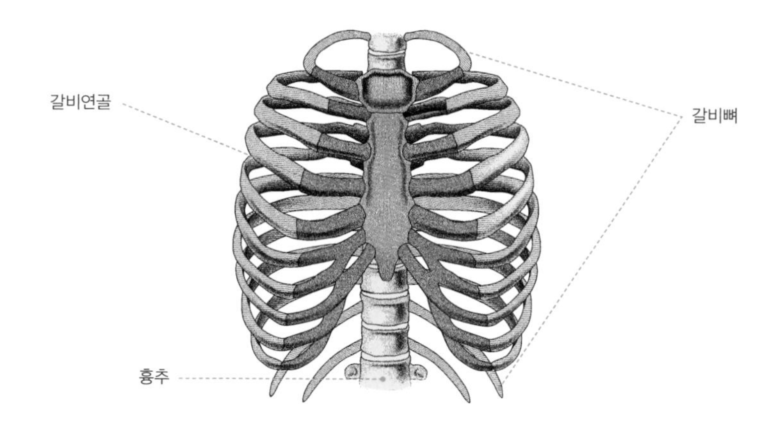

갈비뼈 | 갈비뼈는 가슴 앞쪽부터 등에 있는 척추뼈까지 쭉 이어지면서 몸통을 감싸고 있다. 가슴 부위에 있는 척추를 흉추라고 하는데, 갈비뼈 12쌍이 흉추 12개를 사이에 두고 좌우로 붙어 있다. 갈비뼈와 흉추 사이의 갈비연골은 장기를 보호하고 갈비뼈에 가해지는 충격을 완화하는 역할을 한다. 갈비뼈는 심장이나 폐 같은 장기를 보호하므로 뼈 자체가 몸을 지탱하는 다리뼈나 팔뼈처럼 튼튼하지는 않다.

몸에 멍이 잘 들지 않는데다가 다리뼈처럼 하중을 받거나 움직임이 많은 뼈가 아니기 때문에 아이들도 자각 증상이 없는 경우가 많다. 이런 류의 폭행을 상습적으로 당한 아이들은 아무리 갈비뼈가 감쪽같이 빨리 붙더라도 반복되는 외상으로 인해서 결국에는 엑스레이에도 골절의 흔적이 명확하게 나타난다. 세상에 갓 태어난 작고 여린 아이들이 어른들의 학대와 폭력에 시달려 세상을 고통 가득한 곳으로 바라보게 될 거라는 생각만 해도 슬프다.

뼈의 회복 속도를 보면 안다

갈비뼈 골절 다음으로 많이 관찰되는 아동 학대 사례는 다리뼈 끝 부분에 나타나는 외상이다. 아이의 다리를 잡고 강제로 바닥에 질질 끌고 가거나 다리를 잡은 채 들고 빙빙 돌리면 다리에 작은 골절이 생긴다. 이를 계속 반복하면 아직 완전히 굳지 않은 말랑말랑한 아이 뼈의 성장판 끝부분이 미세 골절로 인해 떨어져 나가버린다. 이런 종류의 외상은 지속적으로 잡아당기는 외부의 힘이 아니고서는 생기기가 힘들다. 누가 이렇게 아이를 잔인하게 다룰까 싶겠지만 매년 보고되는 이런 종류의 아동 학대 사례가 상상하는 것보다 훨씬 많다.

갈비뼈 골절이나 다리뼈 끝 부분의 골절 말고도 아이들이 폭행을 당했다는 건 부러진 뼈의 회복 정도를 보면 알 수 있다. 앞에서도 말한 것처럼 아이들의 뼈는 웬만한 충격을 받아도 잘 부러지지 않고 살짝 휘었다가 다시 제자리로 돌아온다. 아이가 침대에서 떨어져 팔과 다리가 동시에 부러졌다고 하면 먼저 의심해봐야 한다. 물론 실제 사고로 아이의 뼈가 부러질 수도 있다. 하지만 침대에서 떨어지는 단순한 사고로 팔·다리뼈가 같이 부러졌다면 이 뼈들의 회복 속도는 비슷해야 한다. 그런데 팔뼈와 다리뼈의 회복 속도가 확연히 차이가 난다면 이는 서로 다른 부상이 확실하다. 결국 부모는 거짓말을 하고 있는 거다.

하지만 뼈에 나타난 외상으로 아동 학대 여부를 판단할 때에는 특히 신중해야 한다. 정말 아이가 사고로 다쳤거나 선천적인 질병으로 인해 뼈에 문제가 생겼는데 이를 잘못 해석해 부모를 아동 학대범으로 몰아가는 것은 한 가족을 파멸시킬 수 있는 심각한 사안이기 때문이다. 특히 구루병이나 골형성부전증을 앓는 아이의 부러진 뼈를 아동 학대의 증거로 잘못 판단해서는 안 된다.

외국에는 아동 학대를 전문적으로 다루는 의사와 법의학자들도 꽤 있는데 우리나라는 아직까지 이 분야에 대한 연구를 제대로 하고 있지 않아 참 안타깝다. 아동 학대 관련 논문에서 말도 제대로 못하는 아이가 맞아서 죽은 사례들을 읽다 보면 아직 어린 딸아이를 둔 엄마로서 더욱 마음이 아프다. 뼈 전문가들이 할 수 있는 일은 맞아도 맞았다고 이야기조차 할 수 없는 아이들의 억울한 죽음과 진실을 밝혀주는 것뿐이다. 이렇게라도 아이의 넋을 조금이라도 달랠 수 있다면 좋겠다.

광대뼈 하나로 인종을 구분하다

내가 미국으로 이주한 지도 어느새 10여 년이 지났다. 커다란 이민 가방 두 개 들고 유학길에 올랐던 때가 생생한데 참 많은 시간이 흘렀다. 어느덧 미국 생활에 익숙해진 나는 가끔씩 한국에 들어올 때면 사방에서 보이는 성형외과 광고가 신기하기만 하다. 물론 미국에도 성형하는 사람들이 있지만 우리나라처럼 길거리에 광고판이 붙어 있지는 않기 때문이다. 그중에서도 안면 성형 광고는 늘 나의 눈을 사로잡는다. 한번은 한 칸을 모두 같은 광고로 도배한 지하철을 탄 적이 있다. “툭 튀어나온 광대뼈와 각진 턱이 참 싫으시죠? ○○ 성형외과에서 예쁜 V라인으로 만들어보세요!”와 같은 내용이었다. 나도 모르게 슬쩍 손을 올려 나의 광대뼈와 턱을 만져 보았다. 튀어나오긴 했네. 그래도 뼈를 깎는 수술이라니 주사 바늘만 봐도 식은땀을 줄줄 흘리는 나 같은 겁쟁이는 생각만으로도 무서웠다.

광대뼈가 양옆으로 도드라진 것은 아시아인의 대표적인 특징이다. 얼굴은 우리 몸에서 환경의 영향을 가장 덜 받는 부위다. 팔다리나 몸통은 근육 운동을 많이 하면 얼마든지 커질 수도 있고 머리통 모양도 어렸을 때 엎드려 자느냐 바로 누워 자느냐에 따라 바뀔 수 있지만, 얼굴은 그런 식으로 변형시킬 수 없다. 아무리 얼굴 운동을 해도 낮은 코가 높아지거나 없던 쌍꺼풀이 생기지는 않는다.

이런 특징 때문에 얼굴뼈는 뼈를 이용한 인종 구분에 가장 많이 사용된다. 테네시 대학 법의인류학 연구소 빌 배스William M. Bass, 1928~ 교수는 사람 뼈 분석 매뉴얼로 널리 쓰이는 그의 저서《사람의 뼈Human Osteology》에서 얼굴뼈를 이용한 인종 구분법에 대해 이렇게 적었다. "연필을 콧구멍 난 쪽에 수평으로 가져다 댔을 때 연필과 광대뼈 사이에 손가락이 자유자재로 들어갔다 나왔다 할 만한 공간이 있으면 백인이고, 공간이 없으면 아시아인이다." 배스 교수가 인종 구분법을 지나치게 단순화한 면이 있긴 하지만 그만큼 아시아인의 광대뼈가 백인에 비해 옆으로 튀어나와 있다는 이야기다.

사람의 머리는 22개의 뼈로 되어 있다. 머리통을 이루는 비교적 크고 넓적한 8개의 뼈와 눈, 코, 입 부분에 있는 14개의 작은 얼굴뼈가 두개골을 이룬다. 머리뼈를 정면에서 바라보면 눈이 있는 곳에 두 개의 커다란 구멍이 보인다. 안와 혹은 눈확이라고 부르

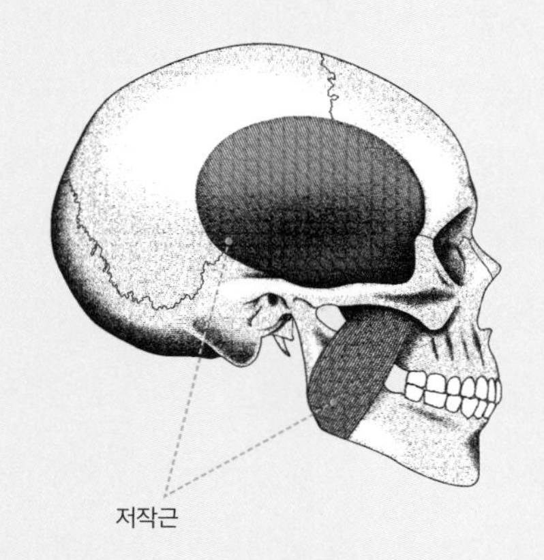

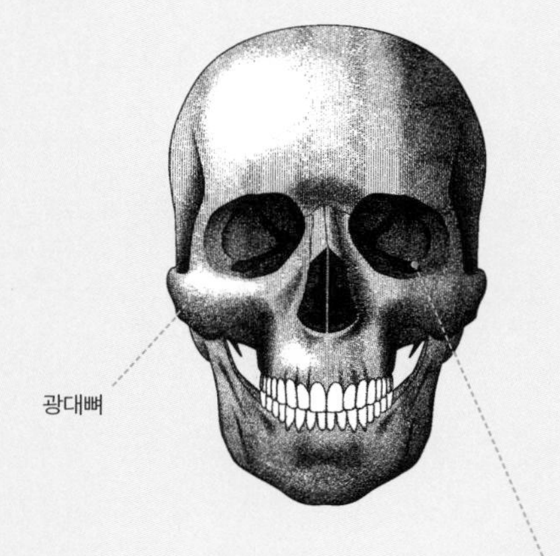

사람의 두개골과 저작근 | 사람의 머리뼈를 정면에서 바라보면 눈알을 감싸고 있는 두 개의 커다란 구멍인 '안와'가 있다. 안와의 바깥쪽 벽을 구성하는 두 개의 뼈 중 하나가 바로 광대뼈다. 광대뼈는 양쪽 눈의 바깥쪽부터 아래로 내려와 귀쪽을 향해 방향을 90도 트는 비교적 작은 뼈다.
턱뼈와 광대뼈 부근의 저작근은 사람은 물론이고 다른 동물들이 음식을 씹는 데 매우 중요한 근육이다.

는 이 구멍은 사람의 눈알이 들어가 있는 부분이다. 안와는 좌우로 각각 7개의 뼈가 만나서 완벽한 퍼즐처럼 착착 맞추어져 있는 아주 복잡한 구조다. "안와를 구성하는 뼈를 시계 방향으로 나열하시오"는 내가 학생들을 가르칠 때 시험에 즐겨 내는 문제이다. 7개의 뼈 중에서도 얼굴의 바깥쪽을 이루는 부분이 가장 두껍고 단단한데 이는 눈을 비롯한 중요한 신경을 외부 충격으로부터 보호하기 위해서다. 안와의 바깥쪽 벽을 구성하는 두 개의 뼈 중 하나가 바로 광대뼈다. 광대뼈는 양쪽 눈의 바깥쪽부터 아래로 내려와 귀 쪽을 향해 방향을 90도로 트는 비교적 작은 뼈다.

광대뼈 옆쪽 위에 손을 대고 입을 벌렸다 다물었다 해보자. 입을 움직일 때마다 턱뼈와 광대뼈 부근에서 근육이 움직이는 것을 느낄 수 있다. 이 근육은 '씹기 근육'이라고도 불리는 저작근의 일부다. 사람은 물론이고 다른 동물들도 먹고 사는 데에 씹는 기능이 매우 중요하기 때문에 저작근이 잘 발달해 있다.

저작근은 여러 개의 근육으로 이루어져 있다. 턱뼈에서부터 광대뼈 안쪽까지 하나의 근육이 있고 광대뼈의 안쪽부터 옆머리뼈까지 연결된 또 다른 근육이 있다. 동물 중에서도 섬유질이 많은 질긴 풀을 주식으로 하는 말은 턱뼈에서부터 광대뼈 안쪽까지 이어진 저작근이 사람보다 훨씬 더 크고 튼튼해 턱을 좌우로 쉽게 움직일 수 있다.

얼굴 위의 멀티플레이어, 광대뼈

광대뼈는 태아가 약 8주 되었을 때 세 개의 분리된 연골로 처음 생겨나 20주 전후로 모두 붙어 성인의 광대뼈의 모습을 갖추게 된다. 광대뼈에는 씹기 근육뿐만 아니라 입꼬리를 양옆으로 올렸다 내렸다 하는 근육도 붙어 있어서 표정을 짓는 데에 중요한 역할을 한다.

우리 몸속에 있는 206개의 뼈는 어느 하나 알면 알수록 신비롭지 않은 것이 없으나 그중 작고 얇은 광대뼈가 울고 웃고 씹는 모든 것에 관여한다니 참 놀랍다. 바로 이 광대뼈가 어느새 고집 세고 강한 인상을 준다고 하여 깎아버려야 하는 대상이 되었다. 광대뼈를 어떤 식으로 수술할까 궁금해져서 성형외과 홈페이지를 둘러봤다. 광대뼈 축소술은 두피 또는 입안을 통해 광대뼈를 깎아낸 후 안으로 밀어 넣거나 회전시켜서 각도를 바꾸어주는 방법으로 진행된다고 한다. 이렇게 뼈를 깎는 아픔을 감당하면서까지 광대뼈를 없애버리고 싶은 것일까. 누구나 자기만의 콤플렉스가 있고 미에 대한 기준이 있으니 용감하게 뼈를 깎아서라도 예뻐지고 싶은 사람들을 비난하려는 마음은 없다.

하지만 나는 오랜 진화의 산물인 아시아인의 광대뼈가 그 자체로 아름답다고 생각한다. 어쩌면 내가 미국에 살기 때문에 더 그렇게 느끼는 걸 수도 있다. 내 눈에 이제는 하얀 피부보다는 까무잡잡한 피부가 더 예뻐 보이듯 말이다. 우리와 다르게 백인은 광대뼈가 뺨 쪽으로 각도를 확 틀어서 자리 잡았기 때문에 전혀 튀어나오지 않았다. 그런 그들의 눈에는 도드라진 광대뼈가 예뻐 보인다. 미국 패션 잡지나 미용 관련 웹 사이트에서는 광대뼈가 도드라져 보이는 화장법을 수시로 소개하고 심지어 광대뼈에 보형물을 넣어 확대시키는 시술에 대한 정보들로 가득하다. 우리 눈에 어딘지 밋밋해 보이는 아시아계 배우들이 할리우드에서 유독 인기가 많은 것도 미의 기준이 서로 다르기 때문일 것이다. 내가 갖지 못한 무엇을 선망하는 것은 인간의 자연스러운 욕망인가 보다.

아주 오랜 시간이 지나 인류학자가 우리나라의 묘지에서 광대뼈 축소술을 한 사람의 얼굴뼈를 발견하면 인종 감식 결과가 어떻게 나올까. 뼈를 깎아서 다시 연결시켰기 때문에 그 부분에 외상의 흔적이 남아 있을 확률이 높을 것이다. 시간이 많이 흘러 그때는 또 튀어나온 광대뼈가 매력인 시대가 되어 우리의 뼈를 보면서 옛날 사람들의 미적 기준은 참 다르다고 할지도 모른다. 지금 우리 눈에 당대의 절세미인이었다는 양귀비가 그다지 예뻐 보이지 않는 것처럼 말이다.

아름다운 S자 곡선의 속사정, 척추뼈

고고학 유적에서 출토되는 사람 뼈는 모두 죽은 이들의 뼈다. 의외로 많은 사람들이 이 간단한 사실을 잊어버린다. 지금 대한민국에 살고 있는 사람들의 연령 분포를 보면 아이부터 노인까지 다양하게 정규 분포를 이룬다. 하지만 뼈를 분석해 사망 당시 연령을 추정한 자료를 그래프로 그리면 정규 분포 곡선과 정반대의 곡선이 나타난다. 죽어서 묻힌 사람의 대다수가 아이와 노인이기 때문이다.

공동묘지에 갈 기회가 있다면 비석을 잘 살펴보자. 어린 나이에 뜻밖의 사고로 사망한 이들도 있지만 대부분 나이가 들어 세상을 뜬 사람들일 것이다. 2014년 대한민국 묘지의 비석에 새겨진 나이를 토대로 연령 분포를 계산하면 아마 65세 이상이 대부분이고 나머지 연령대는 상대적으로 그 수가 훨씬 적을 것이다. 이를 토대로 머나먼 훗날 고고학자들이 2014년 대한민국 인구의 80퍼센트는 65세 이상의 노인이었다고 하면 이는 사실과 완전히 동떨어진 결론이다. 이러한 이유에서 죽어서 묻힌 사람의 뼈를 이용해 그 사람들이 살던 사회의 모습을 복원하는 것은 늘 주의가 필요하다.

서울 일대에 재개발을 하기 위해 땅을 파면 사람 뼈가 많이 나온다. 이건 그다지 놀랄 일이 아니다. 600년의 긴 역사를 가진 수도 서울 주변에는 옛날부터 많은 사람들이 살아왔을 테고 그들의 묏자리가 그 근처에 있는 것은 당연하기 때문이다. 예전에는 사람의 뼈가 나오면 무조건 화장을 했다. 화장 처리를 할 때 무덤 한 기당 일정 금액을 지불해주기 때문에 서로 더 많은 무덤을 처리하려는 화장업체들끼리의 경쟁도 심했다.

현행법상 유물은 발견하면 그냥 버릴 수 없고 문화재관리법으로 다루게 되어 있다. 또한 연구재단의 고고학자들이 보고서도 꼼꼼히 쓴다. 하지만 사람 뼈는 문화재가 아니라는 이유로 그냥 버려도 된다. 사람 뼈를 아무런 연구도 없이 바로 화장하는 것은 연구자의 입장에서 참으로 안타깝다.

사람 뼈야말로 그 당시를 살았던 사람의 흔적이기 때문에 역사 자료나 고고학 유물 이상의 가치를 지닌다. 조선시대에 남녀 혹은 신분에 따라 건강 상태에 차이가 있었는지, 사람들은 키가 얼마나 컸으며 어떤 질병을 앓았는지와 같은 질문의 열쇠를 뼈가 쥐고 있는데도 말이다. 고고학 유적에서 나온 토기를 그냥 부수어 버리지 않듯이 고고학 자료로서의 사람 뼈에 대한 연구도 체계적으로 이루어져야 한다. 물론 뼈에 대한 연구가 전혀 이루어지지 않는 건 아니다. 발굴 현장에서 뼈가 나오면 나 같이 뼈 공부하는 사람에게 연락해서 연구를 부탁하는 고고학자들도 있다.

조선시대 사람들도 앓았던 퇴행성 관절염

조선시대 사람의 뼈를 연구해보면 대부분 생전에 고생을 많이 한 흔적이 고스란히 남아 있다. 의학이 눈부시게 발달한 지금도 허리나 어깨가 아픈 사람이 많은데 조선시대에는 오죽했을까. 그들의 뼈를 보면 우리 조상들도 꽤나 허리, 무릎, 어깨가 결리고 쑤셨겠구나 싶다. 조선시대의 유골에서는 퇴행성 관절염을 앓았던 흔적이 자주 발견된다. 관절염은 뼈와 뼈가 맞닿는 관절 부위에 염증 혹은 다른 이유로 통증이 생기는 모든 질병을 일컫는 말로 골관절염, 류마티스 관절염 외에도 다양한 종류의 질병이 이에 포함된다.

관절염 중에서도 가장 많은 사람들이 앓는 것이 퇴행성 관절염이다. 뼈와 뼈가 맞닿는 부위에는 연골이 들어 있는데 이 연골 덕에 뼈와 뼈가 직접 부딪치지 않고 관절이 부드럽게 움직일 수 있다. 하지만 나이가 들면서 연골이 점점 닳아 없어져 관절에 통증이 생기는데 이 병이 바로 퇴행성 관절염이다. 이렇게 뼈끼리 직접 닿으면 통증이 상당하다. 조선시대 뼈뿐만 아니라 각종 고고학 유적에서 출토되는 사람 뼈에서도 이런 퇴행성 관절염의 흔적이 자주 발견된다. 심한 경우 뼈와 뼈 사이의 연골이 모두 없어지는 바람에 뼈끼리 계속해서 부딪치면서 관절 부위의 뼈가 반질반질하게 닳아 있기도 하다. 설령 퇴행성 관절염까지 진행되지 않았다 하더라도 나이가 든 사람의 뼈일수록 뼈의 가장자리가 매끈하지 않고 삐죽삐죽한 경우가 많다. 뼈에 난 가시라는 의미에서 '골극骨棘'이라고 불리는 삐죽삐죽한 뼈는 척추뼈에서 특히 잘 보인다.

척추뼈와 척추뼈 사이에는 500원짜리 동전 너비의 연골이 들어 있다. 흔히 디스크 혹은 추간판이라고 부르는 이 연골은 척추뼈에 가해지는 하중을 분산시키고 등을 유연하게 움직이도록 해준다. 젊은 사람의 척추뼈는 뼈와 뼈 사이의 간격이 일정하고 동전보다 서너 배 두꺼운 디스크가 뼈 사이에 들어 있다. 반면에 나이가 많은 사람의 척추뼈를 보면 뼈와 뼈 사이의 간격이 확연히 줄어들어 디스크의 두께도 심한 경우에는 동전 한 개의 두께밖에 되지 않는다. 뿐만 아니라 디스크 위아래 부분의 뼈에 가시처럼 삐죽삐죽 골극이 자라 있다. 나이가 들면 키가 작아진다고 하는데 실제로 척추뼈 상태가 좋지 않은 사람은 척추뼈와 디스크의 두께가 모두 줄어들었기 때문에 키가 작아진다. 나와 키가 비슷한 우리 남편은 자기야말로 척추뼈 때문에 본의 아니게 키가 작아졌다며 나를 만나

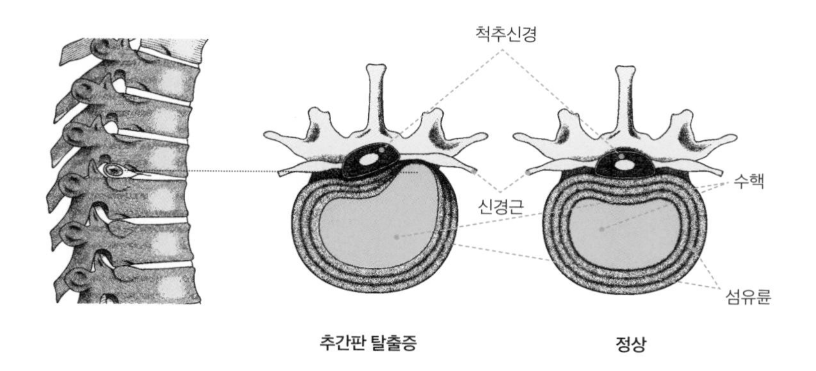

추간판 탈출증일 때와 정상일 때의 디스크 단면 | 척추뼈와 척추뼈 사이에는 500원짜리 동전 너비의 연골이 들어 있다. 디스크 혹은 추간판이라고 불리는 이 연골은 척추뼈에 가해지는 하중을 분산시키고 등을 유연하게 움직이도록 해준다.
나이가 들수록 디스크의 수핵 속 수분 함량이 떨어지면서 탄력도 떨어져 작은 충격이나 반복되는 동작에도 바깥 부분인 섬유륜이 찢어지게 된다. 그러면 안에 있던 수핵이 바깥으로 밀려 나가 주변의 신경을 눌러 통증을 느끼게 한다.

기 전만 해도 키가 훤칠했다고 주장한다. 믿거나 말거나다.

척추뼈 사이에 있는 디스크를 위에서 내려다보면 크게 두 부위로 나뉜다. 동그란 모양의 바깥쪽섬유륜은 나무의 나이테처럼 동심원이 줄을 지어 있고 디스크의 한가운데수핵는 상대적으로 물컹해 보이는 젤라틴 성분으로 되어 있다. 젊었을 때에는 디스크 한가운데에 위치한 수핵의 수분 함량이 높아 그만큼 탄력이 좋아서 척추뼈에 웬만한 충격이 가해지더라도 별 무리 없이 견딜 수 있다. 하지만 나이가 들수록 수핵 속의 수분 함량이 떨어지면서 탄력도 떨어져 그다지 크지 않은 충격이나 반복되는 동작에 그만 바깥 부분인 섬유륜이 찢어지게 된다. 이러면 안에 있던 수핵이 바깥으로 밀려 나가 주변의 신경을 눌러 통증을 느끼게 한다. 흔히 '디스크'라고 불리는 이 증상의 정식 이름은 '추간판 탈출증'이다. 이는 척추뼈 중에서도 허리에 있는 요추에서 가장 흔하게 생기며 그 다음으로는 목뼈인 경추에서 자주 보인다.

뼈끼리 붙으면 병이 된다

시간이 지나 뼈만 남았을 때는 연골이 모두 없어져 버린 상태이기 때문에 그 사람이 생전에 디스크를 앓았는지는 알기가 힘들다. 하지만 뼈의 모양이 매끈하지 않고 척추뼈 모양이 납작하게 눌린 상태로 변형되어 있는 걸 보면 이 사람이 생전에 허리 아파서 고생 좀 했겠구나를 추정해볼 수 있다. 이렇게 뼈에 남아 있는 흔적을 보고 옛날 사람들이 앓았을 질병에 대해 연구하는 분야를 '고병리학'이라고 한다. 고병리학 연구에서 비교적 흔하게 발견되는 질병 중 하나가 '디쉬DISH: Diffuse Idiopathic Skeletal Hyperostosis' 라고 불리는 척추질환이다. 디쉬는 우리말로 '미만성 특발성 골격과골증'이라는 무시무시한 이름으로 불리는데 노인들 10명 중 1명

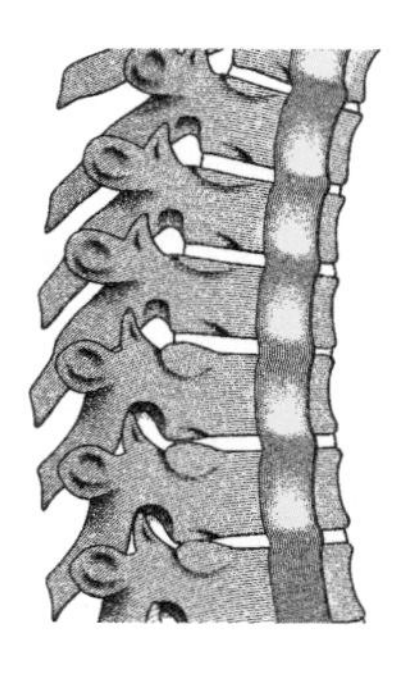
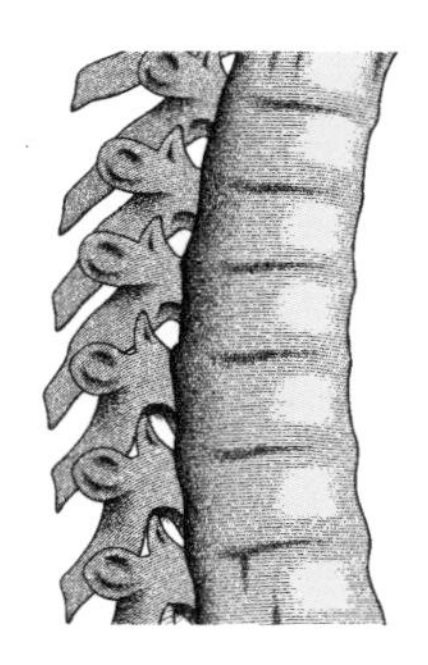

정상일 때(왼쪽)**와 디쉬일 때**(오른쪽)**의 척추 모양 차이** | 디쉬는 4개 이상의 척추뼈가 붙어버리는 병이다. 마치 커다란 양초에서 촛농이 흘러내린 것처럼 척추뼈들이 서로 붙어 있는 모습이지만, 실제로 다른 관절염에 비해 그렇게 통증이 심한 질환은 아니라고 한다.

꼴로 발견될 정도로 비교적 흔하다. 대개 허리가 아프거나 몸이 좀 뻣뻣해서 병원에 갔다가 디쉬 진단을 받는 경우가 많다.

척추뼈는 목에 7개, 등에 12개, 허리에 5개, 이렇게 총 24개의 뼈가 위아래로 착착 물리면서 차곡차곡 잘 쌓여 있다. 만약 근육이 다 없어지고 뼈만 남게 된다면 이 24개의 뼈가 각각 하나씩 분리되어야 한다. 디쉬는 이게 분리되지 않고 4개 이상의 척추뼈가 붙어버리는 병이다. 그런데 신기하게도 이때 척추뼈 사이에 있는 디스크 공간은 줄지 않고 그대로 유지되며 딱히 뼈에 골극이 많이 관찰되지도 않고 골밀도가 떨어지지도 않는다. 마치 커다란 양초에

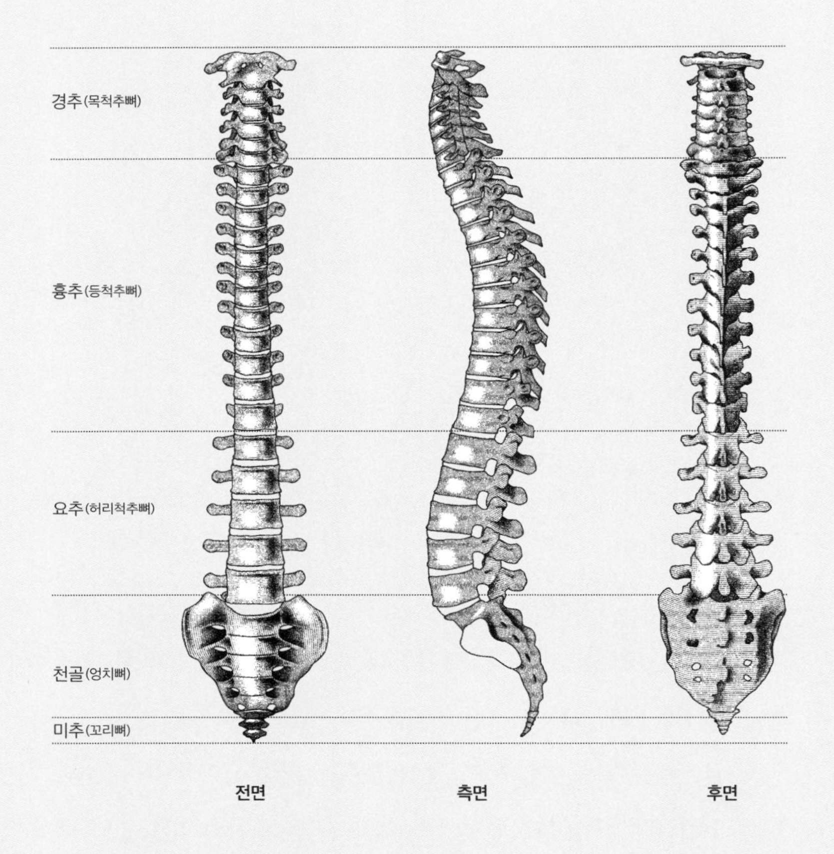

척추뼈 | 척추뼈는 목에 7개, 등에 12개, 허리에 5개, 이렇게 총 24개의 뼈가 위아래로 차곡차곡 쌓여 있다. 척추뼈 바로 밑에 붙어 있는 어른 손바닥만 한 크기의 천골은 좌우로는 엉덩이 쪽에서 골반뼈와 연결된다. 천골은 사람이 태어날 때 5개의 넙적한 척추뼈로 나뉘어져 있다가 사춘기 때부터 서로 붙기 시작해 30대 초반이 되면 비로소 모두 붙어서 하나의 뼈가 된다.

서 촛농이 흘러내린 것처럼 척추뼈들이 서로 붙어 있는 모습을 보면 이 사람이 생전에 엄청난 통증을 겪었을 것만 같다. 하지만 실제로는 다른 관절염에 비해 그렇게 통증이 심한 질환은 아니라고 한다. 아직 원인이 밝혀지지 않은 병 디쉬는 주로 척추뼈의 오른쪽이 붙어버리는 경우가 많다. 붙으려면 양쪽이 다 붙든지 그것도 아니고 대부분 오른쪽만 붙어버리는 이유가 무엇일까. 그 답은 뼈에 없고 뜻밖에도 대동맥에 있다. 심장이 대동맥으로 피를 내보낼 때마다 대동맥이 쿵쿵 뛰는데 바로 이 대동맥이 척추뼈의 왼쪽으로 지나가기 때문에 그 자극에 의해 척추뼈의 왼쪽으로는 뼈가 잘 붙지 않는다고 한다.

비교적 경미한 증상의 디쉬와 달리 인구의 1퍼센트 미만이 걸리는 강직성 척추염은 꽤 심각한 병이다. 현재 우리나라에서 강직성 척추염을 앓는 환자는 3만 명 이상으로 20~40대에 주로 발병한다. 허리에 있는 척추뼈 바로 밑에는 어른 손바닥만 한 크기의 천골이라는 뼈가 있다. 천골은 위로는 척추뼈와 붙어 있고, 좌우로는 엉덩이 쪽에서 골반뼈와 연결된다. 천골은 사람이 태어날 때 5개의 넙적한 척추뼈로 나뉘어져 있다가 사춘기 때부터 서로 붙기 시작해 30대 초반이 되면 비로소 모두 붙어서 천골이라는 하나의 뼈가 된다. 이 때문에 천골을 척추뼈의 일부로 보는 사람도 있다.

강직성 척추염은 대개 골반과 천골이 붙는 관절에서 시작해 척추를 타고 위로 올라가며 진행된다. 강한 인대로 둘러싸여 있는 척추뼈에 염증이 진행되면서 인대와 척추뼈, 디스크의 섬유륜까지 모두 붙어버리는 것이 강직성 척추염이다. 이렇게 서로 붙은 척추뼈는 마디마디가 살짝 튀어나온 대나무 같이 보여서 '대나무 척추'라고 불리기도 한다.

강직성 척추염은 몸 전체에 영향을 줄 수도 있어 더욱 위험하다. 눈에 염증이 생기는 것은 흔한 증상 중 하나이고 심지어 턱이나 어깨에까지 염증이 퍼져 나갈 수 있다. 때문에 강직성 척추염 환자는 젊어서부터 상당한 고통에 시달리게 된다. 이 병 역시 정확한 발병 원인은 알 수 없지만 디쉬와 달리 유전적 요소가 강하다. 강직성 척추염 환자의 상당수가 HLA-27이라는 유전자를 가지고 있다는 게 밝혀졌기에 이 유전자가 발병의 중요한 원인이라는 것을 알 수 있게 되었다. 하지만 HLA-27이 양성인 사람이라고 해서 모두 발병하는 것은 아니기 때문에 정확히 어떤 경우에 발병으로까지 이어지는지는 여전히 미스터리다.

임신부가 앞으로 고꾸라지지 않는 이유는?

임신하면 몸무게가 늘고 배가 볼록 튀어나오는데, 어떻게 앞으로 고꾸라지지 않고 잘 버티는 걸까?

임신과 출산은 인류가 지구에 출현한 이후 지난 수백만 년간 계속해서 이루어져 왔다. 임신부는 어떻게 여러 달 동안 허리를 다치지 않고 배가 부른 상태로 지낼 수 있을까? 이 질문의 답을 찾기 위해 2007년 미국의 인류학자들이 머리를 맞대었다. 하버드 대학과 텍사스 오스틴 대학의 학자들은 남녀의 골반 모양이 다르다는 사실에 착안해, 척추의 가장 아랫부분을 이루고 있는 다섯 개의 요추에도 분명 남녀의 차이가 있을 것이라는 가설을 세우고 임신부를 대상으로 연구를 시작했다.

육아 정보 커뮤니티에 들어가 보면 "도대체 언제 배가 나오나요?"와 같은 초보 임신부들의 질문이 종종 보인다. 그 아래에는 바로 "걱정 마삼. 시간이 지나면 이렇게 나와도 되나 할 만큼 나오삼" 등의 댓글이 달린다. 실제로 임신 초기에는 배가 거의 나오지 않다가 말기로 가면서 하루가 다르게 배가 쑥쑥 나온다. 이때 몸의 앞쪽으로 쏠리는 무게를 감당하면서도 중심을 그대로 유지해야 한다. 잘못해서 앞으로 고꾸라지면 큰일이기 때문이다.

몸이 중심을 유지하려면 무게중심이 요추 바로 아래로 와야 한다. 임신을 하지 않은 여자는 척추의 S자 곡선에 의해 저절로 무게중심이 요추 바로 아래 있게 된다. 하지만 배가 나오면 무게중심을 유지하기 위해 요추 5개가 원래보다 더 심한 곡선을 그려야 한다. 불룩 나온 배 때문에 자칫 앞쪽으로 쏠릴 수 있는 무게중심을 다시 뒤쪽으로 가져와야 하기 때문이다. 이 때문에 임신부들은 자연스레 등을 뒤로 젖히고 손으로 허리를 받친 채 걷곤 한다.

연구를 해보니 정말 남성과 여성의 요추 배열에 중요한 차이가 있었다. 남성의 요추는 다섯 개 중에서 밑에 있는 두 개가 살짝 몸의 아래쪽, 즉 발쪽으로 틀어지면서 골반 부분과 연결된다. 그에 비해 여성의 요추는 밑에 있는 세 개의 요추가 모두 남성에 비해 훨씬 심한 각도로 아래쪽으로 틀어져 있다. 이렇게 되면 평소에는 물론 임신 말기에도 무게중심이 모두 요추 바로 아래 놓이게 된다. 놀랍고도 재미있는 발견이었다. 이 연구 결과는 2007년에 학술지 《네이처》에 실려 '임신부가 앞으로 고꾸라지지 않는 이유 드디어 발견'과 같은 제목으로 뉴스를 타고 전 세계로 퍼져 나갔다.

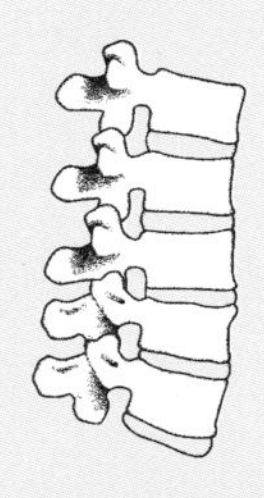
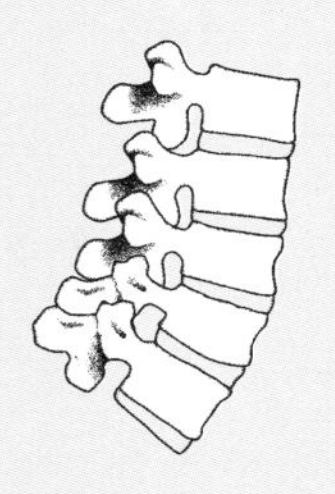

남성의 요추(왼쪽)과 여성의 요추(오른쪽) 차이 | 남성의 요추는 다섯 개 중 밑의 두 개가 살짝 몸의 아래쪽, 즉 발쪽으로 틀어지면서 골반 부분과 연결된다. 여성의 요추는 밑에 있는 세 개의 요추가 모두 남성에 비해 훨씬 심한 각도로 아래쪽으로 틀어져 있다. 이렇게 되면 평소에는 물론 임신 말기에도 무게중심이 모두 요추 바로 아래 놓이게 된다.

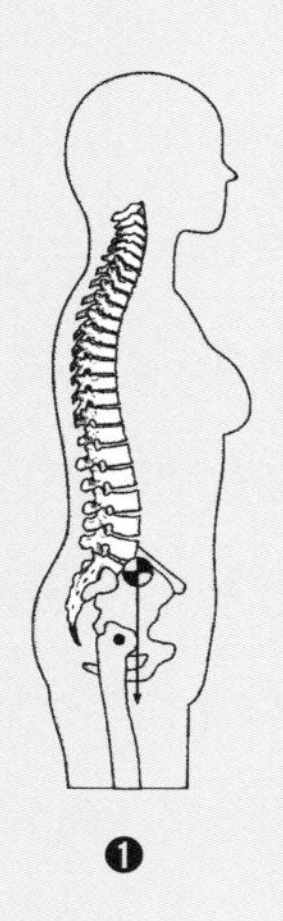

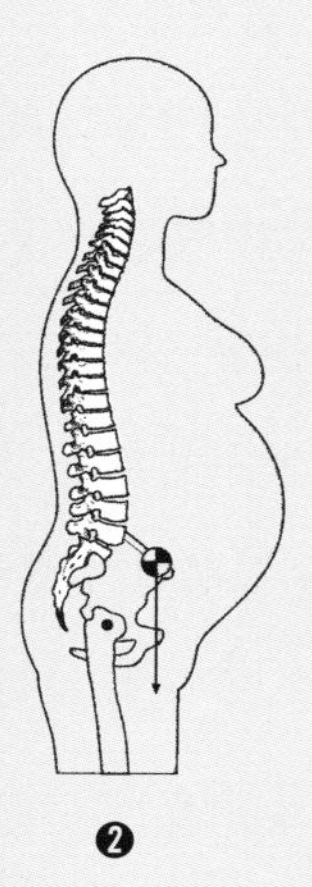

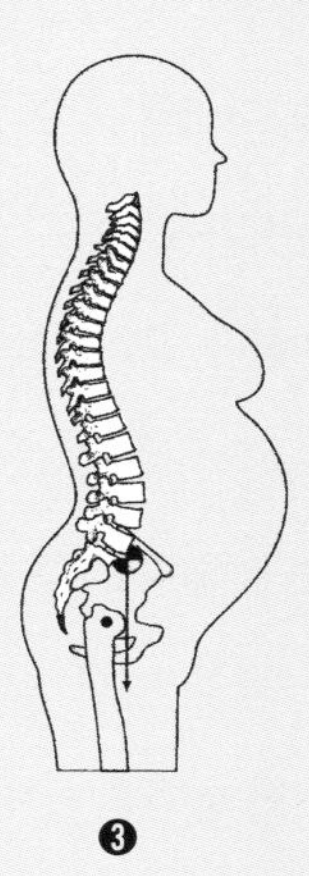

여성의 요추와 무게중심 | 여성의 요추가 ❶번과 ❷번처럼 곡선이 거의 없다면 임신해서 배가 나왔을 때 무게중심이 앞으로 쏠려 고꾸라질 수밖에 없다. 하지만 실제 여성의 요추는 ❸번과 같이 휘어져 있기 때문에 임신 여부와 상관없이 무게중심이 늘 유지된다.

하이에나에게서 살아남은 임신부의 후예

뼈의 모양이나 배열은 전체적인 신체 구조와 기능에 중요한 영향을 끼치기 때문에 쉽사리 변하지 않는다. 척추뼈의 배열과 각도가 임신부의 무게중심을 잡아주는 중요한 역할을 한다면 이는 아이를 낳아야 하는 여자들에게 매우 커다란 이점이 될 수 있다. 이렇게 생존에 중요한 이점을 주는 형질은 인류의 진화 과정에서 아주 이른 시기부터 나타났을 확률이 높다. '임신부가 앞으로 고꾸라지지 않는 이유'를 연구한 학자들은 한발 더 나아가 이 가설을 바탕으로 인류 조상의 척추뼈도 분석했다. 그 결과 약 250만 년 전에 아프리카에 살았던 인간의 조상인 오스트랄로피테쿠스 아프리카누스Australopithecus africanus의 척추뼈에서도 남녀에 따라 요추 모양에 똑같은 차이가 있다는 것을 발견했다.

이렇게 오래 전에 이미 남녀의 척추뼈에 차이가 있었다는 것은 여자의 척추뼈 모양이 생존에 매우 중요했음을 의미한다. 허리뼈가 조금이라도 더 휘어서 만삭에도 균형을 잘 잡을 수 있는 임신부와 그렇지 못한 임신부가 사막을 걸어가다 하이에나와 딱 마주쳤다고 가정해보자. 과연 둘 중에 누가 살아남았을까. 우리는 모두 그 사막에서 하이에나의 공격에도 살아남은 임신부의 후예다. 그러니 배가 아무리 많이 나와도 고꾸라질까 걱정하지 않아도 된다.

그렇다고 해서 뼈의 생김새만이 완벽한 해결책은 아니다. 여전히 임신부들은 가끔씩 균형을 잃고 넘어져서 엉덩방아를 찧곤 한다. 왜 자연은 임신한 여자들의 몸을 완벽하게 만들어주지 못할까. 진화는 이미 가지고 있던 신체 구조에 조금씩 변화를 가져와 환경에 보다 잘 적응하는 생물체를 만들어가는 과정이다. 사람이 네 발로 다닐 때는 척추 모양과 임신은 아무 상관이 없었다. 그런데 직립보행을 하기 시작하면서 예전에 없던 새로운 문제가 생겨난 것이다. 하지만 원래 가지고 있던 신체 구조나 행동이 변화한 환경에 적합하지 않다고 해서 생물체를 완전히 다른 구조로 만들 수 있는 것이 아니다. 그러니까 획기적으로 여자의 몸에만 새로운 척추뼈를 만드는 일은 일어나기 힘들다.

인간에게는 이미 S자를 이루고 있는 24개의 척추뼈 중에서도 맨 아래 다섯 개의 요추가 허리의 뒤쪽 축을 잡고 있기 때문에 이 구조 자체를 획기적으로 바꿀 수는 없다는 이야기다. 그나마 찾아낸 해결책이 맨 아래 세 개의 요추를 틀어서 최대한 무게중심을 잡을 수 있게 해주는 것이었다. 뭔가 좀 더 참신한 방법으로 임신부뿐만 아니라 모든 사람의 허리와 골반에 실리는 힘을 분산시켜 주면 참 좋으련만 아직까지 자연은 그 방법을 찾지 못했다. 그래도 이만큼이라도 환경에 적응하는 방법을 찾아냈으니 다행이다. 안 그랬으면 우리도 멸종의 길에 이르렀을지 모른다.

골반뼈는 출산의 증거일까?

아침 드라마에 종종 등장하는 장면이 있다. 다른 남자의 아이를 낳은 사실을 숨긴 채 결혼한 여자가 시어머니와 함께 산부인과를 찾는 장면. 산부인과 의사는 시어머니 앞에서 "축하드립니다. 임신입니다. 요즘 부의 상징이라는 둘째 아이라 기쁨이 더 크시겠습니다"라고 말한다. 여자는 벌렁거리는 가슴을 애써 진정시키면서 무슨 말인지 모르겠다는 듯 잡아떼고 시어머니는 둘째라니 이게 무슨 말이냐면서 며느리를 매섭게 노려본다. 실제로 초음파와 같은 산부인과 진료로 이전의 출산 여부와 횟수를 알 수 있는지는 잘 모르겠다. 아무래도 아이를 낳는 과정에서 골반 부근에 변형이 생길 수 있을 테니 나오는 말일 텐데, 그렇다면 사람 뼈만 보고도 그 사람이 출산 경험이 있는지를 알 수 있을까?

실제로 지난 100여 년 간 많은 인류학자와 해부학자들이 이

가설에 주목했다. 고고학 유적에서 발견되는 사람 뼈를 보고 그 사람이 아이를 낳았는지 안 낳았는지를 알 수 있다면 과거 사회의 출산율 정보까지도 추정할 수 있는 그야말로 획기적인 연구 방법이기 때문이다. 뿐만 아니라 죽은 지 얼마 안 된 여자가 뼈로 발견되었을 때, 그 사람이 아이를 낳은 적이 있는지를 알 수 있다면 신원을 밝히는 데 훨씬 도움이 될 것이다. 그래서 학자들은 미국 전역의 박물관과 대학 연구소에 보관되어 있는 수많은 사람 뼈를 가지고 출산과 가장 밀접한 골반뼈를 집중적으로 연구하기 시작했다.

골반뼈는 팔뼈나 다리뼈처럼 일자로 쭉 뻗은 다른 뼈에 비해 조금 희한하게 생겼다. 엉덩이부터 대각선으로 내려와 각도가 살짝 꺾이면서 배꼽과 생식기 사이에서 왼쪽과 오른쪽 골반이 맞닿는다. 읽던 책을 내려놓고 엄지와 검지를 벌려 허리를 잡고 손을 아래쪽으로 천천히 움직여보자. 배꼽보다 조금 더 아래쪽으로 내려가면 좌우로 툭 튀어나온 뼈가 만져진다. 잘못해서 책상 모서리 같은 데 부딪치면 매우 아픈데 이 부분이 바로 골반뼈의 맨 위쪽이다.

골반뼈는 같은 높이에서 엉덩이 뒤쪽으로도 넓게 펴져 있는데 그 부분은 두꺼운 엉덩이 근육에 둘러싸여 있어서 손으로는 잘 만져지지 않는다. 그러다가 아래쪽으로 내려오면서 몸의 앞쪽인 배 쪽으로 방향을 튼다. 그 부근에서 골반뼈는 마치 둥근 숟가락으로 아이스크림을 떠내고 남은 모양처럼 움푹 들어가 있다. 움푹 파인 그곳에 허벅지뼈의 윗부분이 딱 맞게 끼워진다. 엉덩이뼈와 허

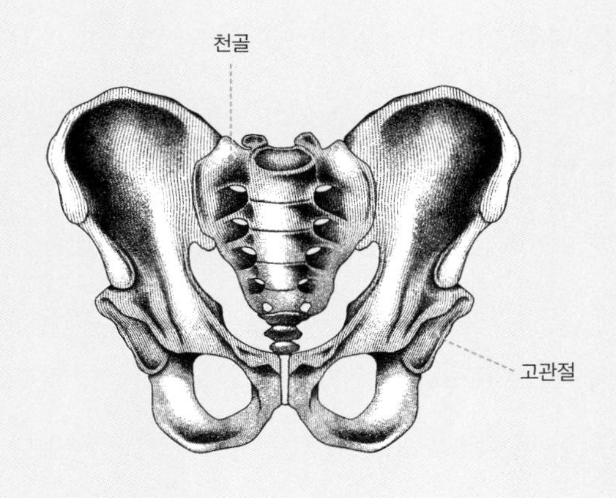

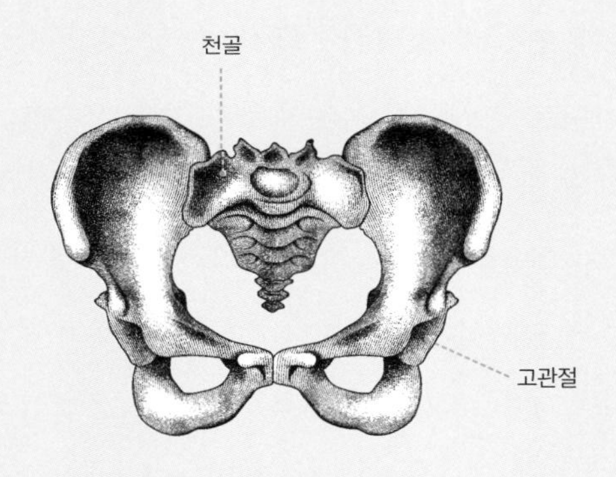

남성의 골반뼈(위)**와 여성의 골반뼈**(아래) | 골반뼈는 엉덩이부터 대각선으로 내려와 각도가 살짝 꺾이면서 배꼽과 생식기 사이에서 왼쪽과 오른쪽 골반이 맞닿는다. 골반뼈 밑의 움푹 들어간 부분을 고관절이라 하고, 고관절을 지나 더 아래쪽으로 내려오면 몸의 한 가운데 지점에서 왼쪽과 오른쪽의 골반뼈가 만난다. 출산이 임박하면 몸에서 호르몬이 분비되어 몸의 관절 부분을 느슨하게 만들어 아이가 태어날 때 이 골반뼈의 한 가운데가 양옆으로 벌어진다.

벅지뼈가 만나는 이 부분을 흔히 고관절이라고 한다. 이 관절은 워낙 두껍고 튼튼한 뼈들로 이루어져 있고 단단한 근육으로 싸여 있기 때문에 웬만한 충격에도 끄덕하지 않는다.

고관절을 지나 더 아래쪽으로 내려오면 몸의 한가운데 지점에서 왼쪽과 오른쪽의 골반뼈가 만난다. 출산이 임박하면 호르몬이 분비되어 몸의 관절 부분을 느슨하게 만들어준다. 그래야 아이가 태어날 때 골반뼈가 최대한 양쪽으로 벌어져 머리가 골반 사이를 통과할 수 있기 때문이다. 바로 이 사실에서 실마리를 찾은 학자들은 좌우 골반이 맞닿는 부위에서 출산의 흔적을 찾을 수 있는지를 연구하기 시작했다.

좌우 골반이 맞닿는 부분은 길이가 새끼손가락만 하고 너비는 새끼손가락 두 개 정도 된다. 이 부분의 단면은 울퉁불퉁한 빨래판처럼 생겼는데 나이가 들면 이 빨래판 모양이 점점 닳아서 나중에는 줄이 사라져 버린다. 이 사실은 이미 수십 년 전에 밝혀져 뼈를 이용한 사망 당시의 나이를 추정하는 유용한 방법으로 쓰여 왔다. 하지만 지난 100년 간 학자들이 아무리 찾고 찾아도 이 부위의 뼈가 출산과 관계가 있다는 증거는 발견하지 못했다. 출산할 때 골반뼈의 다른 부위도 영향을 받을 수 있으므로 특히 근육이 붙는 부분을 중심으로 골반뼈를 샅샅이 조사하였으나 여전히 출산이 골반뼈에 남기는 흔적은 찾기 힘들었다.

출산 경험이 있는 여자들에게서 골반뼈의 변형이 나타나기도 했지만 문제는 출산을 한 적이 없는 여자나 심지어 남자에게서도 얼마든지 같은 양상의 변형이 관찰된다는 것이었다. 출산은 여자의 몸에 많은 변화를 가져온다. 하지만 그런 변화들이 뼈에 흔적을 남길 만큼 엄청난 것은 아닌가 보다. 그러나 학자들이 지난 100년 간 기울였던 노력이 아주 헛되지는 않았다. 골반뼈에서는 출산의 증거를 찾을 수 없다는 사실 하나만큼은 확실하게 알려주었으니 말이다.

한번 자라면 끝인 이빨

학생들을 가르치다 보면 가끔 "이빨도 뼈에요?"라는 질문을 받는다. 이는 왠지 뼈는 아닌 것 같지만 뼈처럼 단단하고 생김새가 비슷해서 그런지 학생들이 많이 헷갈려 한다. 정답부터 말하면 이는 뼈가 아니다. 부러지면 알아서 다시 붙는 뼈와 달리 이빨은 한번 자라면 거기서 끝이다. 음식을 씹다가 치아 표면이 부러진다고 해서 그 자리에 다시 치아가 자라나지는 않는다. 그래서 치과에 가서 그 자리를 갈거나 다른 인공 물질로 깨진 치아 표면을 채워야 한다.

이빨도 뼈가 아닌지 헷갈리는 건 아마 둘 다 매우 단단하고 생김새도 비슷하기 때문일 거다. 실제로 둘 사이에는 공통점도 있다. 치아와 뼈의 가장 큰 공통점은 주요 구성 성분이 '수산화 인회석'이라는 것이다. 뼈보다 더 단단한 치아는 대부분이 수산화 인회석으로 이루어져 있다. 치아는 뼈처럼 재생되는 조직이 아니어서 일단 한번 나면 평생 쓸 수 있을 만큼 단단하다. 가끔 닭뼈나 생선뼈를 모두 씹어 먹거나 이로 호두 껍질을 깨는 사람들을 볼 수 있는데 그렇게 딱딱한 것을 씹어도 이가 잘 깨지지 않는 이유는 치아의 겉표면인 에나멜의 대부분이 단단한 수산화 인회석으로 되어 있기 때문이다. 하지만 이렇게 이를 무리하게 쓰면 미세한 금이 가다가 결국 부러진다.

치아는 크게 잇몸 밖으로 나와 있는 크라운과 잇몸 안에 박혀 있는 뿌리 두 부분으로 나뉜다. 우리가 양치질을 할 때 닦는 부분은 치아 겉표면의 에나멜이다. 에나멜 바로 아래에는 덴틴이라는 조직이 있는데 덴틴은 크라운과 뿌리 부분에 모두 걸쳐 있다. 손으로 이를 툭툭 건드려보면 별 느낌이 없는 이유는 크라운 부위에는 신경이나 혈관이 지나가지 않기 때문이다. 치과 치료를 하면서 치아 표면을 갈아낼 때 특별히 고통스럽지 않은 이유도 에나멜에는 감각을 느낄 수 있는 조직이 없기 때문이다. 그래서 뼈를 깎는 고통이라는 말은 있어도 이를 갈아 내는 고통이라는 말은 없나보다. 그렇다면 치과 치료는 왜 고통스러운 것일까? 에나멜은 건드려도 감각을 느끼지 못하지만 덴틴의 바로 아래쪽에는 신경과 혈관이 지나가고 있다. 따라서 신경 치료를 할 때 그 부분을 건드리게 되니 아플 수밖에 없다.

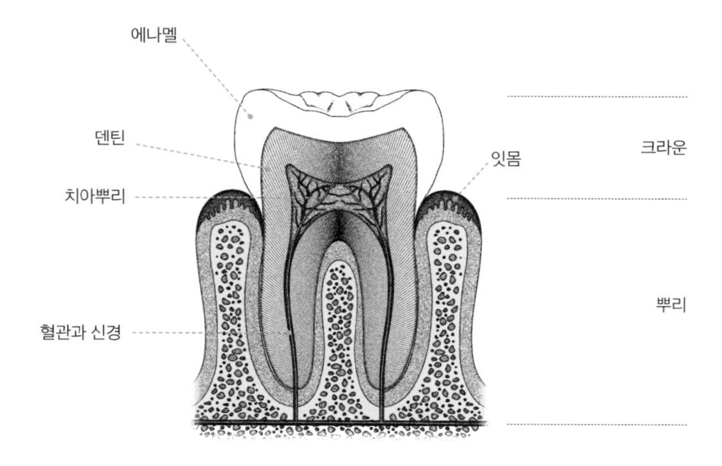

치아의 구조 ㅣ 치아는 크게 잇몸 밖으로 나와 있는 크라운과 잇몸 안에 박혀 있는 뿌리 두 부분으로 나뉜다. 우리가 양치질을 할 때 닦는 부분은 겉표면의 에나멜이다. 에나멜 바로 아래에는 덴틴이라는 조직이 있는데 이 부분은 크라운과 뿌리 부분에 모두 걸쳐 있다. 손으로 이를 툭툭 건드려보면 별 느낌이 없는 이유는 크라운 부위에는 신경이나 혈관이 지나가지 않기 때문이다.

설령 이가 깨지지 않았다 하더라도 치아는 오래 사용하면 그 표면이 서서히 닳는다. 고고학 유적에서 출토되는 치아 중에는 그 표면이 심하게 닳아 있는 것들이 종종 있다. 특히 40세 이상으로 추정되는 유해를 보면 어금니 부위가 많이 닳아 치아의 울퉁불퉁한 씹는 면 자체가 아예 매끈하게 변해 버리거나, 매끈하다 못해 그 부위가 닳아서 어금니의 높이가 다른 치아에 비해 훨씬 낮다. 조선

시대 유적에서 나온 치아 중에서는 닳은 정도가 심해 에나멜이 모두 없어지고 덴틴이 겉으로 드러난 경우가 종종 있다. 아마 생전에 심한 고통을 겪었을 것이다. (오늘 밤 양치질할 때 입을 크게 벌리고 내 이는 상태가 어떤가 한번 살펴보길 바란다.)

그렇다면 사슴이나 소, 말처럼 하루 종일 풀을 뜯고 쉴새없이 질겅질겅 되새김질 하는 동물들은 이빨이 너무 빨리 닳아 없어져 버리지 않을까? 초식 동물의 이빨은 사람과 완전히 다르게 생겼다. 우선 이빨 하나가 사람의 이보다 너비도 넓고 높이도 높다. 이빨이 워낙 크기 때문에 조금 빨리 닳을 수는 있어도 닳아서 없어지는 일은 없다. 빨래판처럼 생긴 코끼리 이빨은 삼각김밥 서너 개 합쳐 놓은 것만큼 크고 사슴의 이빨은 높이가 어른의 새끼손가락만큼 길다.

인류가 오래 전부터 이동 수단으로 이용해온 말의 이빨에 관한 연구는 다른 어느 동물들보다도 훨씬 많이 되어 있다. 이빨이 닳은 정도로 말의 건강 상태와 나이를 추정해왔기 때문이다. 말 시장에서는 말의 진짜 나이를 확인하기 위해 이빨이 닳은 정도를 보곤 했다. 미국 속담에 "선물로 받은 말의 입 안을 들여다보지 말라Don't look a gift horse in the mouth"는 말이 있다. 이는 말을 선물로 주고받던 시절에 생긴 이야기로, 말의 이빨 상태를 보는 것이 마치 물건의 가격을 알고자 하는 것처럼 무례한 일로 여겨졌기 때문이다.

만화 영화에서 말이 히힝 소리를 내며 입을 벌릴 때 보면 위아래 턱에 가지런한 앞니가 있다. 말은 입술을 이용해 입맛에 맞는 풀을 찾고 위아래 앞니를 모두 이용해 풀을 끊는다. 그런데 같은 초식 동물인 소나 양, 염소, 사슴, 기린은 위턱에는 앞니가 없고 아래턱에만 앞니가 있다. 그 대신 덴탈 패드dental pad라 불리는 단단한 연조직이 발달해 있어 힘들이지 않고 풀을 뜯을 수 있다. 그러면 왜 말은 윗앞니가 있는데 염소나 소는 없을까? 그 정확한 이유는 모르지만 말과 소는 이빨 외에도 여러 가지로 많이 다른 동물이다.

머리부터 발끝까지 다른 소와 말

소처럼 윗앞니가 없는 동물은 모두 위장이 여러 개 있어 되새김질을 하지만 위가 하나뿐인 말은 되새김질없이 바로 소화를 시킨다. 말은 입술로 풀맛을 보는데 비해 소는 혀를 이용해 맛을 보고 입으로 풀을 끌어당긴다. 말은 발굽이 하나뿐인 기제류奇蹄類: 발굽이 홀수 개인 동물이고 소, 염소, 사슴은 발굽이 두 개인 우제류偶蹄類: 발굽이 짝수 개인 동물라는 점도 다르다. 발굽의 개수가 뭐 그리 중요할까 싶겠지만 이를 통해 이 두 부류의 동물이 진화 역사상 완전히 다른 경로로 오늘날에 이르렀다는 것을 알 수 있다. 한때 지구를 누비던 대부분의 초식 동물은 말처럼 홀수 개의 발굽을 지닌 동물이었다. 그런데 수천만 년 전에 지구 환경이 변하기 시작하면서 사승이나 소 같은 짝수 개 발굽의 동물들이 그 변화에 보다 발 빠르게 적응하였다. 그리하여 현재 지구상에 남아 있는 초식 동물 중 기제류는 말이나 코뿔소 정도밖에 없고 나머지는 몽땅 다 우제류다. 우제류의 세상이 온 것이다.

돼지는 발굽이 짝수 개인 우제류다. 가운데에 큰 발굽이 좌우로 두 개가 있고 양 옆에 작은 발굽이 달려 있다. 족발을 먹고 남은 뼈를 잘 보자. 일단 끝부분이 동글동글하고 사람 새끼손가락 길이만 한 뼈 두 개가 가장 눈에 띈다. 좌우대칭을 이루고 있는 이 두 개의 뼈는 사람의 손등뼈와 발등뼈에 해당하는 뼈다. 잠시 손등과 발등을 만져보자. 사람은 손등 하나에 손등뼈가 다섯 개 있고 마찬가지로 발등 하나에 발등뼈가 다섯 개가 있다. 이렇게 손등과 발등 하나에 각각 다섯 개의 뼈가 있는 형태는 네발 달린 짐승의 진화 과정에서도 아주아주 옛날에 나타난 형질이다.

지구상의 모든 동물은 다섯 개의 손발가락이 있었는데 그 이후 동물이 다양한 형태로 진화하면서 발가락 수에 변화가 생겼다. 큰 몸집을 지탱하며 빠른 속도로 달리는 것이 중요했던 말은 발등의 뼈가 다섯 개에서 세 개로, 세 개에서 다시 한 개로 줄어들었다. 그 대신 발등뼈 하나의 크기가 사람의 발등뼈 다섯 개를 다 합친 것보다도 더 커졌다. 이에 비해 원숭이나 인류의 조상처럼 나무를 탔던 동물들은 손발을 이용해 나뭇가지와 기둥을 꽉 움켜잡는 것이 중요했기에 다섯 개의 발등뼈가 그대로 남아 있는 것이다.

사람이 도구를 사용하기 시작하면서 손으로 도구를 잡고 능숙하게 사용하는 기술이 중요해졌고, 그 결과 엄지손가락은 나머지 네 손가락과 마주 보면서 물건을 잡을 수 있는 형태로 변하였다. 그게 뭐 별건가 싶겠지만 엄지를 나머지 네 손가락과 마주 보며 접을 수 있는 동물은 사람뿐이다. 이게 안 되면 아마 스마트폰을 쓸 수 없었을 거다.

진화는 동물의 특성과 그 동물이 살아가는 환경에 따라 나타나는 생물학적 변화를 의미한다. 사람의 발등뼈가 여전히 다섯 개인 것이 원시의 형질이라 할 수 없는 것처럼 다섯 개였던 발등뼈가 하나로 줄어든 말이 사람보다 더 진화했다고 볼 수도 없다. 진화는 단순히 오래됐기 때문에 새로운 것으로 바뀌는 상품 같은 것이 아니다. 따라서 아무리 오래된 형질이라도 그게 생존에 유리하다면 굳이 새 것으로 바꾸지 않고 그대로 유지해왔다.

이빨만 봐도 식성을 알 수 있다

나 같은 뼈 전문가들에게는 지역 경찰서에서 뼈 분석 의뢰가 심심치 않게 들어온다. 뒷마당에 구덩이를 파다가 뼈가 나왔다든지, 등산을 하다가 바위 뒤에서 뼈를 발견했다든지 하는 경우에 이게 사람 뼈인지 아닌지를 구별해달라는 의뢰

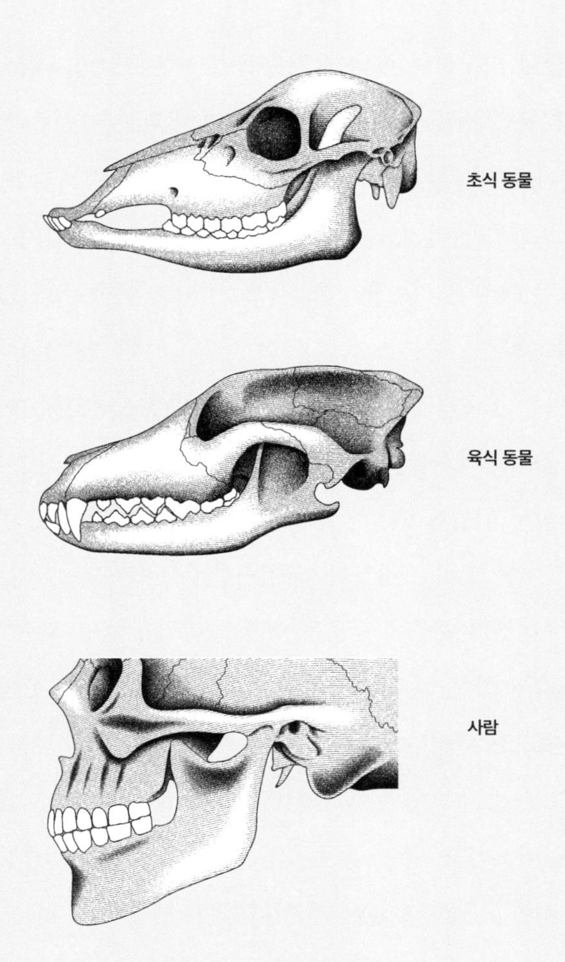

초식 동물, 육식 동물, 그리고 사람의 이빨 | 소나 양, 염소, 사슴과 같은 초식 동물은 위턱에 앞니가 없는 대신 덴탈 패드라 불리는 단단한 연조직이 발달해 있어 힘들이지 않고 풀을 뜯을 수 있다. 씹는 것보다 고기를 자르는 것이 중요한 육식 동물의 이빨은 날카로운 세모 모양에 송곳니가 잘 발달해 있다. 잡식 동물의 대표적인 예인 사람의 이는 이것저것 다 씹고 자르기 무난하다.

가 대부분이다. 요즘은 스마트폰 덕분에 경찰이 현장에서 뼈 사진을 찍어 문자로 바로 전송하기도 한다. 그중 딱 봤을 때 사람 뼈와 가장 많이 혼동하는 것이 돼지나 곰의 뼈다. 이빨도 마찬가지다. 사람, 돼지, 그리고 곰. 서로 비슷해 보이지 않는 이들의 공통점은 무엇일까? 셋 모두 잡식 동물이라는 것이다.

동물의 발등뼈를 통해 그 동물이 어떻게 몸을 움직이는지 알 수 있는 것처럼 동물의 이빨만 보고도 그 동물의 식성을 추론할 수 있다. 사슴이나 말 같은 초식 동물은 이빨의 크기가 크고 이빨의 씹는 면이 웃는 얼굴의 이모티콘 '=) =)'처럼 생겼다. 이에 비해 육식 동물은 씹는 것보다 고기를 자르는 것이 중요하기에 이빨이 날카로운 세모 모양이다. 개를 키워본 사람이라면 누구나 쉽게 연상이 될 것이다. 하지만 고기도 먹고 풀도 먹는 잡식 동물은 초식 동물과 육식 동물처럼 특정 기능에 최적화된 이빨이 아니라 이것저것 다 씹고 자르기 무난한 이빨을 가진다.

사람의 이가 대표적인 예다. 사람은 사슴보다 앞니가 훨씬 발달되어 있어 음식을 잘 자를 수 있지만 사자보다는 송곳니가 덜 발달되어 있어 얼룩말의 숨통을 끊을 만큼의 힘은 없다. 하지만 샐러드도 고기도 다 잘 씹고 끊어서 소화시키는 데에 무리가 없다. 사람의 어금니는 표면이 울퉁불퉁한데 돼지나 곰도 비슷하다. 이 때문에 동물 이빨을 한 번도 본 적이 없는 사람은 이게 혹시 사람의 이가 아닌가 하고 경찰에 신고를 하는 것이다. 하지만 돼지나 곰의 이빨은 울퉁불퉁한 정도가 더 심하고 어금니도 훨씬 길어서 전문가들의 눈에는 그 차이가 금방 보인다.

곰 뼈도 사람 뼈와 비슷하게 생겼다. 곰의 손가락뼈를 보여주고 무슨 동물의 무슨 뼈인지 맞춰 보라고 하면 대부분의 학생들은 사람의 손가락뼈라고 답한다. 곰과 사람은 참 다른 동물 같지만 잘 생각해보면 비슷한 면도 참 많다. 곰은 사람처럼 두 팔을 번쩍 들거나 두 다리로 잘 서 있을 뿐 아니라 원숭이처럼 나무도 척척 잘 타고 손을 휘둘러 강을 거슬러 오르는 연어도 잡는다. 판다가 나뭇가지에 척하니 앉아서 대나무를 씹으며 망중한을 즐기는 모습을 떠올려보시라. 이렇게 사람과 곰은 팔을 쓰는 방식이 비슷하기 때문에 팔뼈 모양도 비슷하다.

지금은 멸종해 버린 동물도 뼈나 이빨 화석이 있다면 그 동물이 생전에 어떤 식으로 움직였고 무엇을 주로 먹었는지를 추론해볼 수 있다. 참 신기하고도 재미난 뼈의 세계다.

평생 딱 한 번 이를 가는 포유동물

사람의 이는 앞니, 송곳니, 어금니처럼 다양하게 이루어져 있다. 앞니와 송곳니는 음식물을 자르는 역할을 하고 어금니는 가는 역할을 한다. 그렇다고 해서 다른 동물의 이빨도 그럴 것이라 생각하면 큰 오산이다. 척추동물이지만 포유류가 아닌 악어나 개구리는 모든 이빨이 다 똑같이 생겼다. 악어는 꼬깔콘처럼 생긴 이빨이 입 속 한 가득이다. 생선도 마찬가지다. 이 동물들은 먹이를 자르고 씹는 게 아니라 물어서 바로 삼키기 때문에 다양하게 특화된 이빨이 필요 없다.

사람은 젖니에서 영구치로 평생 딱 한 번 이를 간다. 이것은 사람뿐만 아니라 다른 포유동물도 마찬가지이다. 배 속의 태아가 5개월 정도 되면 잇몸 안에서 이가 형성되기 시작한다. 치아는 일단 크라운부터 형성되기 시작해 시간이 지나면서 뿌리까지 마저 생긴다. 겉으로 보이지는 않지만 갓난아기들의 잇몸 속에는 이미 치아가 있다. 그러다가 생후 6~9개월 정도 되면 앞니부터 쏙 올라오고 두 돌 정도가 되면 젖니 20개가 모두 난다. 이 글을 쓸 때 두 돌 반이었던 우리 아이도 이가 하나만 빼고 다 났었는데, 궁금해서 이를 들여다보니 치아 표면이 어른보다 훨씬 울퉁불퉁했다. 처음에는 이가 왜 이렇게 이상하게 생겼나 했는데 이는 젖니를 거의 본 적이 없는 나의 무지의 소산이었다.

이미 25년 넘게 사용한 내 치아는 표면이 갓 나온 젖니보다 더 닳아 있을 수밖에 없다. 고고학 유적에서 출토되는 치아도 마찬가지다. 그런 치아에만 익숙한 내가 아직 1년도 채 쓰지 않은 싱싱한(?) 아이의 젖니를 보니 신기할 수밖에. 뼈와 치아를 공부하는 엄마와 아빠를 만나서 우리 딸은 본의 아니게 수시로 입을 벌려서 이를 보여주어야 했다.

아시아인에게서 특히 많이 발견되는 치아의 특징이 있다. 바로 앞니 뒤쪽이 움푹 파여 있는 것이다. 아마 이 책을 읽고 있는 사람 중 앞니 뒤쪽이 삽 모양으로 생기지 않은 사람은 없을 정도로 우리나라 사람에게는 아주 흔하다. 궁금하면 손으로 한번 만져보길 바란다. 이에 비해 유럽인들은 전체 인구의 10퍼센트 정도를 제외하고는 앞니 뒷면이 그냥 매끈하다. 딸이랑 놀다가 문득 젖니에도 이런 특징이 나타날까 하는 궁금증이 생겼다. "리아야, 입 아 벌려 보세요" 하고 살살 달래서 입을 벌리게 했다. 그런데 앞니 뒤쪽을 보는 게 쉽지가 않았다. 결국 리아는 입을 다물고 도망가 버렸다. 몇 번의 시도 끝에 겨우 앞니를 보니 뒷면이 움푹 패여 있었다. 오호라. 아시아인 특유의 부삽 모양 앞니는 젖니에서도 나타나는구나. 딸내미 덕에 하나 배웠다.

인간의 진화를 따라가지 못한 사랑니

젖니가 빠지고 영구치가 나는 순서와 시기는 개인차가 있지만 대략 비슷하다. 그래서 성장이 아직 다 끝나지 않은 사람의 턱뼈가 발견되면 치아로 사망 당시 연령을 대략 추정할 수 있다. 하지만 사랑니까지 모두 나버린 사람은 20대 이상의 어른이라는 것 외에 밝힐 수 있는 게 별로 없다.

20개의 젖니를 가진 아이들이 초등학교 들어갈 때 즈음이 되면 앞니부터 하나씩 빠지기 시작한다. 앞니가 빠진 채 환하게 웃고 있는 아이들은 대개 만 5~8세의 아이들이다. 어른은 이가 32개가 있으니 아이 때는 없던 12개의 치아가 더 생기는 것이다. 그 12개가 입 상하좌우 맨 뒤쪽으로 3개씩 나는 큰어금니대구치다.

언뜻 생각할 때 일단 젖니가 빠진 자리에 영구치가 나고 그 후 큰어금니가 날 것 같지만 신기하게도 첫 번째 큰어금니는 아직 젖니가 많이 남아 있는 상태에서 잇몸의 맨 뒤쪽에서 먼저 난다. 그러다 보니 첫 번째 큰어금니는 평생 가장 많이 닳기도 한다. 이는 사슴과 같은 동물도 마찬가지다. 고고학 유적에서 출토된 사슴의 이빨을 보면 다른 영구치에 비해 첫 번째 큰어금니는 신경이 드러날 만큼 많이 닳아 버린 경우가 종종 있다.

비록 영구치는 초등학교 들어갈 나이쯤에 나지만 생후 6개월 정도부터 잇몸 안에서는 이미 영구치의 크라운이 형성되기 시작한다. 아기의 턱뼈를 엑스레이로 찍어 보면 젖니 밑의 잇몸 속에 영구치가 보인다. 대부분의 아이들이 초등학교를 졸업할 무렵이 되면 젖니가 다 빠지고 입의 가장 안쪽에 마지막으로 자라는 사랑니를 제외하고는 모든 영구치가 나게 된다.

우리나라에서는 사랑에 눈 뜨는 나이에 난다고 하여 '사랑니'

라 불리고 영어권에서는 삶의 지혜를 터득하기 시작할 때 난다고 하여 '지혜치wisdom tooth'라 불리는 사랑니는 치아 중에서도 맨 뒤에 있는 세 번째 큰어금니다.

사랑니는 잇몸 속에서도 천천히 자란다. 만 10살 정도부터 잇몸 안에서 서서히 자라기 시작하여 보통 스무 살 전후에 잇몸 밖으로 그 모습을 드러낸다. 사랑니가 비뚤어져서 나거나 아예 옆쪽으로 누워서 나는 바람에 고생하는 사람들이 많다. 사랑니가 제대로 났다고 하더라도 그 뒤쪽까지 구석구석 양치질이 힘들어 아예 뽑아버리기도 한다. 나는 사랑니가 세 개밖에 나지 않았다. 잇몸 밖으로 이가 나오지 않더라도 간혹 잇몸 속에 이가 숨어 있기도 한데, 엑스레이로 봐도 사랑니가 보이지 않았다. 선천적으로 앞니가 없는 사람은 보기 힘들지만 나처럼 사랑니가 몇 개 없는 사람은 꽤 많다. 왜 그럴까?

루이스 리키 부부는 여러 중요한 원시 인류 화석을 발견해 인류학계에 큰 업적을 쌓았다. 1959년, 그들은 30년의 끈질긴 발굴 끝에 아프리카 탄자니아의 올두바이 계곡에서 두개골을 발견했다. 처음에 루이스 리키는 거의 완벽하게 보존된 이 두개골을 보고 사람의 직계 조상인 줄 알고 매우 좋아했다. 하지만 보면 볼수록 사람과 비슷하기는 해도 절대 사람은 아니었다.

이 두개골의 이빨은 허걱 소리가 날 정도로 크다. 특히 어금니는 보통 사람들의 두 배 정도는 족히 되지 싶다. 이빨이 큰 건 물론이고 턱뼈도 아주 튼실하게 생겼다. 파란트로푸스Paranthropus라 불리는 이 화석의 주인공은 생전에 호두처럼 단단한 음식물을 많이 먹었던 것으로 추정된다. 아주 오래 전에 살았던 인류의 조상은 튼튼한 이빨로 와그작와그작 날 것을 잘도 씹어 먹었다.

약 1만 년 전, 세계 곳곳에서 놀라운 변화가 일어나기 시작했다. 중국과 중동 지역을 중심으로 농경이 시작된 것이다. 그 전까지 사방으로 떠돌며 나무에 있는 열매를 따 먹고 동물을 사냥했던 사람들이 무슨 이유에서인지 한 곳에 정착하기 시작했다. 이들은 한 군데에 정착해 땅에 씨앗을 심어 수확했다. 뿐만 아니라 야생 동물을 사냥하던 이들이 개나 돼지, 소를 가축으로 기르기 시작했다. 그러면서 식생활에도 변화가 일어났다. 한 곳에 정착해 살면서 자연스레 조리 시설을 갖추고 다양한 방식으로 음식을 해먹은 것이다. 야생에서 따 먹던 열매나 식물에 비해 농사를 지어 수확한 밀이나 쌀은 더 부드러웠다. 채소나 고기를 찌거나 볶거나 삶아 익히니 훨씬 씹기가 쉬웠다. 이렇게 사람들의 주식이 바뀌자 씹는 근육과 이에도 서서히 변화가 생겼다. 인간에게 더 이상 이빨과 튼실한 턱은 그다지 필요하지 않았던 것이다.

농경이 시작된 후부터 인간의 턱뼈는 점차 작아졌다. 사랑니는 인간의 진화 과정에서 퇴화하고 있는 치아다. 재미난 것은 사람들이 기르는 동물들에게서도 이런 비슷한 변화가 나타난다는 것이다. 사람도 동물도 함께 모여 살면서 비슷한 쪽으로 변해왔다. 오래된 화석뼈 중에서 사랑니가 삐뚤게 나거나 아예 없는 경우는 드물다. 사랑니 때문에 겪는 문제는 우리 몸의 진화 속도가 아직 식습관의 진화 속도를 따라가지 못해서이다.

3대째 이어온 가업: 아프리카에서 인류 조상의 화석을 찾다!

루이스 리키 Louis S. B. Leakey, 1903~1972
메리 리키 Mary D. Leakey, 1913~1996

루이스 리키는 케냐의 나이로비 근처 키쿠유 족 마을에서 영국 선교사 부부의 아들로 태어났다. 하얀 피부 때문에 눈에 잘 띄었던 루이스 리키는 키쿠유 아이들과 함께 뛰놀며 어린 시절을 보내 키쿠유어와 영어를 모두 능숙하게 구사했다. 영국으로 돌아가 1926년에 케임브리지 대학에서 인류학과 고고학으로 학사 학위를 받았지만, 그는 영국의 딱딱한 문화에 잘 적응하지 못했다. 졸업과 동시에 다시 동아프리카로 돌아온 루이스 리키는 탄자니아의 올두바이 계곡에 자리를 잡고 인류의 조상을 찾는 탐사 활동을 시작했다.

당시만 하더라도 인류의 조상은 당연히 '우월한 인종'인 백인이 사는 유럽에서 발견될 것이라는 생각이 학계의 대세였다. 얼굴은 하얗지만 자신은 케냐인이라고 할 만큼 아프리카를 사랑했던 그는 아프리카에서 인류의 조상 화석을 찾게 될 것이라고 믿었다. 리키는 화석을 찾겠다는 의지 하나만으로 올두바이 계곡에서 수십 년을 버텼다.

루이스 리키의 부인 메리 리키는 어린 시절부터 부모님을 따라 유럽 각지를 여행했다. 프랑스에서 고고학 유적을 방문한 후 그녀는 지질학과 고고학을 공부하기로 결심했다. 고집스러운 면이 있었던 메리는 결심을 실천에 옮기기 위해 고고학 유적의 발굴 과정과 출토 유물을 정밀화로 그리는 일을 시작했다. 루이스 리키를 만난 것도 고고학 삽화 때문이었다. 두 사람은 1936년에 결혼했다. 성격이 불 같고 에너지가 넘치는 루이스 리키와 달리 아내 메리 리키는 때로는 자식들에게도 차가울 만큼 조용하고 냉철한 사람이었다. 어쩌면 이 둘이 이렇게 달랐기에 오랜 세월 동안 오지에서 서로 의지하며 매일 땡볕 아래 화석을 찾으러 다닐 수 있었는지도 모른다.

루이스와 메리는 인류 화석을 찾는 것이 최우선 목표였지만 올두바이에서 발견한 석기도 열심히 모아 분석했다. 석기를 통해 수백만 년 전에 아프리카에 살던 사람들이 어떤 식으로 생활했는지를 유추할 수 있었기 때문이다. 꼼꼼한 메리 리키는 매일 밤 희미한 불빛 아래서 석기를 삽화로 그리며 정리했다. 그렇게 십수 년이 흐른 1948년, 메리 리키는 2천만 년 전에 동아프리카에 살았던 침팬지와 고릴라의 조상인 프로콘술Proconsul 화석을 발견했다. 비록 리키 부부가 찾던 인류의 조상은 아니었지만 그때까지 누구도 본 적 없는 새로운 유인원 화석이었다. 메리 리키는 여기서 그치지 않았다. 오지에서 탐사를 시작한 지 30년 가까이 지난 1959년에 175만 년 전의 인류 조상 화석인 진잔트로푸스Zinjanthropus, 현재는 오스트랄로피테쿠스 혹은 파란트로푸스 보이지아이라 불림를 발견한 것도 아내인 메리 리키였다.

루이스와 메리는 아이들을 자주 탐사에 데리고 다녔다. 기운이 넘치는 사내 아이 셋은 신나게 부모를 따라 나섰다. 1960년에 큰아들 조나단 리키는 호모 하빌리스Homo habilis 화석뼈를 발견했다. 이렇게 발견한 뼈를 잘 정리하고 기록하는 것은 메리의 몫이었다. 메리의 차분하고 꼼꼼한 성격은 오지에서의 탐사 활동과 자료 수집 및 정리하는 일에 잘 맞았다. 이에 비해 에너지는 넘치지만 메리에 비해 끈기가 부족했던 루이스 리키는 아내에게 탐사를 맡기고 세계 각지에서 강연을 하며 연구 기금을 모았다. 그의 강연에 감명을 받은 몇몇 미국인들이 모여 1968년에 리키 재단을 설립했다. 리키 부부의 연구를 돕는 것은 물론이고 젊은 학자들에게 연구비를 지원해 인류의 기원을 밝히는 연구에 매진할 수 있도록 하자는 취지에서였다. 리키 재단은 점점 커져 지금도 고인류학 연구에 많은 연구비를 지원하고 있다. 루이스 리키는 1972년에 런던으로 강연하러 가던 중 심장마비로 세상을 떠났다.

남편과 사별한 후 몇 년이 지나 메리는 다시 탐사 활동을 시작했다. 이번에는 올두바이에서 50킬로미터 남쪽에 있는 라에톨리라는 지역에서였다. 그곳에서 그녀는 놀라운 발견을 했다. 약 3백 만 년 전에 동아프리카에 살던 오스트랄로피테쿠스 아파렌시스Australopithecus afarensis의 발자국이었다. 인류의 조상 뼈가 화석으로 변해 발견되는 경우도 드물지만 그들의 발자국이 질척한 화산재 층에 찍혀서 수백만 년 동안 보존되었다는 것은 정말 놀라운 일이었다. 메리 리키는 1983년에 수십 년간의 올두바이 생활을 접고 달마시안 강아지들과 함께 나이로비로 거처를 옮겼다. 고등학교도 마치지 않았던 그녀는 끈기와 열정으로 세계적인 인류학자가 되었다. 1996년에 그녀는 향년 83세로 생을 마감했다.

부모를 따라다니며 화석 찾는 일에 몰두했던 리키 부부의 세 아들 중에 둘째인 리처드 리키Richard Leakey, 1944~ 만이 인류학자의 가업을 이어갔다. 그는 아내 미브 리키Meave Leakey, 1942~ 와 함께 동아프리카에서 인류 화석 탐사에 몰두했다. 그는 에티오피아의 오모, 케냐의 쿠비포라와 웨스트 투르카나 등지에서 호모 에렉투스Homo erectus, 호모 에르게스터Homo ergaster와 같이 굵직굵직한 화석들을 발견하면서 부모님의 명성을 이어갔다. 하지만 1989년에 케냐 국립공원 야생동식물 보존 책임자로 임명되면서부터 그는 인류학계를 떠나 밀렵 방지와 야생동물 보호 활동에 주력하게 되었다. 1993년 리처드 리키는 타고 가던 프로펠러 비행기가 원인 불명의 고장을 일으켜 추락하면서 두 다리를 잃었다. 큰 돈벌이가 되던 코끼리 상아 밀매를 금지한 것에 대한 반감으로 밀렵꾼들이 비행기 엔진을 조작했다는 설이 있다. 이후 그는 케냐에서 정치인으로 활동하다 2002년부터는 뉴욕 스토니브룩 대학 인류학과 교수로 다시 학계로 돌아왔다. 그는 학과 소속인 투르카나 분지 연구원Turkana Basin Institute 원장을 맡고 있으며 아내 미브 리키도 같은 연구소의 연구 교수로 재직 중이다. 미브 리키는 1999년에 케냐의 투르카나 호수 지역에서 350만 년 전에 살았던 얼굴이 납작한 인류 화석학명은 케냔트로푸스 플래티옵스, Kenyanthropus platyops을 발견하면서 또 한 번 리키 가문의 영광을 재현했다.

리처드와 미브 리키의 두 딸 중 큰딸 루이즈 리키Louise Leakey, 1972~는 태어난 지 막 50일이 지났을 때부터 부모님과 함께 투르카나 탐사 활동 현장을 누볐다. 할아버지와 아버지를 쏙 빼 닮아 어딜 가나 주목을 받았던 그녀는 인류 화석 탐사의 가업을 잇고 있다. 어머니가 비행기 사고를 당한 아버지를 돌보는 사이, 갓 스물이 넘은 나이에 부모를 대신해 탐사 활동을 지휘하면서 이미 인류학자로서의 입지를 다졌다. '리키'라는 이름이 상당한 부담을 주기도 하지만 어머니와 함께 케냔트로푸스 화석을 발견했던 순간의 희열을 떠올리면 지금도 흥분이 된다는 그녀는 벨기에 왕족인 영장류학자와 결혼해 두 딸을 두었다. 리키 가문의 영광이 언제까지 누구를 통해 계속될지 흥미진진하게 지켜볼 일이다.

사진 출처: Smithsonian Institution @ Flickr Commons

연골에는 '골'이 없다

내가 하와이에 산다고 하면 지상낙원에 산다며 부러워하는 사람들이 많다. 인구가 백만밖에 되지 않는 제주도만 한 섬 하와이. 1년 내내 봄 같은 날씨에 살랑살랑 시원하게 부는 바람, 벽지를 붙여 놓은 게 아닌가 싶을 정도로 새파란 하늘과 그 끝에 맞닿아 있는 푸른 바다가 펼쳐지는 하와이는 참 아름다운 섬이다. 하와이에서는 많은 일들이 천천히 진행된다. 서류를 하나 떼러 가도 천천히, 은행에 업무를 보러 가도 천천히. 무엇이든 빛의 속도로 진행되는 서울에서 자란 나는 너무 느긋한 하와이가 좀 답답할 때도 많지만 출장으로 서울에 열흘 정도 있다 보면 어느새 다시 조용하고 아늑한 하와이가 그리워지기도 한다.

하와이 뉴스에는 바다에서 서핑을 하다가 상어의 공격을 받아 다친 사람들의 이야기가 심심치 않게 나온다. 이런 뉴스를 접하면 대부분은 역시 상어는 무서운 동물이구나 생각한다. 하지만 상어 입장에서는 참 억울하다. 매년 하와이에 몰려드는 8백만 명의 관광객과 하와이 주민을 모두 합쳐도 상어의 공격을 받은 사람은 1년에 두 명 정도다. 게다가 실제로 상어에게 물려 죽은 사람은 많지 않다.

잠시 상어의 입장이 되어 보자. 바다 아래쪽에서 먹을 것을 찾아 헤엄치던 상어가 물 위쪽으로 고개를 돌렸다. 이때 상어 눈에 들어온 것은 헤엄치고 있는 바다표범의 실루엣이었다. 오호라. 상어는 잽싸게 물 위로 올라가서 바다표범을 꽉 물었다. 냄새를 잘 못 맡는 상어는 일단 먹잇감을 물어봐야 이게 괜찮은지 알 수가 있다. 어라? 바다표범 맛이 아니잖아? 상어는 물었던 먹잇감을 뱉어 버리고 진짜 바다표범을 찾아서 떠난다. 상어가 바다표범으로 착각했던 것은 서핑보드 위에 엎드려서 팔다리를 허우적거리며 평화로운 하와이 바다에서 서핑을 즐기던 한 남자였다. 햇빛이 물 밖에서 들어오기 때문에 역광을 받아 아래에서 위를 바라보는 상어의 눈에는 서핑보드 밖으로 튀어나온 사람의 팔다리가 꼭 바다표범이나 바다거북이처럼 보였던 것이다.

상어가 사람을 공격할 때는 이렇게 실수인 경우가 대부분이다. 하지만 사람들은 작정을 하고 자그마치 1억 마리의 상어를 매년 잡아들인다. 아시아의 여러 나라에서 귀하고 맛있는 음식으로 치는 상어 지느러미 수프를 만들기 위해서다. 상어의 다른 부위는 돈도 별로 안 되고 수요도 적기 때문에 칼로 지느러미만 베어 내고 상어를 다시 바다에 던진다. 이렇게 몸통만 남겨진 상어는 수영을 할 수 없게 된다.

소나 돼지도 어차피 먹기 위해 죽이는데 상어는 왜 안 되느냐고 할 수도 있다. 가축은 사람들이 수천 년 동안 일부 식용의 목적으로 길러온 동물이지만 상어는 바다 생태계를 유지하는 데에 아주 중요한 역할을 한다. 단지 지느러미 수프를 만들기 위해서 오랜 세월 유지되어 온 생태계의 균형을 깨뜨리는 것은 매우 위험한 일이다. 미국은 2010년부터 지금까지 하와이를 포함한 10개의 주에서 상어 지느러미의 소유와 거래를 모두 금지시켰고 다른 주들도 점점 동참하는 분위기다. 또한 2011년부터는 미국에 들어오는 포획 상어는 지느러미가 모두 붙어 있는 상어만 통관시키는 법도 시행하고 있다.

어렸을 때 중국인이 많은 싱가포르에서 잠시 살았었는데, 그때 샥스핀 수프를 여러 번 먹어 보았다. 물렁물렁하면서도 쫄깃쫄깃한 상어 지느러미는 사실 그 자체로는 그다지 특별하지 않다. 하지만 식감이 좋은 상어 지느러미와 다른 재료들의 맛이 한데 어우러진 샥스핀 수프만의 독특한 맛은 두고두고 잊을 수 없을 만큼 인상적이다. 다른 물고기도 다 지느러미가 있는데 왜 유독 상어 지느러미만이 이렇게 귀한 음식 대접을 받을까? 그것은 상어가 다른 물고기와 달리 연골로만 이루어진 동물이기 때문이다. 식탁에 흔히 올라오는 고등어만 보더라도 몸통에는 물론 지느러미에도 가시가 있다. 참치처럼 덩치가 큰 생선도 지느러미에 뼈가 있어서 상어 지느러미처럼 잘게 잘라 수프를 만들기는 힘들다.

온몸이 연골인 상어

지구상에 존재하는 대부분의 물고기의 몸은 단단한 뼈대로 되어 있다. 하지만 상어와 가오리는 특이하게도 이빨을 제외하고는 온몸이 연골이다. 게다가 사람이나 호랑이 뼈와 달리 연골 상태인 뼈에 각종 근육이 연결되어 있다. 따라서 상어는 몸통을 지탱하는 갈비뼈가 없기 때문에 물 밖으로 나오면 자신의 몸무게에 스스로 눌려 버린다. 그 대신 연골은 그 무게가 일반 뼈의 절반 정도여서 물속에서 움직이기에는 보다 효율적이다. 연골軟骨이 말랑한 뼈라는 의미이니 연골도 뼈일까?

정답부터 말하자면 연골은 뼈가 아니다. 붕어빵에 '붕어'가 없는 것처럼 연골에는 '골'이 없다. 우리 몸에서 가장 쉽게 만질 수 있는 연골은 귀다. 말랑말랑하기 때문에 손으로 접었다 폈다 당겼다 할 수가 있다. 코도 맨 위쪽에만 작은 뼈가 좌우로 한 개씩 있고 대부분은 부드러운 연골로 되어 있다. 겨울철에 뜨끈한 국물이 당길 때 생각나는 도가니탕의 미끄덩거리는 도가니는 소의 연골이다.

우리 몸속에 있는 대부분의 뼈는 엄마 배 속에서 처음 생겨날 때 연골로 되어 있다. 그러다가 임신 3개월에 접어들 무렵 연골이 딱딱해지면서 뼈로 변한다.

우리 몸속에서 끊임없이 재형성되는 뼈와 달리 연골은 재생력이 거의 없기 때문에 한번 손상을 입으면 그만큼 회복이 더디다. 넓은 축구장을 힘차게 달려가던 우리 선수가 외국 선수의 태클에 걸려 넘어지는 장면은 언제 봐도 가슴이 아프다. 이렇게 넘어진 선수들이 많이 입는 부상이 십자인대 파열이다. 십자인대는 허벅지뼈와 정강이뼈를 연결하는 무릎 속에 있다. 이름 그대로 +자(또는 X자) 모양을 하고 있다. 오른쪽 허벅지뼈에서 왼쪽 정강이뼈로 하나의 인대가 붙고, 이에 +자로 교차해서 왼쪽 허벅지뼈에서 오른쪽 정강이뼈로 또 하나의 인대가 붙어 있다. 이 인대가 파열되면 대개 주변에 있는 연골도 함께 부상을 입는다. 이 때문에 십자인대 부상을 당한 선수들은 자칫 잘못하면 1년 이상 선수 생활을 못하거나 상태가 아주 나빠 아예 선수 생활을 그만둘 수도 있다. 뼈에 부상을 입으면 뼈는 빨리 다시 자라기 때문에 재기 가능성이 얼마든지 있지만 연골이나 인대는 아주 천천히 회복되기 때문에 다치면 예후가 안 좋은 경우가 많다.

상어는 죽어서 뼈 대신 이빨을 남긴다

몸 전체가 연골인 상어는 언제, 어디서 지구상에 처음 출현했을까? 상어는 몸이 연골로 되어 있다 보니 몸무게가 가벼워 물속에서 헤엄치기에 좋지만 화석으로 남는 경우가 거의 없다. 하지만 상어의 몸에서 유일하게 딱딱한 뼈 재질로 되어 있는 이빨은 그 숫자까지 많아서 옛날에 바다였던 곳에서 종종 발견되곤 한다.

하와이의 와이키키 해변에 가면 길거리에서 상어 이빨로 만든 목걸이를 파는 사람들을 자주 볼 수 있다. 전 세계적으로 코끼리를 보호하기 위해 상아 판매를 금지하는 곳이 많은 반면 상어 이빨은 어디에서나 흔하게 구할 수 있다. 그 이유는 무엇일까. 신기하게도 상어는 이빨이 7~10일마다 계속해서 빠지고 또 새로 난다. 이런 식으로 상어 한 마리가 평생 수천 개 혹은 수만 개의 이빨을 남길 정도로 흔하니 얼마든지 목걸이를 만들 수 있다. 상어의 입 속을 들여다보면 가장 바깥쪽에는 사용 중인 이빨이 가지런히 자리잡고 있고 그 뒤로 이빨 수십 개가 여러 줄로 잔뜩 나 있다. 상어 입 속 사진을 처음 보았을 때 나는 누가 포토샵으로 장난쳐 놓은 줄 알았다. 맨 앞줄의 이가 빠지고 나면 그 다음 줄의 이가 컨베이어 벨트처럼 앞으로 나와 빠진 이를 메우는 식으로 평생 이빨을 새 것으로 간다.

상어의 조상 중에 가장 놀라운 건 '메갈로돈'이라고 불리는 초대형 상어다. 수천만 년 전에 지구상에 나타나 150만 년 전까지 아주 오랜 세월 동안 바닷속을 누빈 메갈로돈은 이빨 하나의 길이가 15센티미터 정도였으니 몸집이 얼마나 컸을지 짐작이 된다. 메갈로돈은 몸의 길이가 약 18미터 정도에 몸무게는 100톤이 넘는 엄청난 크기의 상어였다. 일본과 미국 등지에서 발견된 화석으로 추정했을 때 메갈로돈의 입안에는 약 280개의 이빨이 있었던 것으로 보인다. 고래만 한 상어라니 상상만 해도 무섭다.

뼈이기도 하고 아니기도 한 뿔

초등학생 때의 일이다. 두 살 어린 내 동생하고 무슨 이야기를 하다가 소에 뿔이 있느냐 없느냐로 싸움이 붙었다. 나는 뿔이 난 소는 본 적이 없다고 우겼고 내 동생은 소에 뿔이 없으면 쇠뿔도 단 김에 빼라는 속담이 왜 있겠냐고 맞섰다. 우리는 결국 엄마에게 물어보기로 했다. 언니가 되어서, 그것도 초등학생이 소에 뿔이 있다는 것도 모르고 바득바득 우기기까지 했으니 엄마는 얼마나 기가 막혔을까. 하지만 소에 뿔이 있다는 엄마의 말을 나는 믿을 수가 없었다. 그때까지 소를 한 번도 직접 본 적이 없어 소라고 하면 으레 그림책에 나오는 얼룩소를 떠올렸다. 아직도 나는 소를 보면 그때 답답해서 가슴을 치던 동생 모습이 생각난다. 치아도 연골도 뼈가 아니라고 했는데 뿔은 뼈일까 아닐까? 머리에 달린 뼈일까?

이번 정답은 애매하다. 어떤 뿔은 뼈고, 어떤 뿔은 뼈가 아니다. 뿔에도 서로 다른 두 종류가 있기 때문이다. 염소, 물소, 젖소 같은 솟과科 동물은 뿔이 두개골의 일부로서 머리뼈에 단단히 붙어 있다. 머리뼈에 나 있는 뿔 위에 케라틴 성분이 뿔의 겉면을 한 겹 더 감싸고 있다. 마치 고깔모자 두 개를 겹쳐 놓은 것처럼 말이다. 매년 뿔갈이를 하는 사슴과 달리, 이런 종류의 뿔을 가진 동물들은 한번 생긴 뿔을 죽을 때까지 달고 다닌다. 〈동물의 왕국〉에 자주 나오는 아프리카의 톰슨가젤이나 쿠두 같은 동물들은 생긴 건 꼭 사슴 같지만 소에 더 가까운 솟과 동물이다. 나선 모양으로 감겨 올라가는 쿠두의 멋진 뿔도, 기다란 일자 모양의 가젤이나 산양의 뿔도 모두 한번 생기면 죽을 때까지 그대로 머리 위에 붙어 있다.

사슴뿔을 잘못 건드리면 큰 코 다치는 이유

그렇다면 사슴뿔은 어떻게 다를까. 영어로 소뿔은 horn, 사슴뿔은 antler라는 다른 단어를 사용하지만 우리말로는 전부 뿔이기 때문에 좀 더 헷갈린다. 머리뼈에 붙어 죽을 때까지 빠지지 않는 소의 뿔과 달리 다 자란 사슴뿔은 매년 빠지고 다시 자라기를 되풀이한다. 사슴의 머리뼈에는 뿔이 나는 위치에 볼록 솟은 성장판이 좌우로 한 개씩 있다. 긴 겨울이 끝나고 해가 길어지는 봄철이 오면 이 성장판에서 뿔이 자라기 시작한다. 새로 자라나는 뿔은 아직 성숙하지 않은 태아의 뼈처럼 연골로 되어 있고 뿔의 바깥 부분은 부드러운 털로 덮여 있다. 번식기가 다가오는 가을이 될 때까지 사슴뿔은 이 상태로 계속 자란다.

소의 뿔은 사람의 손톱과 비슷한 성분인 케라틴이어서 뿔의 겉면을 건드려도 별다른 감각을 느끼지 못하지만 사슴뿔은 다르다. 뿔이 성장하는 동안 연골과 그 주위를 지나가는 혈관 및 신경으로 뿔 속이 가득 차 있기 때문이다. 이때 뿔을 잘못 건드리면 사슴에게 큰 코 다칠 수 있다. 건강에 좋다고 마시는 사슴피녹혈는 바로 이렇게 말랑말랑한 사슴뿔을 잘라낼 때 나오는 피다. 약재로 쓰이는 녹용은 비교적 말랑말랑한 상태의 사슴뿔을 오이나 당근처럼 어슷썰기해서 말린 것이다. 한방에서는 이미 성장이 끝난 뿔의 아랫부분보다는 아직 한창 자라고 있는 뿔의 맨 위쪽에 성장 호르몬이 많아 약효가 더 좋다고 알려져 있다. 실제 약효가 좋은지는 모르지만 사슴뿔은 밑에서 위로 자라기 때문에 위쪽이 가장 활발히 성장하고 있는 것은 사실이다.

수사슴들은 번식기인 가을이 되면 암컷을 차지하기 위해 싸움을 벌인다. 이때 무기로 쓰는 것이 뿔이다. 그런데 앞에서 말한 것처럼 말랑말랑한 사슴뿔로 어떻게 싸움을 할까? 말랑말랑하고 민감한 뿔은 조그만 충격에도 아픔을 느끼기 때문에 그 상태로는 도저히 다른 수컷과 싸움을 할 수 없다. 그래서 뿔을 본격적으로 사용하는 번식기가 가까워지면 사슴뿔은 아래쪽부터 점차 딱딱한 뼈처럼 변한다. 연골 상태인 태아의 뼈가 점차 딱딱한 뼈로 바뀌는 것과 같은 원리다. 이때 뿔을 감싸고 있던 털이 벗겨지면서 딱딱한 뼈로 변한 사슴뿔이 겉으로 드러나게 된다. 이 상태의 사슴뿔이 바로 한의원에서 녹용보다 한 단계 떨어지는 약재로 치는 녹각이다.

수사슴들은 이렇게 딱딱해진 뿔을 이용해 다른 수컷과 싸움도 하고 암컷에게 그 위용을 뽐내기도 한다. 번식기가 끝나고 겨울이 오면 사슴뿔은 저절로 떨어져 이듬해 봄까지 이빨 빠진 호랑이가 아닌 '뿔 빠진 사슴'으로 지내게 된다. 미국에서는 사슴뿔을 잘 엮어 의자나 샹들리에를 만드는 사람도 있다. 이런 사람들은 주로 사슴뿔이 떨어지는 겨울에 사슴이 많이 사는 숲 속을 뒤지면서 뿔을 줍곤 한다.

사슴뿔은 소뿔과 달리 잔 가지가 쭉쭉 뻗어 있다. 또 그 모양이 사슴마다 다 다르게 생겼다. 어떻게 생긴 뿔이 암사슴에게 매력이 있는지는 잘 모르겠지만 약재로 쓰이는 녹용은 가지가 많지 않은 것이 좋다고 알려져 있다. 사슴뿔의 모양은 유전자에 의해 결정된다. 아직 어린 수사슴은 뿔도 크지 않고 가지도 별로 없다. 그러나 해가 지나면서 뿔의 크기도 커지고 가지도 더 많아지는데, 재밌는 사실은 다음 해에도 처음 생겨난 뿔의 모양과 같은 패턴으로 계속해서 뿔이 자란다는 것이다. 따라서 사슴뿔을 수십 개 놓고 보면 어느 뿔들이 같은 사슴의 뿔인지 구별할 수 있다.

야생 사슴뿔과 사슴뿔 도구는 한 끗 차이

나는 박사 논문 중 일부에 사슴뿔을 연구한 결과를 실었다. 고고학 유적에서는 사슴뿔로 만든 도구가 자주 발견되는데, 이것이 과연 사람이 만든 도구일까 아니면 그냥 사슴의 머리에서 떨어진 사슴뿔을 주워다가 사용한 것일까를 알아보기 위한 연구였다.

중국 윈난성雲南省에서 박사 학위 논문을 위한 자료를 수집하고 있을 때였다. 쿤밍昆明 동물 연구소에 보관된 동물 뼈를 보면서 내가 발굴한 유적에서 나온 동물 뼈와 비교하고 있었다. 그때 사슴뿔 한 상자가 눈에 들어왔다. 사슴의 머리에서 떨어진 상태 그대로의 커다란 사슴뿔을 난생 처음 코앞에서 본 것이다. 우와, 멋지구나 생각하면서 머리도 식힐 겸 뿔 하나를 집어 이리저리 돌려보았다. 그런데 한 가지 이상한 게 있었다. 사슴 머리에서 떨어진 사슴뿔은 고고학 유적에서 나온 사슴뿔로 만든 도구와 별반 차이가 없었다. 특히 맨 끝의 모양은 사람이 사슴뿔을 일부러 다듬었다고 해도 믿을 정도였다. 그동안 사슴뿔에 대해 아는 바가 전혀 없었던 나는 고고학자들이 사슴뿔로 만든 도구를 발견했다고 하면 그 말을 곧이곧대로 믿어왔다. 그런데 아무런 가공을 하지 않은 사슴뿔의 모양이 사람이 만들었다고 알려진 도구와 이렇게 비슷하다니 이건 연구 대상이었다.

다시 미국으로 돌아와 이 연구를 어디에서부터 어떻게 시작할지 고민해보았다. 일단 자연 상태에서의 사슴뿔이 정확히 어떻게 생겼는지를 체계적으로 연구할 필요가 있었다. 운 좋게도 우리 학교에는 '사슴 센터'가 있었다. 미국의 대부분 지역에서는 야생 상태의 사슴 숫자를 일정하게 유지하기 위해서 그 수가 늘면 암사슴에게 피임을 시키는데 그 피임 연구로 유명한 곳이 바로 우리 학교의 사슴 센터였다.

일단 사슴 센터에 전화해서 혹시 남는 사슴뿔 좀 있느냐고 물었다. 사슴 센터 관리자는 사슴뿔로 가구나 액세서리를 만드는 사람들에게 팔려고 모아둔 뿔이 좀 있다고 했다. 내가 왜 사슴뿔을 보고 싶어 하는지 설명했더니 관리자는 흔쾌히 자기가 모아 놓은 사슴뿔을 몽땅 가져가라고 했다. 이렇게 고마울 수가. 나는 공짜로 가져오기가 좀 그래서 맥주 한 상자를 싣고 사슴 센터로 갔다. 입구에 들어서니 사슴들이 눈에 띄었다. 관리자는 나를 반갑게 맞이해주더니 사슴뿔을 모아둔 방으로 데리고 갔다. 옴마나. 정말 많은 사슴뿔이 여러 개의 상자에 가득 담겨 있었다. 내 작은 차에 다 들어갈까 싶었지만 어떻게든 모두 집어넣었다.

나는 대학원 연구실로 사슴뿔을 들고 와 분석하기 시작했다. 사슴뿔을 체계적으로 분석하는 법은 어딜 찾아봐도 없었다. 그래서 지도 교수의 도움을 받아 내 나름의 방식대로 사슴뿔 데이터를 모았다. 야생 사슴뿔에 나타나는 형태의 변화를 분석해보니, 고고학 유적에서 출토된 사슴뿔이 모두 사람이 만든 도구라는 단순한 해석을 경계해야 한다는 결론이 나왔다. 결국 이 연구는 꽤 괜찮은 학술지에 실렸고 이후 나는 본의 아니게 사슴뿔 전문가처럼 되어 버려 사슴뿔과 관련한 논문 심사를 여러 번 맡게 되었다. 중국 쿤밍의 박물관 수장고에서 사슴뿔 하나를 우연히 집어 들었을 때만 해도 내가 사슴뿔과 이토록 친밀한 사이가 될 줄은 꿈에도 몰랐다.

잘 보이려다 잘생겨진 '수컷들'

어째서 수사슴만 이렇게 멋진 뿔이 있을까? 사슴뿐만 아니라 동물계에서는 수컷이 훨씬 화려하고 멋있는 외모를 가진 경우가 많다. 이러한 현상을 가장 먼저 학문적으로 연구한 사람은 찰스 다윈이다. 다윈은 환경에 더 잘 적응할 수 있는 형질을 가진 동물이 더 잘 살아남아 더 많은 자손을 남긴다는 자연 선택의 결과로 동식물이 진화한다고 주장하였다. 실제 수많은 동물들의 모습이 자연 선택에 의한 진화론으로 설명이 되었는데, 여기서 다윈은 이상한 점을 발견한다. 수컷 공작의 화려하고 커다란 날개나 수사슴의 위풍당당한 뿔이 보기에는 멋지지만 그만큼 포식자에게 노출될 확률이 높고 포식자로부터 달아나는 데 큰 방해가 된다. 게다가 그런 형질을 만들어내려면 상당한 에너지가 소모된다.

그렇다면 이러한 형질은 환경에 더 잘 적응할 수 있도록 돕는 게 아니라 오히려 생존에 큰 방해가 되는 듯했다. 다윈은 이러한 수컷만의 독특한 형질은 자연 선택의 결과가 아니라 암컷을 차지하고자 하는 수컷들의 경쟁으로 인해 생겨난 성性 선택sexual selection의 결과라고 설명하였다.

성 선택은 크게 두 가지로 나뉜다. 하나는 수컷끼리 암컷을 차지하기 위해 벌이는 경쟁이고 또 다른 하나는 수컷이 암컷에게 잘 보이기 위해 벌이는 경쟁이다. 사랑하는 여자 앞에서 두 남자가 '결투'로 결판을 내느냐, 아니면 사랑하는 여자에게 더 큰 '다이아 반지'를 선물하느냐 하는 거다. 번식기가 되면 수사슴이나 바다코끼리들은 암컷을 차지하기 위해 피가 튀는 경쟁을 한다. 싸움이 심해지면 한 놈이 죽기도 하지만, 대개 본격적인 몸싸움이 일어나기 전에 질 것 같은 놈이 슬쩍 물러난다. 괜히 질 싸움을 해서 다칠 필요도, 목숨을 잃을 필요도 없기 때문이다.

뛰는 놈 위에 나는 놈 있고 나는 놈 위에 업혀 나는 놈 있다더니. 어떤 수컷들은 두 마리의 수컷이 신나게 싸우는 틈을 이용해 잽싸게 암컷과 잘 안 보이는 데 숨어서 짝짓기를 한다. 이런 업혀 나는 놈들 말고 제대로 남자답게 한판 붙는 수컷끼리의 싸움에서는 몸집이 조금이라도 더 큰 놈이 유리하고 사슴의 경우 뿔이 더 큰 놈이 이길 확률이 높다. 이 싸움에서 이기는 수컷만이 암컷과 교미할 기회를 얻는다. (업혀 나는 놈은 예외!) 따라서 조금이라도 더 큰 사슴뿔을 가진 수사슴은 자신의 유전자를 후대에 남길 확률이 높아진다. 이런 식으로 업혀 나는 놈 유전자도 계속 내려가기에 계속 업혀 나는 놈들도 생긴다.

이처럼 사슴뿔의 모양과 크기는 유전자에 의해서 결정되기 때문에 수컷 간의 경쟁이 오랜 세월 반복되다 보면 수사슴은 점점 더 화려한 뿔을 가지게 된다. 과유불급이라는 말은 생물의 진화에도 적용할 수 있다. 만약 뿔이 다른 사슴과 비교할 수도 없을 정도로 큰 수사슴이 있다고 가정해보자. 이 수사슴은 뿔로 다른 수사슴을 단숨에 물리칠 수도 있다. 하지만 뿔이 지나치게 커지면 행동에 제약을 받아 숲 속을 누비다가 나무 사이에 걸려서 꼼짝달싹 못하거나 포식자를 만났을 때 다른 사슴만큼 빨리 도망치지 못할 수도 있다. 뿔 자랑하다가 생존에 치명적인 문제가 생길 가능성이 높아지는 것이다. 따라서 아무리 큰 뿔이 좋다고 해도 위험한 정도로 뿔이 계속 커지지는 않는다. 성 선택과 자연 선택이 함께 작용하여 적절한 균형을 이루는 것이다.

수컷이 서로 암컷의 눈에 들려고 경쟁을 벌이는 것도 성 선택의 한 종류다. 아마존의 정글에 사는 '마나킨'이라는 새는 암컷에게 매력적으로 보이기 위해 온 힘을 다해 춤을 춘다. 마치 마이클 잭슨의 '문 워크' 같이 보이는 동작을 무수히 반복하면서 암컷에게 자신을 짝짓기의 대상으로 선택해달라고 구애한다. 이런 경우에 최종적으로 암컷의 선택을 받은 수컷이 자신의 유전자를 후대에 더 많이 남기기 때문에 암컷들이 선호하는 수컷의 형질이 자연 선택에 의해 보존된다. 개체가 환경에 적응하는 능력과 별 관계없이 암컷의 선택에 의해 진화의 방향이 결정되는 성 선택의 놀라운 힘이다. 암컷에게 잘 보이고 싶은 수컷의 마음은 사람이나 새나 바다코끼리나 사슴이나 다 매한가지다. 이래서 남자들을 동물이라고 하는 거다! 그러고 보면 이런 남자들에게 혹하는 여자도 마찬가지인가?

CHAPTER 2

뼈 속 물질이 들려준 이야기

알면 알수록 놀라운 조직, 뼈

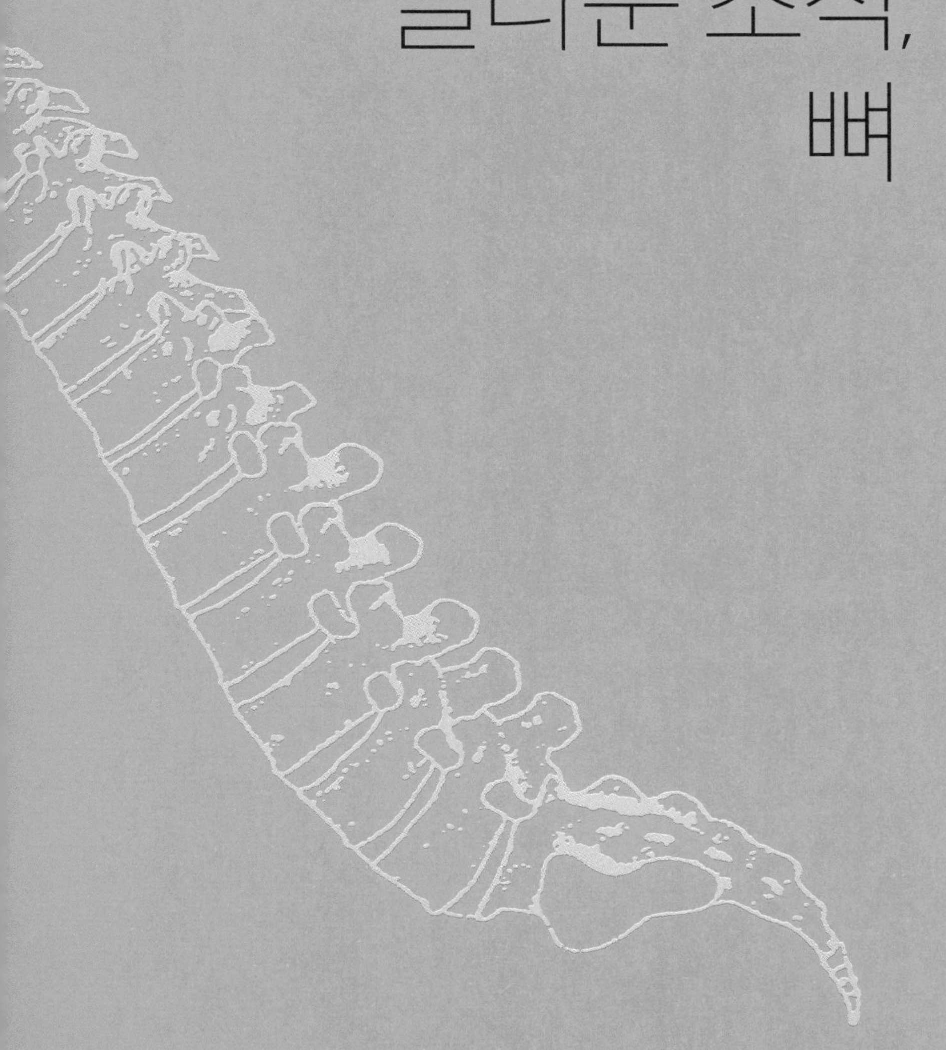

딱딱한 뼈와 구멍 난 뼈의 동거

골다공증이라는 말을 들어 보지 못한 사람이 있을까? 골다공증이 생길 위험이 가장 높은 중년 여성은 물론이고 젊은 사람들도 한 번쯤은 들어 봤을 것이다. 골다공증骨多孔症. 말 그대로 뼈에 구멍이 많은 증상이라는 뜻인데 이게 정확히 무슨 말일까? 뼈에 구멍이 많다고 하면 뼈에 원래 구멍이 있다는 이야기일까? 하지만 뼈에 구멍이 생긴다는 것은 엄밀하게 따지면 틀린 말이다. 골다공증을 정확히 이해하려면 뼈의 두 가지 구조에 대해 알아야 한다.

뼈는 조직이 얼마나 빽빽하게 모여 있는지에 따라 치밀골과 해면골의 두 종류로 나뉜다. 뼈의 구조를 제대로 보려면 가로로 잘라서 단면을 보면 된다. 치밀골은 주로 팔다리뼈처럼 긴 뼈대를 이루고 있으며 굉장히 딱딱하다. 팔을 한번 만져보자. 어깨와 팔이 맞닿는 부분에서 팔꿈치 쪽으로 절반쯤 내려온 부분의 뼈는 매우 딱딱하다. 바로 이 부위의 팔뼈는 치밀골로 되어 있다. 무릎과 발목 사이의 종아리뼈 역시 만져보면 아주 딱딱하다. 흔히 '조인트 까다'라고 말할 때 '조인트'에 해당하는 무릎과 발목 사이의 앞쪽 뼈인 정강이뼈도 치밀골이다. 치밀골은 사람의 힘으로는 절대 부러트릴 수 없다. 웬만한 충격에도 끄떡없도록 만들어져 있어 교통사고같이 엄청난 외부의 힘을 가해야 부러진다. 정육점에 가보면 사골 국물용 뼈를 커다란 톱날이 돌아가는 기계로 써는 걸 볼 수 있다. 이런 치밀골에는 골다공증이 생기지 않는다.

이번에는 어깨와 팔이 만나는 부위와 팔꿈치 부분을 만져보자. 손으로 만지기에는 종아리뼈나 이 부분이나 똑같이 딱딱하게 느껴진다. 하지만 그 단면을 보면 바깥쪽 둘레는 치밀골이지만 그 바로 아래쪽은 얼기설기 얽힌 스펀지 같은 모양의 뼈로 되어 있다. 갈비구이를 뜯을 때 갈비뼈를 잘 보면 뼈의 바깥쪽 둘레는 딱딱하지만 중심으로 갈수록 스펀지 같이 구멍이 뽕뽕 나 있는 걸 볼 수 있다. 바깥쪽의 딱딱한 둘레가 치밀골이고 바로 이 안쪽의 구멍이 뚫린 듯한 모양의 뼈가 해면골이다.

해면골은 일상생활에서 걷거나 뛰면서 생기는 충격을 흡수하는 역할을 한다. 마치 운동화 밑창에 들어가 있는 쿠션과 비슷한 기능이다. 허벅지뼈나 종아리뼈도 모두 이렇게 양 끝은 구멍이 숭숭 뚫린 해면골이고 뼈대는 딱딱한 치밀골로 되어 있다. 걷거나 뛰면

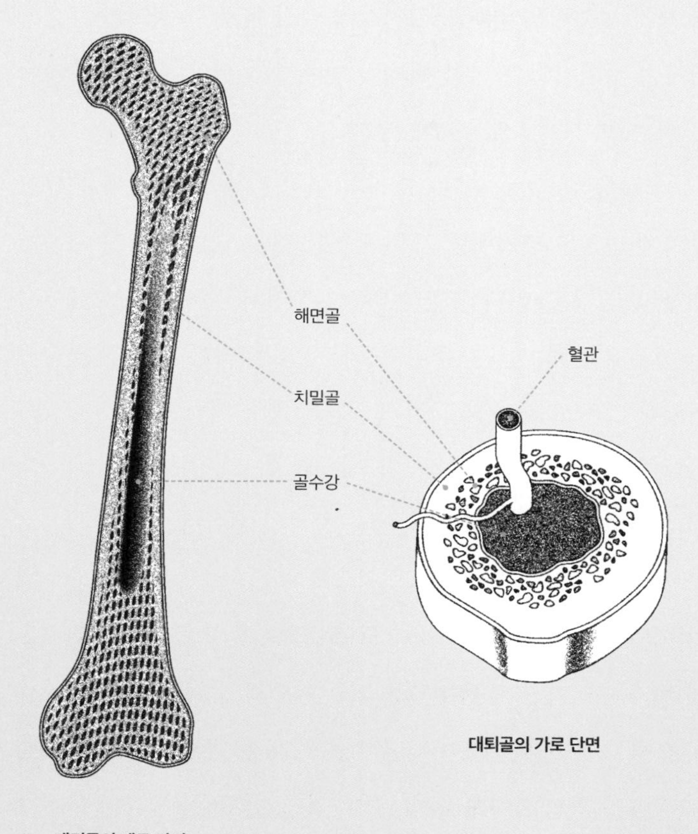

대퇴골의 가로 단면

대퇴골의 세로 단면

치밀골과 해면골 | 뼈는 뼈 조직이 얼마나 빽빽하게 모여 있는지에 따라 치밀골과 해면골로 나뉜다. 대퇴골(넙다리뼈)은 골반 밑에서 무릎 관절까지 이어주는 뼈로 우리 몸에서 가장 길고 크며 단단한 조직이다. 대퇴골의 단면을 보면 양 끝은 구멍이 숭숭 뚫린 해면골이고, 뼈대는 딱딱한 치밀골이다. 걷거나 뛰면서 생기는 충격을 일단 스펀지 같이 생긴 뼈가 한 번 흡수해주고 나머지는 무쇠처럼 단단한 뼈대가 받쳐준다.

서 생기는 충격을 일단 스펀지같이 생긴 뼈가 한 번 흡수해주고 나머지는 무쇠처럼 단단한 뼈대가 받쳐주는 식이다. 골다공증은 바로 이 스펀지같이 생긴 뼈에 생긴다.

해면골은 그물 모양으로 얼기설기 얽혀 있다. 뼈가 튼튼한 사람의 해면골은 멸치처럼 작은 생선도 잡을 만한 촘촘한 그물에 비유할 수 있다. 그러다가 골다공증이 진행되면 뼈 속의 그물이 점점 더 성글게 변해 멸치는커녕 고등어 정도 되어야 겨우 잡을 수 있는 커다란 그물코를 가진 그물 모양으로 변해버린다. 엄밀히 말하면 골다공증은 뼈에 구멍이 많아지는 게 아니라 뼈가 가늘어지면서 원래 있던 구멍이 점점 더 커지는 증상인 셈이다. 뼈가 가늘어지는 것 자체는 사실 사는 데에 큰 지장을 주지 않는다. 그러다 보니 뼈가 이미 약해질 대로 약해진 사람도 그걸 전혀 모르고 있다가 나중에 뼈가 부러지면 그제야 알게 되는 경우가 많다.

뼈 속 구조가 성글어지면 뼈는 약해질 수밖에 없다. 약해진 뼈는 조그마한 충격에도 쉽게 부러진다. 골다공증이 위험한 이유는 바로 뼈가 부러질 확률이 높아지기 때문이다. 뼈가 튼튼한 사람은 엉덩방아를 찧어도 부러지지는 않는다. 마찬가지로 뼈가 튼튼한 사람은 넘어지면서 손바닥으로 땅을 짚어도 조금 아플 뿐 손목뼈가 부러질 정도는 아니다. 하지만 골다공증으로 그 부위의 뼈 구조가 약해진 사람은 엉덩방아를 찧으며 손바닥으로 땅을 짚으면 엉덩이와 허벅지뼈가 만나는 부위의 뼈가 뚝, 땅을 짚은 손목뼈도 뚝 부러져 버리기 십상이다. 뼈 세 번 부러져 본 사람으로서 감히 말하건대 뼈가 부러지는 것은 생각보다 훨씬 심각한 일이다. 특히 뼈가 부러진 다음의 후유증은 나이가 들수록 더 커진다.

나는 고등학교 1학년, 3학년, 그리고 대학교 2학년 이렇게 한 해 걸러 한 번씩 깁스를 했다. 아직 어렸던 17살에 오른쪽 위팔뼈가 부러졌는데 지금도 오른팔로 물건을 오래 들고 있기가 힘들다. 심지어 노래방에서 오른손으로 마이크를 잡고 노래를 부르면 한 곡이 다 끝날 때까지 들고 있을 수 없을 정도로 팔이 약해졌다. 19살에 부러진 발목뼈 때문에 아직도 발목이 아파서 양반 다리로 앉기 힘들고, 21살 때 부러진 왼쪽 팔꿈치뼈 때문에 아직도 왼팔을 오른팔처럼 앞으로 쭉 펼 수가 없다. 이렇게 적고 보니 마치 내 몸이 만신창이가 된 것 같지만 다행히 사는 데는 별 지장이 없다. 나처럼 비교적 어린 나이에 뼈가 부러진 사람도 완전히 회복되지 않는데 나이 오십이 넘어서 뼈가 부러지면 어떻겠는가!

앞에서 이야기한 것처럼 뼈는 살아 있는 조직이기 때문에 설령 뼈가 부러진 후 아무런 조치를 하지 않더라도 알아서 붙는다. 나이가 어리면 어릴수록 붙는 속도는 빠르고 심지어는 뼈가 제자리로 돌아가서 최대한 이전과 비슷한 모양으로 붙기까지 한다. 태아가 엄마의 몸속에서 나올 때 좁은 산도 때문에 어깨뼈가 부러지는 일이 종종 있다. 그런데 대부분의 경우 어깨뼈가 부러졌는지조차 모르고 지나가는 경우가 많다. 신생아는 팔을 움직일 일도 많지 않을 뿐더러 골절이 일어난 부분에서 다시 뼈가 맹렬한 속도로 자라나 한 달 정도 지나면 부러졌다는 것조차 알 수 없을 만큼 감쪽같이 붙기 때문이다.

키가 한창 크는 시기의 아이들 역시 뼈가 부러져도 엄청나게 빠른 속도로 다시 붙는다. 뼈가 새로 자라는 것이나 부러진 뼈가 다시 붙는 것이나 몸속에서 일어나는 과정은 거의 비슷하기 때문이다. 하지만 나이가 오십이 넘어 뼈가 부러지면 상황이 완전히 달라진다. 일단 뼈가 다시 붙는 속도가 현저히 떨어져 버려서 회복이 오래 걸리고, 설령 다시 붙는다 하더라도 이미 한 번 부러져 약해진 부분이 평생 시리고 쑤시는 등 다양한 후유증이 생기기 쉽다.

골다공증은 여자만 걸릴까?

나이가 들수록 골다공증이 생길 확률이 점점 더 높아지는 이유는 무엇일까? 뼈는 파골세포가 낡은 뼈를 먹어 치우면 그 자리에 조골세포가 튼튼한 뼈를 만드는 방식으로 끊임없이 재형성된다. 한창 자라는 아이들과 청소년은 잃는 뼈보다 더 많은 뼈를 만들어내기 때문에 18~25세 경이 되면 몸속에 있는 뼈의 밀도가 최고조에 이른다. 문제는 나이가 들면서 파골세포가 뼈를 먹어 없애버린 자리에 조골세포가 옛날처럼 빠른 속도로 뼈를 다시 만들지 못하면서 시작된다. 이런 상황에서 뼈가 부러지기까지 하면 더 큰일이다.

부러진 뼈를 특별한 조치 없이 그냥 두어도 결국 붙는 이유는 바로 뼈의 재형성 과정이 알아서 진행되기 때문이다. 그러나 나이가 들면 뼈를 만드는 조골세포의 활동이 더뎌지고 그만큼 부러진 뼈가 다시 붙는 데에도 시간이 오래 걸린다. 골다공증으로 인한 골절이 가장 흔하게 발생하는 곳은 손목 부위의 아래팔뼈, 골반과 허벅지뼈가 이어지는 부분, 그리고 척추뼈처럼 뼈 안쪽에 원래 구멍이 숭숭 뚫린 해면골 부위다. 모두 넘어졌을 때 부러지기 쉬운 곳들이라 일단 나이가 들면 무조건 조심해서 다니는 것이 최선이다. 뛰어야 할 정도로 급한 일이더라도 만에 하나 뛰다가 넘어져서 뼈가 부러지면서 겪게 되는 고생은 그 일과는 비교할 수 없을 정도로 심각한 상황을 맞아야 할 테니 말이다.

남자나 여자나 뼈세포가 없어지고 생겨나는 과정은 똑같을 텐데 왜 골다공증은 특히 중년 여성에게만 생기는 것처럼 말할까? 이것은 여성이 폐경기를 거치면서 겪는 여성호르몬 변화 때문이다. 갱년기가 되면 갑자기 몸이 더워지면서 얼굴이 시뻘겋게 되는 경험을 한다고 한다. 이 역시 호르몬의 변화 때문에 나타나는 현상이다. 폐경 이후 여성은 에스트로겐의 분비가 현저히 줄어들어 얼굴만 시뻘겋게 되는 게 아니라 뼈를 잃는 속도도 빨라진다. 에스트로겐이 정확히 어떻게 골밀도를 낮추는지에 대해서는 아직 여러 가설만 있을 뿐이다. 그중 파골세포의 형성을 억제하는 역할을 하는 에스트로겐의 분비가 폐경으로 줄어들어 억제되었던 파골세포가 활발히 활동하기 때문이라는 가설이 가장 보편적이다. 그러다 보니 에스트로겐과 별 상관없는 남자들보다 여자들이 상대적으로 골다공증에 걸릴 위험이 더 높다.

이쯤에서 '나는 남자니까 골다공증과 상관없겠다'고 생각하는 사람이 있을 듯한데 그렇게 안심할 수만은 없다. 호르몬의 급격한 변화로 골다공증이 중년 여성에게서 더 빈번하게 발병하긴 하지만 남자들도 나이가 들면서 뼈가 새로 자라는 속도가 느려지기 때문에 골다공증에 걸릴 수 있다. 실제 50대 이상의 남성 20퍼센트 정도가 골다공증 때문에 골절을 겪는다고 한다. 남자들은 폐경기가 없기 때문에 여성처럼 50대 전후로 골밀도가 급격히 감소하지는 않지만 65세가 넘어가면 남자건 여자건 비슷한 속도로 골밀도가 감소한다. 뼈의 밀도가 점점 줄어드는 골감소증의 상태를 지나게 되면 골다공증이 되어 버리고 그만큼 뼈가 부러질 위험이 높아진다. 이를 방지하기 위해서는 골다공증을 치료해야 한다. 안타깝게도 이미 생긴 골다공증을 완전히 없애는 것은 불가능하다. 하지만 치료를 통해 더 이상의 진행을 막고 상태를 나아지게 할 수는 있다. 에스트로겐제를 투여해 파골세포가 뼈를 없애는 것을 억제할 수도 있고, 부갑상선 호르몬을 투여해 뼈의 재형성을 촉진시킬 수도 있다.

이러한 약물 치료가 가장 효과적이지만 평소에 운동으로 골밀도를 높여 뼈를 튼튼하게 해주는 것이 중요하다. 무슨 병이든 항상 스트레스를 줄이고 식습관과 생활 습관을 고치라고 하기 때문에 많은 사람들이 이것을 그저 수사로만 여긴다. 목과 어깨가 뻐근해서 인터넷에 검색을 해보면 빠지지 않고 등장하는 것이 생활 속 스트레스를 줄이고 스트레칭 등 적당한 운동을 하라는 말이다. 하지만 생활 속의 스트레스를 줄인다는 게 말이 쉽지 거의 불가능한 일이다. 어쨌든 이런 말이 그토록 흔하게 쓰이는 것을 보면 운동이 중요하기는 한가 보다. 실제로 적당량의 운동은 뼈를 튼튼하게 만드는 데 아주 중요하다.

'울프의 법칙', 쓰면 쓸수록 뼈는 강해진다

뼈는 살아 있는 조직이기 때문에 뼈에 가해지는 힘의 세기와 방향 등에 반응을 한다. 19세기 독일의 외과 의사 줄리어스 울프Julius Wolff, 1836~1902는 '울프의 법칙Wolff's Law'을 발표했다. 뼈를 잘라 그 단면의 구조를 연구하던 울프는 재미난 사실을 발견했다. 골반과 연결되는 허벅지뼈의 윗부분은 구멍이 숭숭 뚫린 스펀지 모양의 해면골로 되어 있는데 가만 살펴보니 구멍이 뚫린 데에도 일정한 패턴이 있었다. 물리학과 역학에 해박했던 그는 이러한 해면골의 패턴이 허벅지뼈에 가해지는 몸의 하중을 가장

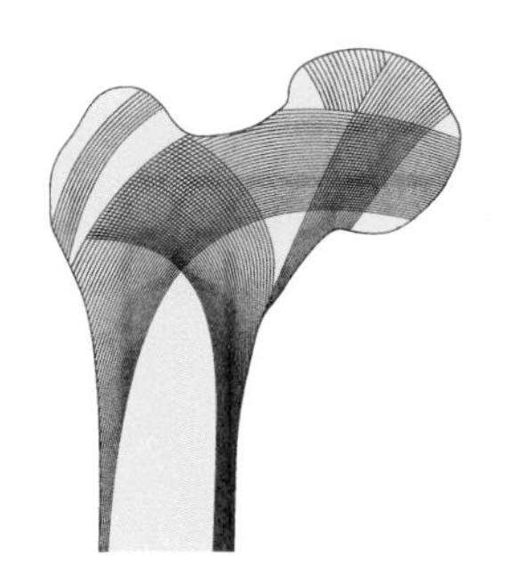
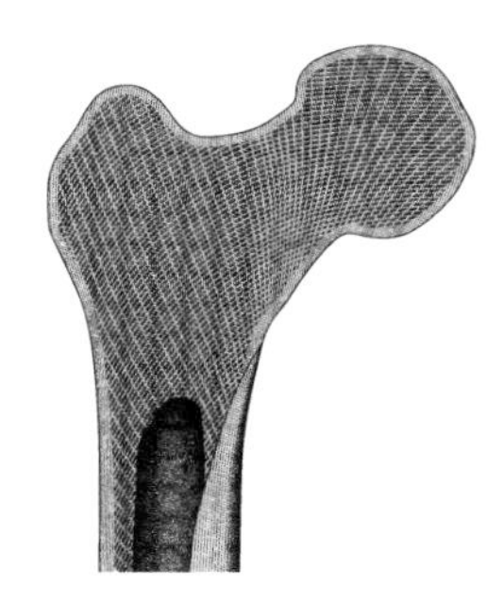

울프의 법칙 | 해면골의 구멍은 임의로 뚫려 있는 것이 아니라, 뼈에 가해지는 하중을 가장 잘 견딜 수 있는 형태로 배열되어 있다. 뼈에 가해지는 힘이 증가하면, 그 부분은 뼈가 더 강해지고 사용하지 않는 부분은 점점 더 약해진다.

잘 견딜 수 있도록 배열되어 있다는 것을 알아냈다.

그는 이러한 발견을 바탕으로 뼈에 가해지는 힘이 증가하면 그 부분은 뼈가 점점 더 강해지고 뼈를 사용하지 않는 부위의 뼈는 점점 더 약해진다는 결론을 내렸다. '울프의 법칙'이라 불리는 이 간단한 법칙은 이후 외과 의학의 기본 원리로 자리잡게 되었다. 좌우 팔뼈 크기가 다른 테니스 선수들이 울프의 법칙의 좋은 예다. 테니스 선수들은 라켓을 잡는 쪽의 팔을 반대쪽 팔에 비해 훨씬 많이 쓴다. 또한 서브를 넣을 때는 온몸의 힘을 팔에 실어 강력하게 공을 친다. 이러한 동작을 수천수만 번 반복하다 보면 울프의 말대로 라켓을 잡는 쪽의 근육은 물론이고 팔뼈 자체도 훨씬 두꺼워진다. 마찬가지로 오른손잡이들은 왼쪽 뼈에 비해 오른쪽 뼈가 더 굵어지고 왼손잡이들은 왼쪽 뼈가 더 굵어진다.

'노래방 사건'으로 오른팔뼈가 부러진 날 밤에는 부러진 곳이 너무 아파 밤새 잠도 못 자고 엉엉 울었다. 샤워도 제대로 못 하니 시간이 지날수록 석고로 덮인 팔이 무척 가려웠다. 아무리 석고를 통통 때려봐도 가려운 게 가라앉지 않아 고민 끝에 세탁소 옷걸이를 펴서 석고 사이로 쑤셔 넣어 팔 긁개로 썼다. 그렇게 괴로웠던 시간이 지나고 한 달이 지나 드디어 깁스를 푸는 날이 왔다. 이제 고생 끝이라 생각하고 들뜬 마음으로 병원에 갔다. 병원에서 나올 때는 그동안 못 썼던 오른손을 마음껏 쓰리라 생각했는데 이게 웬걸. 깁스를 풀었더니 팔이 맥없이 아래로 툭 떨어져버렸고 아무리 노력을 해도 팔을 들어 올릴 수가 없었다. 희한한 경험이었다. 게다가 맨눈으로 봐도 오른팔이 왼팔보다 훨씬 가늘어져 있었다. 고작 한 달 정도 움직이지 않았을 뿐인데 사용하지 않는 팔의 기능이 이미 떨어지기 시작한 것이다. '아, 이래서 의사 선생님이 깁스하고 있을 때에도 손으로 물렁물렁한 공을 쥐었다 폈다 하는 근육 운동을 계속하라고 하셨던 거구나' 하고 깨달았으나 때는 이미 늦었다.

대학교 2학년 때 왼쪽 팔꿈치 부분이 부러졌을 때도 마찬가지였다. 그때는 팔이 너무 많이 부어서 깁스를 하지 않고 먼저 붕대로 팔을 고정시켰다. 며칠 지났더니 온 팔에 무시무시할 정도로 시커면 멍이 들었다. 붓기와 멍이 좀 빠진 뒤 석고 깁스로 단단하게 팔을 고정시켰다가 몇 주 후에 깁스를 풀었는데 팔이 90도 이상 구부러지지 않았다. 물리 치료를 받는데 얼마나 아프던지 눈물이 줄줄 흘렀다. 옆방 물리 치료실에서는 아주머니들의 비명 소리가 들려왔다. 그때만 해도 어려서 차마 그렇게 비명을 지르지는 못했다. 아마 지금 물리 치료를 받으라고 하면 그때 그 아주머니 못지않게 소리를 꽥꽥 지를지도 모른다.

이렇게 2~3주만 관절이나 뼈를 움직이지 않아도 당장에 반응이 온다. 뼈 입장에서 볼 때 굳이 쓰지도 않는 뼈를 튼튼하게 만들 필요가 없기 때문에 안 쓰면 안 쓸수록 그 부분이 약해지는 것이다. 운동을 열심히 하라는 게 괜한 말이 아니다. 뼈는 쓰는 대로 반응을 하니 자꾸 구부렸다 폈다 하면서 움직여줘야 그만큼 더 건강해진다.

적당한 운동을 해야 관절이 튼튼해진다는 사실은 2,400년 전에 살았던 히포크라테스도 이미 알고 있었다. 역사에 길이 남은 의사 히포크라테스도, 울프도 뼈 건강을 위해서는 운동이 중요하다고 강조했으니 이들의 말을 한번 믿고 운동을 꾸준히 해보자. 이렇게 머리로는 잘도 알면서 왜 그렇게 엉덩이가 무거운지 제대로 운동해 본 게 언제인지 기억조차 나지 않는다. 일단 걷기 운동이라도 좀 해야겠다.

고고학 유적에서 출토되는 사람 뼈를 살펴보면 옛날 사람들도 지금의 우리와 똑같이 나이가 들면서 골다공증에 걸렸다는 걸 알 수 있다. 이제는 의학이 발달해 뼈가 점점 가늘어지는 걸 미리 알고 그 증상이 더 심각해지는 것을 막을 수도 있다. 하지만 예나 지금이나 변함없는 사실은 나이가 들면 뼈의 밀도가 감소해 뼈가 부러질 위험이 높아진다는 것이다. 제 아무리 의학이 발달해도 세월 앞에는 장사가 없나 보다.

물리학과 뼈가 만나다: 생체역학의 세계

뼈는 나무 막대기만큼 가벼우면서 무쇠만큼 단단한 희한하고 놀라운 조직이다. 체중이 500킬로그램 이상 나가는 말이 시속 50킬로미터의 빠른 속력으로 뛸 때도 뼈는 그 힘과 충격을 충분히 견딘다. 뼈대 있는 동물의 몸과 그 움직임을 물리학적으로 분석하려는 시도는 고대 그리스의 아리스토텔레스 때부터 있었다. 중·고등학교 물리 시간으로 돌아가 보자. “키 160 센티미터, 몸무게 50킬로그램인 사람이 무게 20킬로그램짜리 역기를 머리 위로 들어 올리려 할 때 필요한 힘은 얼마인가?”와 같은 문제가 기억날 거다. 나는 물리에 젬병이었다. 건물 옥상에서 깃털과 공을 동시에 떨어뜨리면 당연히 공이 먼저 떨어져야 할 텐데 그게 아니라니, 나의 상식을 뒤엎는 물리가 참 싫었다. 그래서 물리 문제를 풀 때면 늘 내가 생각하는 답과 반대로 찍곤 했다.

뼈에 가해지는 힘을 분석해 몸의 움직임을 연구하는 학문을 '생체역학biomechanics'이라고 한다. 생체역학 연구를 하려면 우선 그 연구 대상인 뼈가 어떠한 성질을 가졌는지를 알아야 한다.

뼈는 무엇보다도 단단하다는 것이 가장 큰 특징이다. "내가 젊었을 때는 닭을 뼈째 씹어 먹었어"라고 할 때 기름에 바싹 튀긴 닭이나 오랜 시간 푹 고아서 만들어진 삼계탕이기에 가능한 일이지 생닭이었다면 뼈가 씹히지 않았을 것이다. 뼈를 이렇게 단단하게 하는 건 뼈의 70퍼센트를 차지하는 수산화 인회석이라 불리는 미네랄이다. 이렇게 돌덩이처럼 딱딱한 미네랄 덕분에 뼈는 뛰거나 넘어지는 등의 충격에도 웬만하면 부러지지 않는다. 또한 주성분이 바로 무기질인 미네랄이기 때문에 뼈는 사람이 죽은 이후에도 오랜 시간 썩지 않고 보존된다. 그 덕에 공룡 뼈처럼 수천만 년 전에 지구상에 살았던 동물의 뼈가 그대로 발견되는 것이다.

그렇다고 뼈가 무작정 단단하기만 해도 곤란하다. 너무 단단하기만 하면 충격이 가해졌을 때 오히려 뚝 부러져버리기 때문이다. 샌프란시스코의 상징이라 불리는 금문교는 시속 100킬로미터가 넘는 바람도 견딜 수 있도록 만들어졌다고 한다. 보고 또 보아도 질리지 않을 만큼 아름다운 이 금문교는 바람이 강하게 불 때 적당히 흔들려 바람에 견딜 수 있도록 설계되었다. 다리를 건널 때 흔들거리면 겁이 나겠지만 그래도 이렇게 어느 정도 유연하게 만들어져야 다리가 무너지지 않는다. 뼈도 마찬가지다. 뼈의 구성 성분 중

30퍼센트는 물과 콜라겐 같은 단백질로 이루어져 있다. 바로 이 물질들이 뼈를 유연하게 해줌으로써 웬만한 충격에도 부러지지 않고 살짝 휘어졌다가 다시 원상태로 돌아오게 해준다.

철강만큼 단단한 뼈가 왜 부러질까?

뼈에는 다양한 종류의 힘이 가해진다. 힘차게 뛸 때면 온몸의 체중이 다리에 실리고 철봉에 매달리면 힘이 팔에 실린다. 뼈는 여러 종류의 힘 중에서도 압력에 견디는 힘이 가장 강하다. 사람이 두 다리로 서서 걸어 다니다 보니 척추나 골반, 다리뼈에 가해지는 힘의 대부분이 위에서 아래로 내리누르는 힘이다. 돌 즈음에 아장아장 걷기 시작해서 죽을 때까지 사람은 걷고 또 걷는다. 그때마다 우리 몸속의 뼈에는 압력이 가해진다. 뼈는 그렇게 오랫동안 매일매일 가해지는 압력을 견뎌내야 한다. 뼈가 얼마나 강한 물질인지 알아보고자 과학자들은 다리뼈의 일부를 얼음 조각만 하게 잘라 기계에 올려 놓았다. 기계가 서서히 뼛조각을 누르기 시작했다. 힘이 어느 정도로 가해졌을 때 비로소 뼈가 부러졌을까? 놀랍게도 이렇게 작은 뼛조각은 자그마치 4천 킬로그램의 하중을 견뎌냈다. 비슷한 크기의 철강도 이와 비슷한 힘을 견딜 수는 있지만 그 철강 조각의 무게는 뼈보다 네 배 이상 무겁다. 철강이나 콘크리트만큼 단단한 게 뼈다.

철강은 어느 방향에서 힘을 가하든지 상관없이 일정하게 그 힘을 견딜 수 있다. 하지만 뼈는 힘이 위아래가 아닌 옆에서 가해지면 의외로 맥없이 부러진다. 전후, 좌우, 상하 어느 방향에서 가해지는 힘도 모두 견딜 수 있다면 가장 이상적이겠으나 이 세상의 어떤 동물도 그렇게 완벽한 구조를 가지고 있지는 않다. 축구 경기 중에 태클을 당하고 쓰러진 선수가 정강이를 부여잡고 고통스런 얼굴로 뒹구는 모습을 종종 볼 수 있다. 대개의 경우 뼈가 부러지지는 않지만 운이 없으면 부러진 정강이뼈가 살 밖으로 튀어나올 만큼 끔찍하게 다치기도 한다. 뼈는 옆에서 가하는 힘에 약하기 때문에 태클처럼 갑자기 강한 힘이 다리 옆쪽에서 가해지면 맥없이 뚝 부러져 버린다. 만약 그 정도의 힘이 위아래로 가해진다면 충분히 그 힘을 견딜 수 있을 테지만 뼈는 옆에서 전달되는 충격은 버티지 못한다.

그렇다고 위에서 아래로 가해지는 압박의 힘을 뼈가 무작정 견뎌낼 수 있는 건 아니다. 압박을 장기간 받아서 뼈가 부러지는 걸 압박 골절이라고 하는데 이는 주로 척추뼈에 생긴다. 어째서 다리뼈처럼 몸무게가 많이 실리는 뼈는 부러지지 않고 척추뼈에 골절이 생기는 것일까? 평생 너무 오래 걸어서 다리뼈가 부러졌다는 이야기는 들어본 적이 없으나 나이가 들어 혹은 일을 많이 해 허리를 못 쓰게 되었다는 이야기는 너무도 흔하다는 게 좀 이상하지 않은가?

그 이유는 척추뼈와 다리뼈의 구조가 다르기 때문이다. 우리 몸속의 모든 뼈의 구성 성분은 무기질 대 유기질의 비율이 70 대 30으로 일정하지만 이 뼈의 모양과 구조에 따라서 뼈의 성질이 달라진다. 바로 앞에서 살펴본 것처럼 다리뼈나 팔뼈처럼 길쭉한 뼈들은 뼈의 양 끝 부분만 스펀지 모양의 해면골이고 뼈의 주요 부위는 단단한 치밀골로 이루어져 있다. 이렇게 생긴 뼈들은 강한 압력에도 부러지지 않고 잘 견딘다.

이에 비해 위아래로 24개가 차곡차곡 쌓여 있는 척추뼈는 가운데가 스펀지처럼 구멍이 숭숭 뚫린 해면골로 되어 있다. 우리가 몸을 구부렸다 폈다 할 때마다 반복적인 힘이 척추에 가해진다. 물론 일상생활 중에 척추뼈에 가해지는 힘은 아주 작다. 하지만 아주 약한 힘이라도 같은 힘이 계속 반복되면 언젠가는 이를 이기지 못하고 뼈 세포에 외상이 생기게 된다. 특히 척추뼈처럼 원래 약한 구조를 가진 뼈는 나이가 들수록 반복적으로 가해지는 힘을 견디지 못해 골절이 생길 수도 있다. 물론 이런 종류의 골절은 뼈에 금이 가기 시작하는 정도다.

하지만 아무리 미세 골절이라도 잘못하면 그 주변의 근육이나 인대에까지 영향을 미쳐 고통이 점점 더 심해질 수 있다. 척추뼈의 압박 골절을 방지하기 위해서는 무엇보다도 뼈를 튼튼하게 해주어야 한다. 골다공증이 생기면 그렇지 않아도 약한 척추뼈의 골밀도가 더 떨어지면서 미세한 힘에도 뼈가 부러질 수 있기 때문이다. 그렇다면 아예 척추뼈 자체가 구멍이 숭숭 난 해면골 말고 단단한 치밀골인 게 더 낫지 않을까 생각할 수도 있다. 치밀골이 단단한 건 맞지만 그렇게 되면 뼈 자체의 무게가 너무 무거워져서 우리 몸이 스스로의 몸무게를 견딜 수 없게 된다고 한다. 제대로 서지도 못하면 압박 골절이고 뭐고 일단 생존이 어려워지니 그보다야 골절의 위험이 있더라도 해면골로 된 척추뼈가 더 나은 거다.

이미 수십 년 전부터 공학자들은 이와 같은 뼈의 물리적 특징에 관심을 보이기 시작했다. 순수하게 뼈 자체가 궁금해서 연구하는 사람도 있었지만 공학자들이 뼈를 연구하게 된 중요한 계기는 정형외과 의사들이 수술할 때 사용할 수 있는 제품을 만들어내기 위해서였다. 심하게 부러진 뼈에 철심을 박으려면 뼈가 어떤 물질이며 어떤 식으로 철심에 반응하는지, 얼마만 한 크기의 철심을 어떤 방향으로 넣어야 환자가 일상생활을 하는 데 지장이 덜 생기는지 등을 먼저 알아내야 했다.

사람의 몸은 잘 알아도 몸에 들어갈 철심에 대해서는 아는 바가 거의 없었던 정형외과 의사들은 엔지니어들과 손을 잡았다. 바이오 엔지니어링 혹은 생명공학이라고 불리는 분야 중에서도 뼈에 특화된 학자들이 연구하는 과정을 보면 이게 뼈 연구인지 일반 역학 연구인지조차 헷갈릴 때가 있다. 나 같은 문과생은 이해하기도 힘든 각종 그래프와 수학 공식을 통해 얼음 조각만 한 뼈가 4천 킬로그램의 하중을 견딜 수 있다는 것 등을 계산해낸다. 엔지니어들은 이미 1950년대에 사람이 일상생활을 할 때 각각의 척추뼈에 가해지는 힘의 정도를 다 계산했고 그 덕분에 오늘날 정형외과 의사들이 시행하는 수술의 상당 부분이 가능해졌다.

나 역시 대학원 초기에는 이런 분야에 관심이 많았다. 특히 인류의 먼 조상으로 불리는 오스트랄로피테쿠스가 팔을 어떤 식으로 사용했는지에 관한 연구를 생명공학적으로 접근하고 싶었다. 오스트랄로피테쿠스의 손가락뼈 길이와 모양이 호모 사피엔스와 많이 다른데 그렇게 다른 손가락을 가지고 나무에 매달리는 힘이 얼마나 차이가 나는지, 손을 움직일 때 드는 힘에는 어떤 차이가 있는지 등을 알아보려 했다. 이를 통해 어떻게 사람이 오스트랄로피테쿠스에서 지금의 호모 사피엔스로 진화했는지를 살펴보고 싶었던 것이다. 지금 생각해도 아이디어는 참 좋았다. 그래서 열심히 공과 대학 수업도 찾아 들었지만 물리에 젬병인 내가 갑자기 역학이 술술 이해될 리가 없었다. 모멘텀이 어쩌고저쩌고 변형률과 응력의 관계가 어쩌고저쩌고, 아주 머릿속이 빙빙 돌다 못해 하얘졌다.

그때를 회상하면 지금도 생생한 기억이 하나 있다. 뼈와 관절에 관한 한 세계적인 명성을 자랑하는 미국 스탠포드 공과 대학의 카터 교수는 강의실에 항상 허벅지뼈를 들고 왔다. 나처럼 역학에 문외한인 사람도 쉽게 알아들을 수 있도록 부드러운 톤으로 조곤조곤 개념 설명을 참 잘했는데, 학생들에게 슬라이드를 열심히 보여주다가 꼭 짚어야 할 게 있으면 갑자기 허벅지뼈를 불쑥 들어서 가리키곤 했다. 저걸 들고 교정을 가로질러 강의실까지 오는 동안 그걸 본 사람들이 도대체 무슨 생각을 했을까 싶었다. 벌써 십 년 전의 일이건만 지금도 그 모습이 생생하다.

뼈는 칼슘의 저장고

도대체 칼슘은 왜 뼈 건강에 중요한 걸까? 뼈를 튼튼하게 하려면 칼슘을 많이 섭취해야 한다고들 이야기한다. 그래서인지 멸치 상자에는 '칼슘의 왕'이라는 말이, 우유 포장에는 '칼슘과 비타민 D 강화'라는 문구가 으레 적혀 있다. 골다공증 예방에 칼슘이 필수라고 하니 칼슘제 역시 중년 여성들에게 인기가 높다.

뼈는 많은 양의 칼슘을 저장해 두었다가 우리 몸에 칼슘이 부족할 때 꺼내 쓸 수 있는 저장고다. 혈액에 늘 일정량이 녹아 있는 칼슘은 몸속을 돌아다니며 여러 가지 역할을 한다. 상처가 나서 피가 흐르면 피를 멈추게도 하고, 뇌에 필요한 영양을 공급하기도 한다. 혈액 속에 칼슘이 충분할 때는 칼슘을 저장하고 있는 뼈가 때를 기다린다. 그러다가 우리 몸속에 쓸 수 있는 칼슘의 양이 부족해지면 마치 돈이 부족할 때 한국은행에서 돈을 푸는 것처럼 뼈가 가지고 있던 칼슘을 풀어서 혈관으로 내보낸다.

딱딱한 뼈 속에 저장되어 있던 칼슘이 어떻게 밖으로 나올까? 혈액에 칼슘이 부족해지면 부갑상선에서 분비되는 호르몬이 가장 먼저 반응한다. 부갑상선 호르몬이 분비되면 뼈는 "아! 칼슘을 내놓으라는 소리구나!"라고 생각한다. 뼈에서 칼슘이 빠져 나오려면 파골세포가 딱딱한 뼈세포를 부수어야 한다. 뼈세포를 파괴해야 그 속에 있던 칼슘이나 인 같은 무기질이 밖으로 빠져나올 수 있기 때문이다. 그런데 파골세포는 뼈와 달리 부갑상선 호르몬에 반응하지 않는다. 이 둘은 서로 완전히 다른 언어를 사용한다고 생각하면 된다. 마치 부갑상선 호르몬이 우리말로 계속해서 "파골세포 작동하라! 파골세포 작동하라!"고 말해도 한국말을 못하는 파골세포는 그게 무슨 말인지 알아듣지 못해 작동을 하지 않는 셈이다. 이럴 때는 통역관이 필요하다. 뼈를 새로 만들어내는 조골세포가 이 통역관 역할을 한다. 부갑상선 호르몬이 조골세포에 달라붙으면 그제야 파골세포는 메시지를 이해하고 뼈를 부수기 시작한다.

부갑상선의 존재는 1852년에 영국의 한 자연사학자가 런던 동물원에서 죽은 인도 코뿔소를 해부하는 과정에서 처음 발견했다. 그 후 갑상선 뒤에 있는 그 작은 노란색 내분비선이 인도 코뿔소뿐만 아니라 사람, 개, 고양이, 토끼, 소, 말 모두에게 있다는 사실이 밝혀졌다.

부갑상선은 노란빛을 띠는 쌀알만 한 크기의 조직으로, 몸속에 모두 네 개가 있다. 부갑상선이란 말만 들으면 왠지 갑상선과 관련이 있을 듯 하지만 단지 갑상선 뒤에 있다 뿐, 갑상선과 부갑상선은 그 기능과 모양이 완전히 다르다. 부갑상선 호르몬은 우리 몸속에서 칼슘양을 조절하는 중요한 역할을 한다. 부갑상선 호르몬의 활동이 왕성하면 그만큼 우리 몸속에 사용할 수 있는 칼슘의 양이 많아지니 더 좋다고 생각할 수도 있다. 그러나 넘치면 모자람만 못하다는 말은 부갑상선 호르몬에도 적용된다.

부갑상선 호르몬이 과다하게 분비되면 파골세포가 더욱더 왕성하게 활동을 하게 된다. 파골세포는 위에서 움직이라는 명령이 내려오는대로 계속해서 뼈를 먹어치운다. 그러면 필요 이상으로 멀쩡한 뼈가 파괴되면서 혈액 내의 칼슘양이 너무 많아진다. 뿐만 아니라 파골세포가 빠른 속도로 뼈를 먹어치우니 골밀도가 점점 낮아진다. 그렇게 되면 당연히 뼈는 아주 약해진다. '부갑상선 기능 항진증'이라 불리는 이 병은 부갑상선의 정확한 기능이 알려지기 전에는 생명을 위협할 정도로 굉장히 치명적이었다.

지금까지 알려진 가장 유명한 부갑상선 기능 항진증 환자는 1920년대에 뉴욕에 살았던 찰스 마르텔이라는 사람이다. 그는 어느 날부터 견딜 수 없이 피곤을 느끼며 자꾸만 할 일을 깜빡깜빡 잊어버리곤 했다. 처음에는 피곤해서 그런가 보다 했지만 황당하게도 키가 점점 작아지는 느낌을 받았는데 실제로 그는 십 년 만에 도저히 같은 사람이라고 믿을 수 없을 만큼 작아졌다. 게다가 뼈가 점점 약해지면서 골다공증이 심해져 합병증까지 겹쳤다. 도대체 왜 이런 증상이 생기는 걸까?

의사들은 마침내 그의 문제가 부갑상선의 기능이 지나치게 왕성해서 생겼다는 것을 알아냈다. 결국 그는 부갑상선 제거 수술까지 받았지만 안타깝게도 수술 후 6주 만에 세상을 떴다.

부갑상선은 기능이 하나뿐이다. 체내의 칼슘양을 조절해주는 것이다. 몸속에 있는 네 개 중 한두 개의 부갑상선에 양성 종양이 생겨 쌀알만 하던 것이 완두콩만 해지면 호르몬이 과다 분비되면서 문제가 생기기 시작한다. 그렇게 되면 뼈의 양이 계속해서 줄어들 뿐만 아니라 과도해진 칼슘이 혈관이나 신장에 쌓이면서 혈관이 막히거나 요로 결석이 생길 수도 있다. 또한 몸속 칼슘양이 지나치게 많아지면 신경계통에도 영향을 미쳐 만성 피로를 느끼거나 건망증이 심해지는 경우도 있다. 다행히 의술이 발달해 이제는 비교적 간단한 수술로 종양이 있는 부갑상선을 제거할 수 있는데 그러고 나면 놀랍게도 며칠 안에 이런 증세가 싹 없어진다고 한다.

가야 무덤에서 발견한 모유 수유의 흔적

2012년 6월 3일. 출산 예정일이 하루 지나 우리 딸이 태어났다. 임신성 당뇨 진단을 받아 임신 기간 내내 본의 아니게 열심히 운동하며 예정일에도 하와이의 푸른 바다가 한눈에 들어오는 마카푸 등대 하이킹 코스를 올랐기에 나는 당연히 힘을 몇 번만 주면 아기가 순풍하고 나올 줄 알았다. 그런데 이게 웬걸. 일정한 간격으로 배가 뭉치는 느낌은 있었지만 진통인지 아닌지 알 수가 없어서 무작정 집에서 버텼다. 아무래도 이상해서 담당 의사에게 전화를 했더니 일단 병원으로 와보라 했다. 병원에서 간호사들이 내진을 하더니 아기가 곧 나올 것 같은데 안 아팠냐고 눈을 똥그랗게 뜨고 물었다. 내가 듣기로는 진통이 오면 하늘이 노랗게 변할 정도로 아프다던데 그 정도는 아니어서 이건 진통이 아니구나 했던 것이다.

나는 진통을 잘 참는구나, 별것 아니네, 역시 무통 주사 안 맞길 잘 했네. 잘난 척을 하며 아이를 만날 순간만 기다렸다. 그러나 날이 어두워져 보름달이 한 번 떴다가 지고 다시 날이 밝은 17시간 후에야 겨우 아이를 만날 수 있었다. 그 전날까지 생글거리며 진통이 별건 가요 하던 나는 머리부터 발끝까지 녹초가 되어 간신히 아이를 품에 안고 휠체어에 실려 입원실로 옮겨졌다. 힘들게 만난 우리 딸 배리아. 아이를 키우며 즐거운 순간도 있었지만 신생아 때를 돌이켜보면 힘든 시간이 훨씬 더 많았다. 갓난아기는 왜 그렇게 자주 배가 고프고, 잠을 깨며, 특히 밤에는 자지 않으려고 하는 걸까. 백일만 지나면 훨씬 수월해 진다는 '백일의 기적'을 믿으며 내 사전에 둘째란 없다를 반복하면서 하루하루 버텼다.

아이를 낳고 얼마 후 아직 회복되지 않은 몸을 질질 끌고 산부인과 검진을 하러 갔는데 의사가 대뜸 둘째는 적어도 1년은 기다린 후에 가지는 게 좋다고 하는 것이다. 나는 둘째가 무슨 말이냐고 하나로 충분하다며 그런 말씀은 하실 필요도 없다고 했다. 그런데 그 순간 '무슨 과학적인 이유가 있을까?' 하는 호기심이 발동했다. 하지만 벼룩도 낯짝이 있지, 이미 의사가 무안할 정도로 둘째 이야기를 단칼에 자른 터라 눈치만 살피다가 검진이 끝날 무렵에야 개미만 한 목소리로 물었다. 근데 왜 1년을 기다려야 하나요?

출산 후에는 임신과 모유 수유 때문에 몸에 있던 칼슘이 많이 빠져 나가 이를 완전히 회복하는 데에 1년 정도 걸린다는 것이었다. 물론 임신 중에도 태아의 뼈 형성을 위해 칼슘이 필요하지만 하루가 다르게 자라는 신생아에게는 그보다 4배나 더 많은 칼슘이 필요하다. 모유 수유를 하면 이 모든 칼슘을 엄마 젖으로 공급받는데 그 엄청난 양을 감당하기가 쉽지 않아 엄마의 뼈 속에 있는 칼슘까지 끌어다 써야 하는 경우가 많다. 말 그대로 엄마 등골 빼가며 자식을 먹이는 셈이다. 모유 수유를 끊으면 엄마 몸속의 뼈는 다시 맹렬한 속도로 칼슘과 각종 무기질을 보충해 나간다. 보통 이 과정이 3~6개월 정도 걸린다.

뼈는 대부분이 무기질로 되어 있기 때문에 몸속 무기질이 보충되어야 다시 자란다. 만약 무기질이 충분히 보충되기 전에 또다시 임신과 출산을 반복하면 결국 몸속에 뼈가 다시 자랄 시간이 없어지면서 점점 약해지는 골연화증이 생기게 된다. 그런 상태에서 또 아이를 낳으면 아이와 엄마의 건강을 모두 해치게 된다. 연구에 의하면 세계 어느 곳에 가더라도 여자의 피부가 남자보다 상대적으로 하얗다고 한다. 피부색이 하얄수록 자외선이 몸속으로 흡수가 잘 되어 칼슘 생성에 필수적인 비타민 D 합성률을 높여준다. 여자가 남자보다 피부가 하얀 것은 어쩌면 지속적인 비타민 D 생성을 통해 반복되는 임신과 출산에 필수적인 칼슘양을 보다 안정적으로 공급하기 위한 진화의 결과일 수도 있다.

우리 딸아이는 생후 10개월까지 모유를 먹었다. 나는 아이가 2개월이 조금 넘었을 때부터 다시 출근하기 시작했는데 매일 커다란 유축기를 들고 다니며 서너 시간마다 유축을 해 그 다음날 먹일 모유를 준비하곤 했다. 일이 많아 시간이 모자란 날은 퇴근하는 차 안에서 핸즈프리 유축 밴드를 이용해 운전을 하면서 유축을 했다. 핸즈프리 유축 밴드는 손으로 깔대기를 잡지 않고도 유축할 수 있도록 몸통에 두르는 단단한 밴드 형태로 되어 있다. 육아 용품을 준비할 때는 도대체 저런 걸 누가 사나 했는데 내가 살 줄이야.

차가 좀 밀리는 날에는 별 생각 없이 있다가 유축기 끌 시점을 놓쳐 젖병에 모유가 넘친 적도 있다. 엎친 데 덮친 격으로 급하게 전원을 찾다가 유축기 줄이 손에 걸려 깔대기가 뽑혀 나오면서 그만 모유를 쏟았다. 어떻게든 수습해보려고 다 젖어 버린 시트에 손을 댔다가 끈적끈적한 손으로 계속 운전을 해야 했다. 이 유축기 때문에 차 안에서 혼자 〈덤앤더머〉를 찍은 게 한두 번이 아니다. 내가 이런 법석을 떨면서까지 모유 수유를 고집한 데는 특별한 철학이 있어서라기보다 우리의 조상들이 대대로 해온 방법인데다 분유값도 절약할 수 있으니 일석이조라고 여겨서였다. 물론 유축하는데 필요한 여러 가지 물건을 사느라 결과적으로 돈은 별로 절약하지 못한 것 같지만 말이다.

모유 수유는 지난 6천만 년간 인간을 포함한 모든 포유류가 새끼에게 영양소를 공급하는 방법이었다. 나도 이런 장구한 동물의 역사에 한번 동참해보고 싶었다. 다행히 나는 모유가 철철 넘치도록 잘 나왔고 유축한 모유를 아이가 잘 먹었기 때문에 워킹맘치고는 비교적 오래 모유 수유를 할 수 있었다. 그렇다고 해서 남들에게 모유 수유를 굳이 권할 마음은 없다. 맨날 책상에 앉아 있어서 그렇잖아도 구부정한 내 등은 모유 수유하느라 더 구부정해졌고 아무리 편한 수유 자세를 찾아도 젖을 먹이고 나면 등도 쑤시고 어깨도 쑤셨다. 엄마와 아이가 살을 부비며 애착 관계를 형성하는 게 중요하다지만 꼭 젖을 먹여야만 부빌 수 있는 건 아니니까!

모유 수유와 비타민 D 결핍

여느 초보 엄마처럼 인터넷 사이트를 뒤지며 육아 정보도 얻고 힘들어 죽겠다는 다른 엄마들과 댓글로나마 위로를 주고받던 어느 날이었다. 모유 수유를 하면 아이에게 비타민 D 결핍이 생길 수 있으니 비타민 보충제를 같이 먹여야 한다는 이야기를 읽었다. 나처럼 인간을 오랜 진화의 산물로 보는 사람은 이런 이야기를 들으면 우선 고개부터 갸우뚱하게 된다. 어째서 인간이 천년만년 해온 모유 수유를 하면 비타민 D가 부족해진다는 것일까. 가끔은 이런 정보를 그냥 믿어도 좋으련만 지난 십수 년간 논리적으로 생각하는 법을 줄기차게 훈련해온 바람에 이렇게 이해가 안 되는 이론이 있으면 근거를 찾기 위해 무조건 논문부터 뒤져야 직성이 풀린다. 결국 나는 모유 수유와 비타민 D 결핍에 관한 연구 자료를 뒤지기 시작했다. 참 피곤하다!

이런저런 연구를 찾아보는 것도 모자라 우리 아이 소아과 의사에게 물어봤다. 결론은 모유 수유를 하면서 적당량의 햇볕을 받으면 비타민 D가 전혀 부족하지 않다는 것이다. 게다가 햇빛을 통한 비타민 D 합성은 모유나 비타민제를 통한 합성보다 그 속도가 훨씬 빠르다는 장점도 있었다. 모유 수유를 하면 비타민 D 결핍이 올 수 있다는 것은 현대 사회에서 새로 생겨난 현상이다. 불과 백 년 전만 하더라도 사람들은 대부분의 시간을 밖에서 보냈다. 신생아를 업고 밭일을 하면 자연스레 아이는 햇볕을 받는다. 하지만 요즘은 신생아를 꽁꽁 싸서 집 안에 고이 모셔둔다. 밖에 나가면 각종 균에 노출될 수도 있고 강한 자외선에 연약한 아기 피부가 상할까 걱정이 되기 때문이다. 그러다 보니 자연스레 햇볕을 못 받아 비타민 D가 부족해진다. 물론 요즘은 세상이 좋아져 아기들이 먹는 비타민제로 보충하면 되지만 '햇빛'이라는 천연 비타민을 두고 굳이 비타민제를 먹일 필요가 있을까 싶다.

미국 아기들은 한국 아기들에 비해 대체로 강하게 큰다. 나와 비슷한 시기에 출산한 백인 직장 동료는 아이가 태어난 지 7일 만에 해가 쨍쨍 내리쬐는 해변에 가서 가족사진을 찍었다. 나는 서른다섯에 힘들게 아이를 낳아서 그런지 한 달이 지나도 걷는 게 약간 불편해서 해변은커녕 동네를 마음대로 돌아다니기도 어려웠다. 그런데 아이를 낳은 지 겨우 7일 만에 수영복을 입고 아이와 모래에 앉아서 활짝 웃으며 사진을 찍다니 놀라웠다. 나도 비교적 아이를 강하게 키우는 편이지만 따가운 햇볕과 짠 바닷물이 싫어서 리아가 6개월이 되도록 바닷가에 데리고 가지 않았다. 그 말을 들은 백인 동료들은 리아가 엄마를 잘못 만나서 여태껏 바다에도 한번 못 가봤다며 자기네가 대신 데리고 다녀오겠다고까지 했다. 비록 우리 딸은 엄마를 잘못 만나 하와이에서 태어났음에도 생후 6개월이 지나서야 바닷가에 처음 가보았지만 그 전에도 해가 적당히 내리쬐는 야외 쇼핑몰에 자주 다녀서 그런지 모유 수유를 1년 가까이 했어도 비타민 D 결핍의 문제없이 신생아 시기를 잘 넘겼다.

뼈가 알려준 가야 엄마들의 수유 기간

아주 오래 전에 한국 땅에 살았던 엄마들은 얼마나 오랫동안 모유 수유를 했을까? 놀랍게도 학자들은 이런 다소 황당한 질문에 답하는 방법을 찾아냈다. 지금으로부터 1,500년 전에 한반도에 존재했던 나라, 가야. 그 가야에 살던 사람들의 무덤이 꽤 많이 출토된 곳이 경남 김해다. 그중에서도 가장 유명한 무덤이 가야 예안리 고분군이다. 예안리 고분군에서는 항아리 두세 개를 연결해 그 속에 시신을 넣은 무덤부터 돌을 깔고 나무관을 넣은 무덤까지 다양한 종류가 무더기로 발견되었다. 더 놀라운 것은 대부분의 무덤에서 사람 뼈가 함께 발견되었다는 것이다. 예전에는 고고학 유적에서 사람 뼈가 출토되어도 별다른 분석 없이 그냥 화장해 버리거나 다시 묻는 경우가 많았다. 토기나 관으로 쓰인 항아리는 유물이니까 잘 분석하고 보관하면서 막상 그 당시 살았던 사람의 흔적인 사람 뼈는 아무런 기록 없이 그냥 버려지다니, 정말 안타깝다. 사람 뼈가 담고 있는 정보가 얼마나 많은데!

예안리 고분군에서 나온 뼈는 다행히 그 중요성을 인지한 학자들이 버리지 않고 잘 수집했다. 그 뼈에서 작은 샘플을 잘라 동위원소 분석에 들어갔다. 동위원소를 분석한다는 이야기는 뼈 속에 남아 있는 질소나 탄소, 산소와 같은 원소를 분석한다는 건데 이를 통해 가야 사람들이 무얼 주식으로 했고 언제 가야의 아이들이 젖을 뗐는지도 알 수 있다. 우리가 음식을 먹으면 그 속에 들어 있던 화학 원소들이 뼈 속에 차곡차곡 쌓인다. 이 원리를 이용해 가야 사람들의 뼈를 분석해보니 그들은 해산물보다는 육지에 사는 동식물을 주식으로 했다는 것을 알 수 있었다.

예안리 고분군에서는 여자와 아이들의 뼈도 많이 발견되었다. 갓 태어난 아이는 엄마의 뼈와 매우 비슷한 뼈 성분을 가지고 있다. 엄마가 임신 중에 채식만 했으면 신생아의 뼈에서도 채식주의자의 뼈 성분이 주를 이루고, 엄마가 해산물을 유독 많이 먹었으면 신생아의 뼈에서도 해산물의 동위원소가 높은 빈도로 발견된다. 세상 밖으로 나와 엄마 젖을 먹기 시작하면 몸속 동위원소의 비율이 엄마와 비슷하다 못해 더 높아진다. 그러다가 엄마 젖을 끊고 다른 것을 먹기 시작하면 그 비율이 확 바뀐다. 이 원리를 이용해 여자와 아이들의 뼈를 분석하면 얼마나 오래 모유 수유를 했는지 알 수 있다. 분석 결과 가야의 아기들은 만 서너 살이 될 때까지 모유를 먹었던 것으로 보인다. 요즘은 모유 수유를 1년 정도만 해도 꽤 길다고 하는 편인데 그에 비하면 가야의 엄마들은 참 오랫동안 모유를 먹였다.

가야의 엄마들이 이렇게 길게 모유 수유를 했다고 해서 옛날 사람들이 모두 이렇게 오래 아이에게 젖을 먹였다고 생각하면 큰 오해다. 경상남도 사천시에 있는 늑도에서는 가야보다 훨씬 이전에 살았던 기원전 2~3세기 경의 청동기 시대 사람들의 뼈가 발견되었다. 김해 예안리 고분군의 뼈를 연구한 학자들은 늑도에서 발견된 아이와 여자들의 뼈도 같은 방식으로 분석했다. 머나먼 옛날 한반도 남쪽 끝에 살던 늑도의 엄마들은 아이가 18개월 정도 되면 젖을 뗐다. 옛날에도 모유 수유 기간이 각양각색이었다는 이야기다.

산후 조리를 안하면 뼈에 바람이 들어간다?

뼈 하면 산후 조리 이야기를 빼놓을 수 없다.

하와이는 1년 내내 기후가 비슷하지만 그래도 6월부터 9월까지는 진짜 여름이라 할 수 있을 만큼 덥다. 리아가 태어났을 때도 그랬다. 오랜 진통 끝에 아이를 낳고 나니 제일 먼저 깨끗하게 씻고 싶었다. 하지만 몸이 엉망이 되어 제대로 앉기조차 힘들었기에 하룻밤 지나고서야 간신히 씻을 수 있었다. 푹푹 찌는 여름날인데도 산후 조리를 도와주러 온 엄마의 조언을 듣고 잠시나마 수면 양말도 신고 긴 팔 윗옷도 입어 보았다. 그러나 더워서 도저히 견딜 수가 없었다. 산후 조리를 잘못해서 뼈에 바람이 들어가면 나이 들어서 고생한다는 말은 익히 들었지만 도저히 참을 수 없어 바로 시원한 맨발에 반팔로 돌아갔다.

한국의 산후 조리원에서는 여름에 에어컨을 켜두는 한이 있더라도 보통 산모들이 온몸을 따뜻하게 감싸고 있다고 들었다. 한국식 산후 조리의 기본은 찬 것을 피하는 것이다. 뼈에 바람이 들어가지 않으려면 찬물이나 찬바람은 절대 금물이다. 아이 낳느라 진땀을 흘렸으니 시원한 물을 마시고 싶어도 꾹 참고 따뜻한 물을 마시는 한국과 달리 미국 산모들은 얼음을 동동 띄운 물을 시원하게 들이켜고 일단 샤워부터 하고 본다. 흔히들 미국에는 산후 조리라는 말이 없다고 생각하는데 그렇지 않다. '포스트파텀 케어postpartum care'는 산후 관리라는 뜻인데, 아이를 낳으면 누구나 듣게 되는 말이다. 하지만 미국식 산후 조리에는 우리나라에서 금과옥조로 삼는 '찬 것을 피하라'는 말이 빠져 있다. 대부분 한두 달 정도 몸을 회복하기 위해 무리한 운동을 피하라는 정도가 전부이다. 그렇다면 한국에서는 이토록 당연하게 여기는 산후 조리를 왜 미국인들은 하지 않는 것일까?

내가 이런 질문을 하면 백이면 백 같은 답이 돌아오곤 했다. 백인과 아시아인은 체형이 다르다는 것이다. 백인은 아시아인보다 골반이 넓은데 비해 아이의 머리도 작아 아이를 순풍 잘 낳기 때문에 산후 조리를 우리처럼 할 필요가 없다는 이야기다. 이런 이론이 어디서 나왔는지 모르겠지만 우리나라 사람들은 이를 정설처럼 여긴다. 나도 처음에는 그런가 보다 했다. 그런데 어느 날 연구소에서 뼈를 보다가 갑자기 이런 생각이 들었다. 만약 그 말이 사실이라면 왜 골반의 모양이나 크기를 인종 구분법으로 사용하지 않을까? 지난 백 년간 수많은 인류학자들이 뼈를 이용한 인종 구분법을 연구해왔다. 학자들은 사람 몸속에 있는 뼈란 뼈는 몽땅 재고, 재고 또 재서 어떤 뼈에서 인종 간 차이가 가장 많이 나타나는지 연구했다. 그런데 아무리 이 뼈 저 뼈 재서 비교해보아도 얼굴뼈 이외에는 딱히 인종 구분에 유용한 뼈가 없었다. 정말 백인과 아시아인의 골반에 차이가 있다면 왜 이걸 그 많은 학자들이 몰랐을까?

여기서 다시 호기심이 발동했다. 아니, 이건 단순히 호기심의 문제가 아니었다. 뼈를 연구하는 학자로서 꼭 제대로 알고 넘어가야 할 문제였다. 만에 하나 이것이 사실이라면 나는 새로운 인종 구분법을 개발한 사람이 되는 절호의 기회이기도 했다. 맹렬히 논문을 찾기 시작했다. 아무리 뒤지고 뒤져도 골반뼈에 나타나는 인종 간 차이에 대한 연구는 거의 없었다. 주로 산부인과 의사들이 쓴 출산 과정이나 그 이후 회복 단계에서 보이는 인종적 차이가 실재하는지에 관한 논문들이었다.

대부분 흑인과 백인을 샘플로 연구한 이런 논문들은 저마다 결론이 달랐다. 어느 정도 차이가 있긴 하지만 그게 통계적으로도 의미가 있는 차이인지는 논쟁의 여지가 있었다. 흑인과 백인을 제외한 아시아인이나 중남미에 사는 히스패닉 등 다른 인종에 관한 연구는 더더욱 찾아보기 힘들었다. 아시아인이 다른 인종에 비해 골밀도가 현저히 떨어진다는 연구는 종종 보았지만 골반이 작다는 연구는 결국 찾지 못했다. 아시아인의 골반이 작지는 않지만 모양이 다르다는 이야기도 있긴 했는데 이 역시 '~카더라' 일뿐, 제대로 된 연구 논문은 없었다.

아시아인 아기의 머리는 정말 더 클까?

아시아인의 골반이 상대적으로 작다는 이야기 말고도 아시아인 아기의 머리가 크게 태어난다는 말도 많이 들었다. 그렇잖아도 작은 골반을 큰 머리로 뚫고 나오려니 그만큼 아시아인에게 난산이 많다는 주장이었다. 이 때문에 한국에서는 아이가 나올 때 회음부 절개를 하기도 한다. 갓난아기는 모르겠지만 적어도 아직 돌이 안된 아기들을 보면 정말로 아시아인 아기들의 머리가 커 보이긴 하다. 우리 리아도 미국 아기들의 성장 발달표에 맞추어 보면 늘 머리 둘레가 상위 20퍼센트 안에 들었으니 혹시 이 말이 사실일까? 그런데 리아는 돌 때 키와 몸무게가 상위 1퍼센트를 달렸다. 머리만 큰 게 아니라 몸집이 크니 당연히 머리도 몸의 비율에 맞게 큰 건 아닐까? 정말로 골반이 작은 아시아인 엄마가 큰 머리의 아이를 낳는다면 현대 의학이 발달하기 이전에는 자칫하면 한 인종의 멸종까지 불러올 수 있는 심각한 문제였을 텐데 과연 이게 말이 될까?

인종에 따른 신생아의 머리 둘레에 관한 연구는 쉽게 찾을 수 있었다. 특히 멕시코계의 중남미인들과 아시아인이 많이 사는 캘리포니아의 병원을 중심으로 신생아의 키, 몸무게, 머리 둘레 등을 비교 분석해 놓은 연구가 꽤 있었다. 지난 10~20년간 미국에서 태어난 여러 인종의 신생아 4만 여 명을 비교해보니 아시아인이 다른 인종에 비해 평균치가 늘 작았다. 몸무게도 키도 머리 둘레도 모두 백인이나 흑인 아이들보다 작았다. 보기에는 서양 아이들의 머리가 분명 작은데 이게 사실인지 믿기 어렵다면 신체 비율 때문에 머리가 유달리 더 작아 보일 수 있다는 것을 염두에 두어야 한다.

한국 사람이 서양 여자들에 비해 골반이 작은데다가 신생아의 머리까지 더 커서 출산할 때 고생한다는 이야기의 과학적인 근거는 찾지 못했다. 키도 나보다 훨씬 크고 몸집도 좋은 백인 친구들도 아이를 낳을 때 고생한 이야기를 들려주곤 한다. 무통 분만 주사를 맞는 시기를 놓치는 바람에 아이 둘을 모두 엄청난 진통을 겪고 낳았다는 한 친구는 다시 하라면 절대 못할 것 같다며 고개를 저었다. 물론 그 친구는 출산하고 얼마 되지 않아 두 아이를 모두 데리고 우리 집에 놀러 왔다. 아이 낳고 한 달 동안은 제대로 외출할 엄두도 내지 못할 만큼 몸이 안 좋았던 내게 그녀의 회복 속도는 놀라울 뿐이었다. 엄마의 골반 크기나 아이의 머리 둘레 문제가 아니라 아무래도 평소에 운동을 많이 해서 기초 체력이 나보다 훨씬 좋은 덕택이 아닐까. 나도 체력이라면 강철 체력을 자랑해왔으나 시간만 나면 밖에서도 달리고 러닝머신 위에서도 뛰는 미국 친구들과는 비교가 되지 않았다. 아무래도 운동을 많이 하면 온몸의 근육이 탄탄할 테니 아이를 낳을 때도, 그 후의 회복 과정에서도 그렇지 않은 사람들보다는 훨씬 수월할 수도 있을 듯하다.

산후 조리의 효과에 관한 과학적 연구는 워낙 미진하여 과연 이게 필요한 것인지는 알기가 힘들었다. 우리 조상 대대로 해오던 일이니 좋다고 믿는 사람은 그대로 따르면 되는 거고, 나처럼 찝찝해서 도저히 안 씻고는 못 견디는 사람은 그에 맞게 산후 조리를 하면 된다고 생각한다. 중년이 되어서 무릎과 어깨가 아픈 것이 산후 조리를 제대로 하지 않아서 그런 것인지, 우리 몸속의 뼈가 노화되어 그런 것인지는 아무도 모른다. 여성호르몬 때문에 여자의 뼈가 상대적으로 더 약하기 때문에 대체로 여자가 남자보다 여기저기 쑤시고 결릴 확률이 높다. 그러니 중년의 여성이 되면 무릎이 시리거나 어깨가 결릴 확률도 더 높아진다. 하지만 산후 조리를 잘 못해서 이런 고통이 생길 가능성은 그리 높지 않을 것 같다. 그래도 아이 낳고 나서 일정 기간 몸조리를 잘 하면 나쁠 것은 없을 테니 괜히 나중에 산후 조리 제대로 못해서 아프고 쑤신다고 생각하지 말고 열심히 하는 게 낫지 싶다.

물개가 아프리카에서 가져온 결핵

척추 결핵은 척추뼈에 심각한 문제를 일으킬 수 있다. 결핵의 대부분은 폐에 염증이 생기는 폐결핵으로 발병한다. 그러나 전체 결핵 환자의 10~15퍼센트는 결핵균이 폐가 아닌 척추에 염증을 일으킨다. 이렇게 결핵균이 척추에 염증을 일으키는 병이 척추 결핵이다.

한국은 결핵 발병률이 상대적으로 높다. 세계은행World Bank에서 발표한 2012년 기준 인구 10만 명당 결핵 환자 수를 보면 미국 4명, 네덜란드 6명, 일본 19명, 중국 73명인데 비해 한국은 108명으로 OECD 가입국 중 1위라고 한다. 이는 247명인 에티오피아나 316명의 앙골라에 비하면 훨씬 적은 수이지만, 여전히 비율이 높아 결핵 위험 지역으로 분류된다.

내가 초등학교에 다닐 때만 하더라도 연말이 되면 학교에서 단체로 '크리스마스 씰'이라는 걸 사곤 했다. 크리스마스가 되면 우표 같이 생겼지만 우표는 아니었던 크리스마스 씰을 카드에 하나씩 붙여서 보낸 기억이 난다. 그때는 그게 뭔지 잘 몰랐다. 대한결핵협회에서는 크리스마스 씰을 1930년대부터 지금까지 매년 발행한다. 씰의 판매 수익은 결핵 홍보 사업과 결핵균 검사 사업 등에 쓰는데, 손편지 보내는 사람이 줄어들면서 이제는 우표 형태가 아닌 스티커로 발행한다고 한다. 궁금해서 찾아보니 2009년에는 '김연아', 2011년에는 '뽀로로와 친구들' 같은 친근한 소재였고, 2014년은 '백두대간에 자생하는 고유 동식물'이었다.

결핵은 인류 역사상 가장 많은 사람의 목숨을 빼앗은 무서운 병이다. 다행히 의학이 발달해 예전만큼 위험하지는 않지만 아직 완전히 퇴치하지 못한 질병이다. 결핵 발병률이 상대적으로 높은 한국에서는 아이가 태어나면 한 달 안에 결핵 예방 접종BCG 접종을 해야 한다. 반면 미국은 결핵 발병률이 낮기 때문에 결핵 예방 접종을 하지 않는다.

미국에서 태어난 리아는 생후 2개월 때 한국 출장을 가야 했던 엄마 때문에 처음으로 비행기를 탔다. 하와이가 한국과 가깝다고 생각하는 사람들이 많은데 비행기로 열 시간 넘게 걸리니 그렇게 가깝지는 않다. 갓난아이를 사람들이 꽉꽉 찬 비행기에 데리고 탄다는 것이 좀 찜찜하기는 했으나 뾰족한 대안이 없었다. 초보 엄마였던 나는 비행기에 가지고 탈 것들을 열심히 챙겼다. 그러다가 문득, 혹시 한국에 들어가려면 결핵 예방 접종을 해야 하는 게 아닌가 하는 생각이 들었다. 한국이 아직 결핵 발병률이 높다면 태어난 지 두 달밖에 안 된 아기는 예방 차원에서 접종을 하는 게 낫지 않나 싶었던 것이다. 그래서 40년 경력의 리아 담당 소아과 의사에게 물었다. 답은 단호했다. 한국이 결핵 위험 지역인 건 맞지만 리아가 미국에서 자랄 거라면 예방 접종을 하지 말라는 것이었다. 그 이유인즉슨 이러했다. 미국에서는 아이가 어린이집에 들어갈 때부터 대학에 들어갈 때까지, 또 대학을 다니고 취직하고 나서도 수시로 결핵균 검사를 한다. 팔뚝에다가 사람이나 동물의 결핵 감염을 진단할 때 쓰이는 투베르쿨린을 소량으로 주입한 후 48~72시간 내에 양성 반응이 나타나면 일단 결핵에 걸렸을 가능성이 있는 사람으로 분류한다.

미국은 결핵 예방 접종을 하지 않기 때문에 진짜 결핵이 있는 사람들이 주로 양성 반응을 보인다. 하지만 한국에서는 대부분 결핵 예방 접종을 하기 때문에 결핵에 걸리지 않아도 검사 결과 양성이 나오는 사람들이 많다. 결핵 예방 접종은 소량의 결핵균을 몸속에 넣어 결핵균에 면역력을 갖도록 하는 것이기 때문에 예방 접종을 통해 몸속으로 들어간 결핵균이 결핵 검사에서 양성 반응을 일으키는 것이다. 미국에서는 결핵 피부 반응 검사에서 양성 판정을 받으면 골치가 아파진다. 아무리 결핵 예방 접종 때문이라고 말해도 학교에서는 흉부 엑스레이를 제출해 결핵이 없다는 것을 증명하라고 하기 때문이다. 리아가 다니는 어린이집도 매년 결핵 피부 반응 검사 결과 음성임을 증명해야 재등록할 수 있다. 이러니 미국에서 키울 거면 아예 결핵 예방 접종을 하지 말라는 거였다. 내가 처음 미국에 왔을 때에도 한국 유학생들 상당수가 결핵 양성 반응이 나와 흉부 엑스레이를 찍으러 다니는 모습을 볼 수 있었다. 어쩐 일인지 나도 분명히 예방 접종을 했는데도 불구하고 음성 반응이 나왔다. 덕분에 번거롭지는 않았지만 좋은 것인지 뭔지 기분이 애매했다.

결핵에 걸리면 마치 감기 증상처럼 열이 나고 기침이 심해지며 쉽게 피곤해진다고 한다. 그런데 이때 평소에 아프지 않던 허리나 등이 같이 아프면 척추 결핵의 증상일 수도 있다. 이집트 미라에도 그 흔적이 남아 있을 정도로 역사가 긴 척추 결핵은 1700년대에 영국의 의사 포트Percivall Pott, 1714~1788가 '결핵성 척추염'이라는 이름으로 학계에 보고한 이후 그의 이름을 따서 '포트병Pott's disease'이라고 불리곤 한다.

척추 결핵은 척추뼈 중에서도 가슴 쪽에 있는 흉추에 잘 생긴다. 일단 척추뼈 하나에 염증이 생기면 위아래 척추뼈로 옮고 그 과정에서 그 사이에 있는 디스크도 감염이 된다. 이를 그대로 방치하면 척추뼈 자체가 결핵균에 의해 파괴되어 앞쪽으로 무너져 등이 굽게 된다. 요즘은 다행히도 너무 늦기 전에 진단을 받으면 약물로 얼마든지 완치가 가능하다. 치료약이 없었던 때에는 척추 결핵 환자들이 후천적 척추 장애인이 될 확률이 매우 높았을 것이다. 이 때문인지 고고학 유적에서는 척추 결핵을 앓았던 사람의 굽은 척추뼈가 종종 발견된다.

1천 년 전 사람의 뼈에서 나온 결핵의 흔적

1492년, 아메리카 대륙에 콜럼버스가 도착했다. 당시 아메리카 대륙에 살고 있던 약 1,800만 명의 미국 원주민들은 난생처음 보는 유럽인들에게 땅을 빼앗겼다. 서부 영화에서 자주 등장하듯이 유럽인들이 미국 원주민들을 무자비하게 죽인 것도 사실이지만, 실제로 원주민 인구의 90퍼센트를 죽음으로 몰고 간 것은 유럽인들의 총칼이 아니라 그들이 가지고 온 질병이었다. 원주민들은 전에는 없던 천연두, 디프테리아, 홍역 등에 무방비로 노출되어 맥없이 죽어 나갔다. 그중에서도 특히 결핵은 무서운 기세로 퍼져 나갔다. 물론 미국 원주민들이 유럽인들이 오기 전까지 아무런 질병 없이 살았다는 것은 아니다. 미국의 고고학 유적에서 발견되는 뼈를 보면 그들도 다른 대륙에 살던 사람들처럼 병에 걸렸던 흔적이 많다. 하지만 그들 고유의 환경과 풍토에 의해 생긴 질병이었기 때문에 치료약을 발견하기도 하고, 면역력으로 극복하기도 하면서 질병에 적응해왔다. 하지만 유럽인들이 갑자기 들이

닥치며 가져온 질병 앞에서 그들은 속수무책으로 픽픽 쓰러져 버렸다.

그런데 이런 역사적 사실과 전혀 다른 이야기를 들려준 뼈가 나타났다. 고고학자들이 남미 페루 해안가에서 지금으로부터 1천 년 전 뼈를 발견했는데, 이 뼈에서 결핵의 흔적이 나온 것이다. 콜럼버스가 아메리카 대륙에 도착한 게 5백여 년 전이니 1천 년 전이라면 그보다 훨씬 전에 남미에 살았던 사람의 뼈였다. 그 후에도 이 지역에서 출토된 오래된 사람의 척추뼈에서 결핵의 흔적이 종종 발견됐다. 좀 이상하지 않은가? 유럽인들이 결핵을 아메리카 대륙으로 가지고 들어오는 바람에 엄청나게 많은 원주민이 죽었다고 하면, 1492년 이전에 살던 사람에게는 결핵의 흔적이 없어야 한다. 그런데 그 이전에도 이미 남미에 결핵을 앓던 사람이 있었다니 이게 어떻게 된 일일까? 여기에 의문이 든 인류학자들은 유전학자들과 손을 잡고 연구를 시작했다.

결핵균인 '마이코박테리움 투베르쿨로시스Mycobacterium tuberculosis'는 수천 년간 인류와 함께 해온 무서운 균이다. 1960년대만 하더라도 신석기 시대에 농경이 시작되면서 소나 돼지 같은 가축이 사람에게 결핵을 옮겼을 것이라고 생각했다. 하지만 결핵균의 유전자를 분석해보니 오히려 사람이 소에게 결핵을 옮겼을 가능성이 훨씬 높다고 밝혀졌다. 유전자 분석이 아니었으면 소나 돼지는 지금까지도 참 억울할 뻔 했다. 결핵균도 여러 가지 종류가 있는데 그 중에서도 아프리카 사람들에게서 가장 다양한 종류의 결핵균이 발견된다. 이 말은 결핵균의 최초 발원지가 아프리카라는 이야기다. 이는 유전학자들이 유전적 다양성이 가장 높은 지역을 그 생물의 기원지로 보기 때문이다. 김치의 종주국인 우리나라에는 배추김치, 오이김치, 깍두기, 총각김치, 부추김치, 물김치, 갓김치 등 다양한 종류의 김치가 있지만 김치가 나중에 전해진 외국에는 종류가 배추김치나 깍두기 정도에 한정되는 것과 같은 이치다. 비슷한 원리로 한 생물의 기원지를 추적할 때는 유전적 다양성이 가장 높은 지역을 기준으로 되짚어 나간다.

아프리카에서 생겨난 결핵균은 사람들이 다른 지역으로 이동하기 시작하면서 함께 퍼져 나갔다. 반갑지 않은 결핵균은 참으로 끈질기게도 사람들을 졸졸 따라 다녔다. 수천 년 전에 농경이 시작되면서 사람들은 보다 큰 규모로 모여 살기 시작했다. 결핵균 입장에서는 참 좋은 일이었다. 결핵균이 그만큼 더 많은 사람들에게 순식간에 확 퍼져나갈 수 있었으니 말이다. 그 과정에서 1492년 이전에 결핵균이 이미 아메리카 대륙으로 유입되었을 수도 있다. 그렇다면 왜 유럽인이 들어오면서 옮긴 결핵에 미국 원주민들이 맥없이 죽어 나갔을까? 미국 원주민들도 이미 결핵균에 대해 어느 정도 면역력이 있었을 텐데 말이다.

의문을 품은 학자들은 북미와 중남미에서 발견된 사람의 뼈 중에서 척추 결핵의 흔적이 있는 유해를 대상으로 병균 유전자를 뽑기 시작했다. 이미 1천 년 이상 된 유해들이기 때문에 유전자를 추출해 내는 것이 쉽지는 않았지만 다행히 총 68구 중 3구에서 병균의 유전자를 뽑아 분석하는 데에 성공했다. 척추뼈가 손상된 형태로 볼 때는 척추 결핵의 흔적이 분명해 보이지만 혹시라도 우리가 모르는 어떤 다른 질병에 의해 척추가 변형된 건 아니었을까? 하지만 유전학자들이 추출해낸 유전자는 틀림없는 결핵균이었다.

그런데 그 결핵균의 종류가 콜럼버스가 가지고 온 유럽형 결핵균과 완전히 달랐다. 아메리카 대륙에 살던 원주민들이 앓았던 결핵과 유럽인들이 가져온 결핵은 종류가 다른 결핵이었던 것이다. 유럽인들이 아메리카 대륙에 들어오기 전의 유해에서 발견된 결핵균은 유전자의 양상으로 미루어 볼 때 지구상에 생겨난 지 2,500년 정도밖에 안된 '어린' 균이었다. 그런데 문제는 이 '어린' 결핵균이 아프리카에서 처음 생겼다는 것이었다.

2,500년 전에 아프리카에서 생겨난 결핵균이 어떻게 남미까지 오게 되었을까? 아프리카와 남미 사이는 대서양이라는 커다란 바다가 가로막고 있다. 지금도 비행기 타고 10시간 이상 가는 이 거리를 결핵균이 어떻게 넘어왔느냔 말이다.

인간이 배를 타고 이렇게 먼 거리를 이동하기 시작한 건 기껏해야 수백 년 전의 일이니 아프리카 사람들이 배를 타고 남미로 넘어왔을 가능성은 극히 낮다. 그렇다고 결핵균이 날개를 달고 날아왔을 리도 없으니 도대체 어떻게 된 일일까. 이 문제를 가지고 씨름

하던 학자들에게 어느 날 한 줄기 깨달음의 빛이 들었다. 바로 물개였다. 수천 년 동안 페루의 해안가에 살아온 물개는 페루 사람들과 떼려야 뗄 수 없는 관계였다. 페루 사람들에게는 물개가 식량뿐 아니라 털과 가죽으로 옷을 만드는 중요한 자원이었다. 실제로 페루의 고고학 유적에서는 물개의 뼈 혹은 물개를 그린 그림이 자주 발견된다.

그렇다면 혹시 결핵균이 물개를 타고 대서양을 넘어온 건 아닐까. 역시나 그 가설은 맞았다. 1천 년 전 아메리카 대륙의 사람 뼈에서 발견된 결핵균은 오늘날 물개나 바다표범이 주로 가지고 있는 결핵균과 같은 종류였다. 조류 독감이 오리나 닭같이 사람 곁에 사는 동물에서 사람에게 옮듯이 사람과 동물은 서로 병균을 옮고 옮기는 관계에 있다. 아프리카에서 생겨난 결핵균이 물개에게 옮았고, 그 물개가 대서양을 건너 아메리카 대륙에 도착해 다시 사람에게 옮겼다는 이야기다. 하지만 물개가 가져온 결핵은 1492년에 유럽인들이 가지고 온 결핵균과는 종류가 달랐기에 원주민들은 새로운 유럽형 결핵균에는 전혀 면역력이 없었다. 결국 엄청난 수의 원주민들이 결핵으로 목숨을 잃었던 것이다.

매일 광합성이 필요한 이유

한국의 교과 과정에서는 비타민 D가 모자라면 뼈가 휘는 구루병에 걸린다고 배운다. 그래서인지 전공에 상관없이 많은 사람들이 이 사실을 알고 있다. 내가 중학교 때만 하더라도 여학생들은 가정 또는 가사, 그리고 남학생들은 기술이라는 과목을 들어야 했다. 가정 시간이 되면 두 반씩 짝을 지어 남자와 여자를 나누어 따로 수업을 받았다. 중학교를 졸업한 지 20여 년이 넘었지만 신기하게도 가정 시간에 배운 것 중에 아직도 몇 가지는 기억이 난다. 된장찌개를 끓일 때 두부는 언제 넣는가, 깍두기용 무는 몇 센티미터 크기의 정육면체로 잘라야 하는가, 지용성 비타민은 비타민 A, D, E, K이고, 비타민 C 결핍은 괴혈병, 비타민 D 결핍은 구루병을 유발한다는 등의 상식들이다. 도대체 왜 이런 것들이 유독 기억에 남는지는 잘 모르겠지만 시험 문제를 풀던 기억까지 생생하다.

지금 생각해보면 된장찌개에 두부를 언제 넣는지가 시험에 나왔다는 것도 놀랍고, 설렁탕 집 깍두기는 크기가 엄청 크고 돈가스 집에서 주는 깍두기는 유달리 작다는 걸 감안할 때 깍두기의 표준 크기를 묻는 질문이 있었다는 것도 놀랍다. 하지만 비타민과 관련된 부분은 미국에서 공부할 때 아주 유용했다.

우리가 중학교 때 배운 것처럼 구루병은 비타민 D 부족으로 뼈가 휘는 병이다. 앞에서 분명 뼈가 튼튼하려면 칼슘이 중요하다고 했는데 갑자기 왜 다른 말을 하나 싶을 거다. 결론부터 말하면 칼슘이 많은 멸치, 우유, 치즈, 요구르트를 아무리 열심히 먹어도 몸속의 비타민 D가 돕지 않으면 칼슘이 장으로 흡수되지 않는다. 그러니 비타민 D가 부족하면 칼슘도 부족하게 된다. 뼈는 칼슘의 저장고라 했으니 몸에 칼슘이 모자라면 당연히 뼈에 문제가 생긴다. 특히 한창 자랄 나이의 아이들에게는 더 치명적이다. 뼈가 자라려면 칼슘이 많이 필요한데 몸속에 칼슘이 제대로 공급되지 않으니 뼈가 활처럼 휘게 된다.

이렇게 우리 몸에 꼭 필요한 비타민 D를 얻으려면 다른 비타민과 마찬가지로 음식으로 섭취를 하거나 햇볕을 쬐는 것밖에는 방법이 없다. 우리 몸에 소량만 있으면 되는 호르몬과 비타민의 다른 점이 바로 이것이다. 호르몬은 체내에서 알아서 합성되지만 비타민은 그렇지 않다. 비타민 D를 얻을 수 있는 방법 두 가지뿐이니,

둘 중 하나 혹은 둘 다 부족하면 구루병에 걸린다. 비타민 D가 풍부한 연어, 참치, 고등어, 표고버섯, 버터, 달걀과 같은 음식을 너무 적게 먹거나, 햇볕을 너무 적게 쏘이는 것이 모두 원인이 될 수 있다. 그래서 미국의 경우 법적으로 우유에 일정량의 비타민 D를 넣도록 규정한다. 우유 0.94리터 당 400IU International Unit, 여러 나라가 공통으로 쓰기 위한 목적으로 정한 국제단위 이상 800IU를 넘지 않는 것이 미국 연방정부의 기준이다. 한국의 권장량은 어떤지 궁금해 찾아보았더니 현재 성인의 일일 권장량이 200IU, 50대 이상이 400IU라고 한다. 미국의 성인 권장량은 우리의 두 배인 400IU, 노인은 800~1000IU라고 한다.

비타민 D는 최근 들어 다른 비타민보다 유독 많은 학자들이 연구하는 소위 '뜨는' 비타민이다. 비타민 D 연구가 활발해지면서 현재 권장량이 실제 필요한 양보다 훨씬 모자라다고 보는 추세이다. 하루에 1000IU 정도가 적당하다는 게 현재까지 학자들의 의견인데 그만큼의 비타민 D를 음식으로 섭취하려면 달걀노른자 40개, 고등어 3마리 정도를 먹어야 한다. 하지만 그대로 먹다가는 콜레스테롤이 높아져 오히려 다른 병이 생길 수도 있다. 그러니 다시 식상한 소리로 돌아갈 수밖에. 적당히!

다행히 간편하게 알약 형태로 복용할 수 있는 비타민제가 개발되면서부터는 설령 비타민 D가 들어간 음식을 먹지 않고 볕이 잘 들지 않는 집안에만 있다 하더라도 몸에 필요한 비타민 D를 얻을 수 있게 되었다. 그 덕에 구루병은 이제 좀처럼 보기 힘든 병이 되었다. 하지만 20세기 초반의 미국에서 구루병은 흑인 아이들이 흔히 걸리는 병이었다. 그 수가 얼마나 많았던지 당시 의사들은 흑인이라면 당연히 앓는 병이라고 할 정도였다. 그 당시 대다수의 백인들은 흑인이 백인보다 열등한 인종이라고 믿었다. 지금 들으면 황당하지만 이들은 더러운 흑인들이 걸리는 병이 구루병이라고 생각하기도 했다. 그래서 구루병을 흑인이 백인에 비해 더럽고 열등하다는 증거라도 되는 양 여겼다.

흑인들은 왜 구루병에 더 잘 걸릴까?

모두가 그렇게 믿던 시절에 여기에 의문을 품은 이가 있었다. 하버드대 의과 대학을 졸업하고 뉴욕의 컬럼비아 대학에 자리 잡은 알프레드 헤스Alfred Hess, 1875~1933라는 의사였다. 헤스 박사는 구루병뿐만 아니라 비타민 C가 부족하면 잇몸에서 피가 나는 괴혈병에 걸린다는 것도 발견했다. 알고 보니 내가 중학교 가정 시간에 배운 비타민과 관련된 정보를 밝혀낸 장본인이었다.

헤스 박사는 그의 업적으로도 잘 알려져 있지만 처가의 애절한 사연으로도 유명하다. 그의 아내 사라는 당시 미국의 유명한 박애주의 사업가이자 정치가였던 이시도르 스트라우스Isidor Straus의 넷째 딸이었다. 뉴욕 시내 한복판에서 시작해 지금도 미국 각지에 굳건히 버티고 있는 커다란 빨간 별이 그려진 백화점 메이시스의 소유주였던 이시도르와 그의 아내 이다는 눈에 넣어도 아프지 않을 넷째 딸을 똑똑하고 성실한 알프레드에게 시집 보내고 사위를 잘 얻었다면서 기뻐했다. 독일 이민자 출신인 이시도르와 그의 아내는 유럽과 미국을 자주 오갔다. 아들딸을 모두 결혼시키고 나서 부부는 모처럼 한가로이 유럽 여행을 즐겼다. 하지만 시간이 지나자 아들, 딸, 손자, 손녀가 모두 있는 미국 땅이 그리워졌다.

이시도르 부부는 영국에서 뉴욕으로 향하는 커다란 배에 올랐다. 그 배가 바로 타이타닉 호였다. 배가 침몰할 당시 실제로 유럽 신사들은 여자와 아이들부터 먼저 탈출시키기 시작했다고 한다. 이다는 구명선에 오를 차례가 되자 수십 년을 함께 한 남편을 두고 갈 수 없다고 버텼고 이시도르는 아직 구명선을 타지 못한 여자와 아이들이 있기에 자신은 절대 먼저 탈출할 수 없다고 했다. 결국 이 부부는 평생 같이 살았으니 죽는 것도 같이 죽자고 마음먹었다. 이다는 자신을 돌봐주던 하인을 구명선으로 밀어 넣고 자기가 입고 있던 따뜻한 외투를 벗어 주었다. 이 둘은 팔짱을 꼭 낀 채로 함께 바다 밑으로 가라앉았다.

그들의 희생정신과 아름다운 사랑 이야기는 당시 살아남은 수많은 사람들의 증언을 통해 알려졌다. 안타깝게도 이시도르의 시신은 침몰 직후 발견되었지만 이다의 시신은 끝내 찾지 못했다. 이 부부의 세 아들은 부모님을 기리기 위해 모교 하버드 대학에 부모님의 성을 딴 스트라우스 홀이라는 신입생 기숙사를 지었다.

이렇게 멋진 이야기의 주인공인 이시도르가 유달리 아꼈던 사위 헤스는 흑인이 더럽고 열등해서 구루병에 걸린다는 말이 사실이라면 왜 아프리카나 인도 지역에 사는 흑인들은 구루병에 걸리지 않을까 하는 의문을 품었다. 미국에 사는 흑인만 특히 열등해서 구루병에 걸릴 리는 없으니 인종과는 별 관계가 없는 게 아닐까 하는 생각을 한 것이다. 그는 밤낮을 가리지 않고 연구에 몰두했다. 그 결과 그는 구루병은 피부색이 아니라 햇빛에 노출되는 정도의 차이로 인해 생긴다는 것을 알아냈다. 또한 같은 양의 햇빛에 노출된다 해도 피부색이 검을수록 햇빛을 흡수하는 데에 더 오랜 시간이 걸린다는 것도 밝혀냈다.

언뜻 검은색이 햇빛을 더 잘 흡수하니까 피부가 검을수록 몸에도 햇빛이 더 잘 흡수될 거라 생각할 수도 있다. 하지만 사람의 피부색은 검을수록 피부에 자외선 차단제 역할을 하는 세포가 많기 때문에 오히려 햇빛을 더 잘 반사한다. 가령 흑인과 백인이 밖에서 똑같이 햇빛을 쏘이면 흑인의 검은 피부는 햇빛을 반사시켜 몸에 흡수되는 양이 적지만 백인의 하얀 피부는 햇빛을 쫙쫙 흡수한다. 황색의 피부를 가진 한국인은 자외선 차단제를 바르지 않고 팔다리를 다 노출한 상태에서 10분 정도 햇빛을 받으면 1000IU 정도의 비타민 D가 생성되지만 흑인은 같은 양의 비타민 D를 합성하는데 6배나 더 긴 시간이 필요하다.

이러한 증거를 바탕으로 헤스 박사는 흑인이 구루병에 더 잘 걸리는 이유는 피부색 때문에 상대적으로 몸속에 흡수하는 햇빛의 양이 적기 때문이라는 결론을 내렸다. 따라서 구루병 증상이 있는 환자에게는 햇볕을 쬐도록 하는 '헬리오테라피Heliotherapy', 즉 일광요법이 효과적이라고 주장했다. 당시 그의 환자들은 병실의 침대를 밖으로 끌고 나와 마치 해변에서 선탠하듯이 병원 마당에 줄줄이 누워 있는 재미난 모습을 연출했다.

1865년 남북 전쟁 후에 노예 해방이 이루어지면서 많은 흑인들이 일거리를 찾아 볼티모어나 워싱턴 D. C. 같은 큰 도시로 몰렸다. 그 당시 도시의 환경은 지금과는 비교할 수 없을 정도로 열악했고, 우후죽순으로 지어진 빽빽한 빌딩들 때문에 도시는 늘 어두컴컴했다. 이러한 환경에서 자라는 흑인 아이들은 햇볕을 제대로 쬐지 못해 늘 비타민 D가 모자랐다. 뿐만 아니라 어른이 되어서도 대부분의 시간을 공장과 같은 실내 일터에서 보내야 했던 흑인들은 평생 비타민 D 결핍에 시달렸다. 특히 여성들은 골반뼈가 약해져 출산에 많은 어려움을 겪곤 했다. 비타민 D가 모자랄 경우 다리뼈는 길어서 활처럼 휘지만 골반뼈처럼 둥글고 특이하게 생긴 뼈는 이상하게 변형되어 아이가 산도를 빠져나오기 어렵기 때문이다.

이런 사정 때문에 미국에 사는 흑인들에게서 구루병이 더 흔

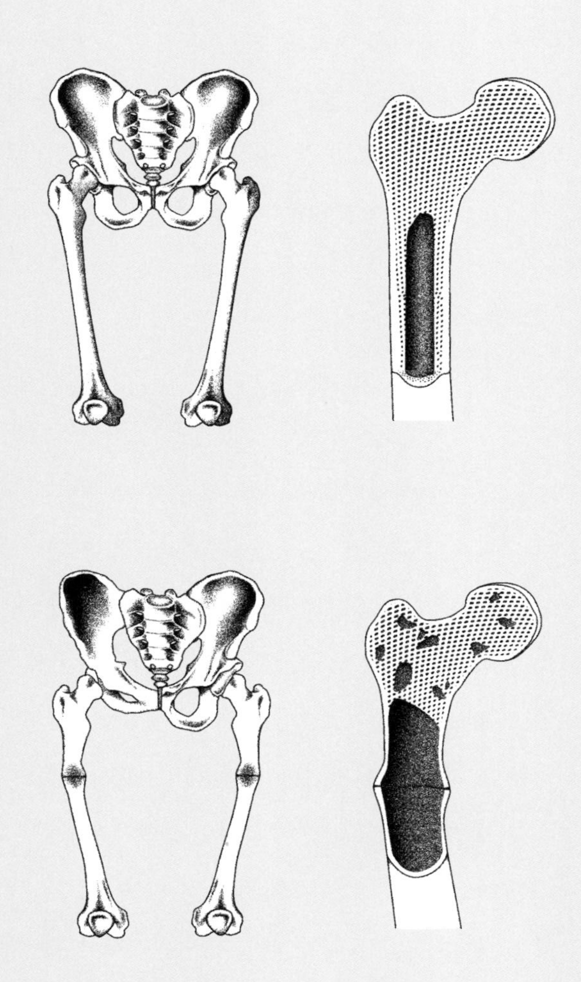

정상 뼈(위)**와 구루병**(아래)**에 걸린 뼈** | 구루병은 비타민D 부족으로 뼈가 휘는 병이다. 구루병에 걸리면 다리뼈가 활처럼 휠 뿐만 아니라 골반뼈가 희한하게 변형되어, 여성의 경우 출산의 어려움을 겪을 수 있다.

하게 나타난 것이었다. 이에 반해 하루 종일 햇볕이 쨍쨍하게 내리쬐는 아프리카의 흑인들은 충분한 양의 비타민 D를 흡수했고, 그 결과 구루병을 찾아보기 힘들었던 것이다. 쉽게 말해 흑인의 피부색은 햇빛이 적은 곳에는 잘 맞지 않는 피부색이었다는 이야기다.

자외선은 무조건 막아야 할까?

햇빛이 우리 몸속에 흡수되는 것과 뼈가 튼튼해지는 것은 도대체 무슨 상관이 있을까? 피부가 자외선에 노출이 되면 우리 몸속에 있는 콜레스테롤과 반응이 일어나 체내에서 비타민 D가 합성된다. 이렇게 합성된 비타민 D는 칼슘이 체내로 흡수될 수 있도록 도와주고, 그렇게 흡수된 칼슘은 뼈에 쌓여 뼈를 튼튼하게 해준다. 헤스 박사가 한창 활동하던 1910~30년대에는 비타민이 처음 발견되어 그것이 어떻게 만들어지며 어떤 효능이 있는지에 관한 연구가 활발히 이루어졌다.

미국의 생화학자들은 구루병 때문에 비실거리는 개에게 대구의 간에서 추출한 기름을 먹이면 다시 쌩쌩해진다는 것을 발견했다. 생선 기름 속의 이 물질에는 '비타민 A'라는 이름이 붙었다. 가장 먼저 발견된 비타민이어서 알파벳의 첫 글자인 A가 붙은 것이다. 뼈가 휘어 고생하던 개가 쌩쌩해지는 것을 보고 학자들은 비타민 A가 구루병을 낫게 하는 물질이라고 생각했다. 그런데 비타민 A 성분을 제거한 생선 기름을 먹였을 때도 개는 다시 쌩쌩해졌다. 구루병을 낫게 해준 게 비타민 A가 아니라는 뜻이었다. 그래서 구루병을 고치는 이 새로운 물질에는 비타민 D라는 이름을 붙였다. 처음 비타민 A가 발견된 이후 비타민 B와 C가 이미 발견된 상태여서 네 번째 알파벳인 D를 붙인 것이다. 헤스는 다음과 같은 공식을 완성시켰다. "햇볕을 받아 자외선 흡수 → 피부에서 비타민 D 합성 → 비타민 D가 체내의 칼슘 흡수 도움 → 칼슘이 뼈에 쌓임 → 뼈가 튼튼해짐". 헤스의 '헬리오테라피의 원리'였다.

무인도에 단 한 개의 물건만 가져갈 수 있다면 무얼 선택하겠느냐는 어떤 패션 잡지의 설문 조사에서 1위를 차지한 것이 바로 자외선 차단제였다. 그만큼 요즘은 밖에 잠깐 나가더라도 자외선 차단제를 바르지 않으면 큰일나는 것처럼 되어버렸다. 자외선은 식기를 살균할 만큼 강력한 물질이다 보니 피부에 침투할 경우 그 속의 DNA까지 파괴할 수 있다. 그러니 최대한 자외선이 침투하지 않게 자외선 차단제를 발라주어야 한다는 거다.

처음 미국으로 유학을 왔던 2003년만 하더라도 나는 자외선 차단제를 거의 바르지 않고 다녔다. 무엇보다도 끈적임이 싫어서였다. 햇빛이 강한 캘리포니아에서 자외선 차단제도 안 바르고 돌아다녔다니 지금 생각해보면 참으로 용감하다. (지금 내 얼굴의 주름은 다 그때 생긴 거다!) 지금은 햇빛이 더 쨍쨍한 하와이에 살다 보니 화장품이라고는 전혀 모르고 살던 우리 남편까지도 밖에 나가기 전에 열심히 얼굴에 자외선 차단제를 바른다. 햇빛이 곧 비타민 D라면서 햇볕 쬐는 치료법까지 강조했던 헤스가 들으면 기가 막힐 일이다. 헤스는 자외선의 위험성까지는 미처 몰랐던 것일까 아니면 우리가 자외선을 지나치게 겁내는 것일까? 둘 다 정답이다.

대부분의 자외선 차단제에는 UVB[Ultraviolet B, 자외선 B의 준말]를 막아준다고 쓰여 있다. 자외선 중에서도 특히 UVB는 우리 몸속에 침투해 DNA까지 파괴할 수 있는 강력한 종류이기 때문에 그토록 강조하는 것이다. 그렇다고 무조건 자외선을 막아야 한다? 아니다. 몸속에서 비타민 D가 만들어지려면 적당량의 UVB는 필수적이다. 햇볕을 지나치게 많이 받으면 몸에 화상을 입거나 피부가 빨리 늙지만 그렇다고 해서 너무 피하면 비타민 D가 부족해져서 건강을 해칠 수 있다. 최근 한국 사람들의 비타민 D 부족이 심각하다는 뉴스를 접했다. 사람들이 자외선 차단제를 필요 이상으로 바르는 데다 상대적으로 밖에서 활동하는 시간이 적기 때문이라고 한다. 무엇보다도 넘치지도 부족하지도 않아야 하는 것이 바로 햇볕이다.

친한 친구 하나가 스웨덴에 살고 있다. 학회 참석차 유럽에 갈 때마다 끝나면 스웨덴으로 날아가 20년 지기 친구와 하하호호 즐거운 시간을 보내곤 했다. 멀리서 온 나를 위해 친구가 매일매일 상다리가 부러지게 차려준 밥상 앞에 앉아서 고등학교 때로 돌아간

듯 이런 저런 이야기를 나눴다. 내가 갔을 때는 두 번 다 여름이어서 산 좋고 물 좋은 스웨덴이 아주 아름답다고만 생각했는데, 친구 말로는 스웨덴의 겨울은 견디기 힘들만큼 우울하다고 한다. 게다가 겨울이 길기는 또 어찌나 긴지, 짧은 여름이 지나고 나면 10월만 돼도 낮이 너무 짧아져 깜깜할 때 출근해 깜깜할 때 퇴근한다는 거였다.

그렇게 10월에 시작해 4~5월까지 이어지는 긴 겨울 동안은 낮에도 햇빛이 나질 않고 하루 종일 구름 낀 회색 하늘만 보인다고 한다. 어쩌다가 구름이 걷히고 파란 하늘과 쨍한 햇빛이 드러나면 건물 안에 있던 사람들이 몽땅 밖으로 나와 앉아 있는단다. 그 사람들이 앉아서 뭐하냐고 물었더니 햇빛이 반가워서 아무것도 안 하고 그냥 햇볕을 쬐는 거라고 한다. 당연히 자외선 차단제도 바르지 않고 말이다! 그런데 잠깐. 해가 거의 들지 않는 미국의 대도시에 살던 흑인들은 햇볕을 못 받아 구루병에 걸리는 일이 흔했다던데, 그렇게 긴긴 겨울 내내 햇빛이라고는 보기 힘든 스웨덴 사람들도 구루병에 잘 걸릴까? 놀랍게도 구루병은 스웨덴은 물론이고 북유럽 사람들에게서 찾아보기 힘들다. 보다 정확히 말하자면 스웨덴에 사는 백인은 구루병에 걸릴 확률이 낮지만 스웨덴에 사는 흑인은 구루병에 걸릴 확률이 높다. 같은 지역에 사는 사람들이 피부색에 따라 뼈의 건강 상태가 달라지는 건 왜일까. 잠시 뼈 이야기를 뒤로 하고 피부색에 대해 알아보자.

피부색의 비밀: 백인의 피부암, 흑인의 구루병

잡티 하나 없는 뽀얀 도자기 피부는 한국인들에게 선망의 대상이다. 미백 화장품은 늘 인기고 행여나 얼굴이 자외선에 노출될까 다양한 종류의 자외선 차단제가 불티나게 팔린다. 그런데 미국에 가보니 이번에는 사람들이 피부를 갈색으로 그을리기 위해 노력들이었다. 대학 캠퍼스 잔디밭에는 해가 났다 하면 밖으로 나와 비키니만 입고 누워 있는 학생들이 참 많았다. 재미나게도 한국에서 온 지 얼마 안 된 사람과 재미교포를 구분하는 방법 중 하나가 피부색이다. 교포들은 대개 까무잡잡한 피부인데 반해 한국에서 갓 미국으로 건너온 사람들의 피부는 도자기처럼 뽀얗다. 유학 시절 초기에만 하더라도 내 눈에는 뽀얀 피부가 더 예뻐 보였다. 그런데 사람 눈이 참 간사한 게 미국에서 한 십 년 살다 보니 이제는 까무잡잡한 피부가 더 예뻐 보인다. 나보다 하얀 내 동생이 하와이에 놀러왔는데 오랜만에 하얀 피부를 보니까 괜히 낯설기까지 했다. 나는 동생에게 "너무 하야니까 창피해서 같이 못 다니겠다"고 우스갯소리를 하기도 했다.

원래 한국 사람의 피부색은 너무 하얗지도 검지도 않은 딱 중간 정도이다. 이에 비해 대대손손 적도 부근에서 살아온 아프리카의 콩고 사람들은 대대손손 한반도에서 살아온 이들보다 피부가 더 까맣다. 또한 대대손손 스웨덴에서 살아온 이들은 대대손손 한반도에서 살아온 이들보다 피부가 더 하얗다. 여기서 '대대손손'이라는 말을 눈여겨보자. 이런 피부색의 차이는 왜 생기는 걸까? 콩고와 한국과 스웨덴의 차이가 무엇일까?

햇빛의 양이 많아지면 자연스레 그 속에 들어 있는 자외선의 양도 많아진다. 대기를 뚫고 지표면까지 도달하는 자외선의 양은 특정 지역의 위도와 습도, 계절 등에 따라 차이가 난다. 콩고에서 1년 중에 해가 가장 짧은 때에 지표면에 도달하는 자외선의 양은 스웨덴에서 1년 중에 해가 가장 긴 여름에 지표면에 도달하는 자외선의 양보다도 많다. 그러다 보니 스웨덴 사람들은 그 적은 양의 자외선이라도 받으려고 햇빛이 나면 밖으로 뛰쳐나오는 것이다.

이렇게 지구 곳곳에 도달하는 자외선의 양과 그 지역에 사는 사람들의 피부색 분포도를 지도에 그려보면 재미난 패턴이 드러난다. 지역별로 도달하는 자외선의 양과 피부색의 짙은 정도가 비례하

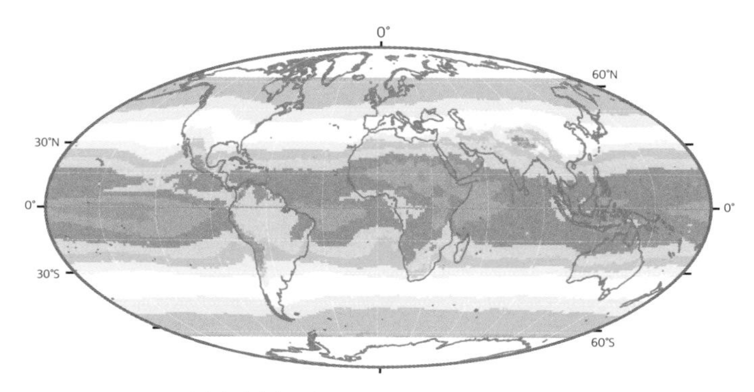

지역별 자외선 도달량 Global distribution of Ultraviolet energy

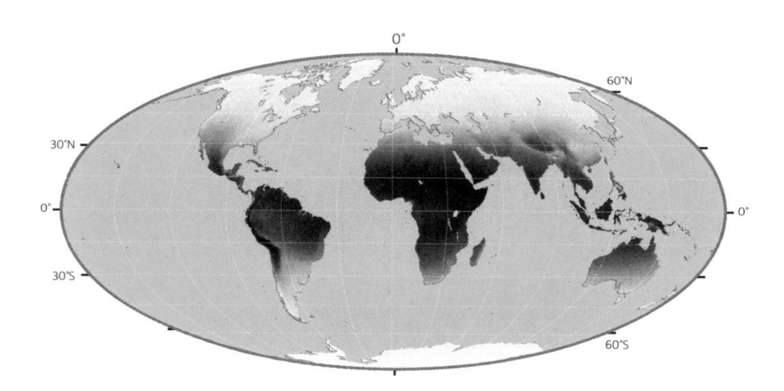

피부색 분포 패턴 예상 지도 Predicted skin coloration from environmental variables

지역별 자외선 도달량과 피부색 분포 패턴 예상 지도 | 지역별로 도달하는 자외선의 양과 피부색의 짙은 정도는 비례한다. 자외선의 도달량이 많은 아프리카와 남미, 오스트레일리아, 인도네시아는 다른 지역에 비해 피부가 검은 사람들의 분포가 높다. 반대로 자외선의 양이 적은 북유럽 지역은 피부가 하얀 사람들의 분포가 높다. 출처: Image modified and used with permission from Jablonski Skin: A Natural History © George Chaplin

는 것이다. 자외선이 많이 도달하는 곳에 사는 사람일수록 피부가 까맣고 자외선의 양이 적은 지역에 사는 사람일수록 피부가 하얗다. 우연이라고 하기에는 그 패턴이 너무 분명하다. 이는 피부색이 검으면 검을수록 자외선을 더 잘 차단하기 때문이다.

피부암과 구루병은 인간의 이동으로 생긴 현대병

피부색이 검다는 이야기는 멜라닌 세포에 멜라닌 색소가 많다는 이야기다. 멜라닌 세포는 우리 몸의 피부, 머리카락, 그리고 눈동자의 색깔뿐 아니라 지구상의 수많은 동식물의 색깔을 결정한다. 멜라닌 세포는 유멜라닌eumelanin과 페오멜라닌pheomelanin이라는 두 가지 종류의 색소를 만들어 낼 수 있다. 그중에서도 검은 색소인 유멜라닌의 양이 많을수록 피부색이 짙다. 피부색이 유난히 하얀 사람을 보고 "멜라닌 색소가 부족하구나"라는 농담을 하곤 하는데 여기서 말하는 멜라닌이 바로 유멜라닌 색소다. 백호처럼 태어날 때부터 하얀 동물은 멜라닌 세포에 돌연변이가 생겨 유멜라닌 색소를 만들어내지 못한 결과이다. 유멜라닌은 자외선으로부터 피부를 보호해주는 천연 자외선 차단제라고 생각하면 된다.

검은색이 빛을 더 잘 흡수하는 게 아니었나 생각할 수도 있지만, 피부가 검은 것은 완전히 다른 얘기다. 검은 피부를 가진 사람일수록 자외선 차단제를 몸에 듬뿍 바르고 다니는 셈이라고 생각하면 된다. 따라서 콩고나 인도네시아처럼 사시사철 강한 태양이 내리쬐는 적도 부근에 사는 사람들은 피부에 유멜라닌의 양이 많아 몸에 아무것도 바르지 않아도 피부암 걱정이 없다. 이에 비해 페오멜라닌은 노르스름한 적갈색의 색소로 유멜라닌과는 달리 자외선으로부터 피부를 보호하지 못한다. 피부색이 하얀 사람들은 세포에 유멜라닌이 거의 없고 주로 페오멜라닌을 가지고 있는데 자외선이 페오멜라닌에 닿으면 더 많은 페오멜라닌이 생성된다. 이 과정에서 노화와 질병의 원인인 불안정한 활성 산소가 만들어져 피부암의 원인이 된다.

해가 쨍쨍 내리쬘 때는 섭씨 45도가 금방 넘어가는 이글이글 타는 듯한 날씨의 호주에 사는 백인들에게 피부암은 가장 무서운 병이다. 피부가 하얀 백인들은 끊임없이 내리쬐는 강한 자외선이 피부로 침투해도 이를 막아줄 유멜라닌이 없어서 피부암에 걸릴 확률이 높다. 하지만 호주 땅에서 오랫동안 살아온 호주 원주민들은 피부암에 걸릴 걱정이 별로 없다. 대대손손 강한 자외선에 적응해 온 호주 원주민들은 전 세계에서 가장 검은 피부색을 가진 사람들 중 하나다. 만약 자외선 차단제가 없었다면 새하얀 피부를 가진 사람은 호주의 이글거리는 태양 아래서 오래 살아남지 못했을 거다.

멜라닌 세포는 피부색뿐만 아니라 눈동자 색도 결정한다. 호주의 까무잡잡한 원주민들이 선글라스 끼는 걸 본 적이 있으신지? 그에 비해 파란 눈의 백인들은 해가 많이 나지 않는 날에도 선글라스를 끼고 다닌다. 한국 사람이나 호주의 원주민처럼 눈동자가 갈색인 사람들은 눈동자에 유멜라닌이 많다. 검은 피부가 천연 자외선 차단제인 것처럼 검은 눈동자는 천연 선글라스다. 그러다 보니 대부분의 한국 사람은 해가 쨍쨍 내리쬐는 날에도 그걸 참지 못할 정도로 눈을 부셔하지는 않는다. 그에 비해 백인의 파란 눈은 유멜라닌이 없어서 검은 눈동자보다 햇빛에 훨씬 민감하다. 유난히 피부가 하얀 내 동생은 햇빛에 나가면 특히 눈부셔 한다. 어렸을 때 찍은 사진을 보면 해가 있는 곳에서는 늘 얼굴을 잔뜩 찌푸리고 있다. 아무래도 피부와 눈동자에 모두 유멜라닌 색소 양이 적은 게 틀림없다.

대부분의 한국 사람들은 여름에 해수욕장에서 신나게 놀고 나면 피부가 까무잡잡하게 탄다. 이는 몸속으로 들어오는 자외선의 양이 갑자기 늘어나면서 우리 몸이 알아서 천연 자외선 차단제인 유멜라닌을 만들어내기 때문이다. 그러니 피부가 타는 게 나쁜 게 아니다. 하지만 백인들은 장시간 야외 활동을 해도 피부가 잘 타지 않고 오히려 벌겋게 변한다. 이는 백인의 피부 세포가 유멜라닌을 만들어내지 못하고 페오멜라닌을 주로 만들어내기 때문이다.

따라서 이들은 햇빛에 화상을 입는 셈이 되어 벌겋게 익는다. 이런 과정이 계속해서 반복되면 활성 산소의 양이 늘어나 결국 피부암에 걸리게 된다.

전 세계적으로 서양 의학이 대세이다 보니 백인을 대상으로 한 연구들이 주를 이룬다. 피부암과 자외선의 양에 관한 연구도 마찬가지다. 한국 사람은 흑인보다 피부가 훨씬 하얗기 때문에 지속적으로 자외선에 노출되면 피부암에 걸릴 수도 있다. 하지만 한국 사람은 백인보다 유멜라닌을 잘 만들어내기 때문에 어느 정도까지는 몸이 알아서 자외선을 차단해준다. 그러니 백인들이 하듯이 자외선 차단제를 쉼 없이 발라줄 필요는 없다.

자외선의 양이 엄청나게 많은 콩고에 사는 사람의 피부가 자외선을 제대로 차단하지 못하면 강력한 자외선이 몸속 DNA를 파괴하게 된다. 그런 사람은 콩고 같이 1년 내내 자외선이 강한 지역에서 살아남을 수 없다. 마찬가지로 위도가 높아 자외선이 거의 도달하지 않는 스웨덴에 사는 사람의 피부가 자외선을 계속해서 차단해버리면 그것도 큰일이다. 뼈의 건강을 유지하는 데 필수적인 비타민 D를 합성하려면 자외선이 필요하기 때문이다. 결국 피부색은 조상이 대대손손 살아온 지역에서 자외선을 적당히 차단하면서 흡수할 수 있는 최적의 색으로 진화했다는 걸 알 수 있다.

백인들의 피부암이나 흑인들의 구루병 문제는 조상 대대로 살아온 곳에 살지 않고 자신의 피부색과 맞지 않는 곳으로 옮겨가 살면서 생겨난 현대병인 셈이다.

피부색을 결정짓는 '16번' 염색체

인간의 피부색 역시 다른 신체 조직과 마찬가지로 오랜 시간동안 진행된 진화의 산물이다. 자외선의 양이 많은 곳에 대대손손 살아온 사람들은 그 지역의 환경에 적응하기 위해 검은색에 가까운 진한 피부를 가지게 되었다. 아프리카에서 처음 생겨난 인류의 피부는 검은색이었을 것이다. 피부는 화석으로 남지 않기에 현재 우리가 피부색과 자외선에 대해 알고 있는 지식을 토대로 볼 때 이것이 가장 논리적인 추측이다. 그런데 인류가 아프리카 밖으로 나와 다른 지역으로 퍼지면서 새로운 환경에 맞닥뜨리게 되었다.

북유럽 쪽으로 이동한 사람들은 자외선의 양이 갑자기 줄어들었는데도 계속해서 자외선을 차단해버리는 검은색 피부 때문에 몸이 필요로 하는 만큼의 비타민 D를 합성할 수 없었을 것이다. 그렇게 되면 뼈가 약해져서 생존에 치명적일 수 있다. 미국의 도시에 살던 흑인들 사이에 널리 퍼져 있던 구루병이 바로 그런 증거다. 따라서 북유럽으로 진출한 최초의 인류 가운데 피부색이 조금이라도 덜 검은 사람이 생존에 더 유리했을 것이다. 인류의 고향인 아프리카에서는 생존에 절대적이었던 검은 피부가 북유럽에 오니 오히려 생존을 위협하게 되었다. 그 결과 자외선의 양이 적은 곳에서는 사람들의 피부색이 하얀 쪽으로 진화했다. 피부색이 진화의 산물이라면 유전자에 의해 다음 세대로 전해져야 한다. 유전학자들은 피부와 머리카락, 그리고 눈동자 색을 결정짓는 유전자가 어떤 것이며 어떻게 작용을 하는지까지 이미 상당 부분 밝혀냈다.

우리 몸에 있는 모든 세포에는 23쌍의 염색체가 있다. 그 염색체 속에 들어 있는 유전자는 약 30억 개의 DNA 분자 쌍으로 되어 있다. 유전학자들은 2003년에 끝난 인간 게놈 프로젝트를 통해 30억 개나 되는 DNA 분자 쌍의 구조를 모두 읽어 내는 데 성공했다. 이를 통해 유전자가 어떤 식으로 배열되어 있는지는 알게 됐지만 그 유전자가 우리 몸속에서 무슨 일을 하는지 밝히는 것은 여전히 걸음마 단계에 있다. 일단 DNA 분자 쌍의 수가 어마어마하게 많고, 한 개의 유전자가 한 개의 형질을 만들어내는 경우보다는 한 개의 유전자가 여러 개의 형질에 관여하거나 여러 개의 유전자가 하나의 형질을 만들어내는 경우가 더 많기 때문이다.

유전자가 들어 있는 염색체는 1번부터 22번까지 크기도 모양도 기능도 다 다르고, 마지막 23번째 쌍은 성별을 결정짓는 X 혹은 Y 염색체 두 개의 조합으로 되어 있다. 그중 피부색을 결정짓는 데 중요한 역할을 하는 유전자는 16번 염색체에 위치한 MC1R이라고 불리는 유전자다. 이 유전자가 사람마다 달라 피부색에도 차이가 생긴다. 예를 들어 어떤 사람은 이 유전자의 조합이 GGGGGG로 되어 있어 피부가 검고 또 다른 사람은 AAAAAA로 되어 있어 피부가 하얗다는 이야기다. 이 유전자가 어떤 식의 조합을 가졌는지에 따라 멜라닌 세포가 유멜라닌을 만들 것인지 페오멜라닌을 만들 것인지가 결정된다. 만약 A가 일정 수 이상 많아지면 MC1R 유전자의 활동 자체가 억제되어 버린다. 빨간 머리에 주근깨 가득한 창백한 얼굴을 가진 사람들이 바로 그런 경우다.

피부색을 결정하는 이 유전자는 총 3,098개의 DNA 쌍으로 되어 있는데 이 쌍이 사람마다 다양한 조합으로 이루어져 있다. 하지만 꼭 3,098개가 모두 G로 되어 있어야 피부색이 검은 것은 아니다. 유전자에서 흔히 발견되는 돌연변이로 인해 G가 3,000개이고 중간중간에 A가 98개 끼어 있는 사람도 피부가 검을 수 있다. 대부분의 유전자 돌연변이는 기능에 아무런 영향을 주지 않기 때문이다. 3,098쌍이 A와 G로 만들어 낼 수 있는 조합의 수는 무궁무진하다. A가 1,000쌍, G가 2,098쌍이라 하더라도 A와 G가 어떻게 섞여 있는지에 따라 무수한 조합이 가능하다. G 두 개마다 A 하나가 끼어 있을 수도 있고 G와 A가 하나씩 나오다가 마지막에는 몽땅 G일 수도 있다. 이렇게 다양한 조합 덕에 사람마다 유전자가 다른 것이다.

그런데 신기하게도 아프리카 사람들은 자그마치 10억에 달하는 인구의 상당수가 거의 동일한 조합으로 이루어진 피부색 유전자를 가지고 있다. 그건 왜일까? 생물학에서는 인구가 이렇게 넓은 지역에 퍼져 있는데도 변이가 거의 없는 유전자는 생존에 절대적인 형질을 결정하는 것으로 해석한다. 살아남는 데 너무나 중요한 형질은 그 부분에 조금이라도 변이가 생겨나면 생존이 힘들어지므로 자연스레 변이가 적을 수밖에 없다는 이야기다. 이런 현상을 '긍정적 선택positive selection'이라고 부른다.

실수로 만들어진 '하얀' 피부 유전자

하얀 피부색의 북유럽인들은 MC1R 유전자 외에도 SLC24A5와 같은 또 하나의 유전자를 가지고 있는 것으로 밝혀졌다. 새로운 유전자가 생기는 경로는 여러 가지다. 여기서 유전자가 새로 생긴다 함은 염색체 안에 들어 있는 유전자의 숫자가 늘어나는 것이 아니라 기존의 유전자에 변화가 생겨서 이전에 그 유전자에 의해 만들어지던 단백질과 다른 종류의 단백질이 만들어진다는 것이다. 그중에서도 단 한 개의 DNA 분자 쌍에 변화가 생겨서 새로운 유전자가 만들어지는 것을 '스닙SNP, Single Nucleotide Polymorphism'이라고 한다. TTTTT로 되어 있던 DNA 분자가

TTTCT 처럼 단 한 개의 분자에만 변화가 생기는 것이다. 우리 몸속에는 이런 스닙이 많이 있다. 몸속에서 새로운 세포가 만들어질 때마다 DNA의 복제가 일어나는데 한 번에 30억 개를 복제하다 보니 1,000만 개에 하나 정도씩 이런 실수가 생길 수 있다. 대부분 이런 작은 변화는 유전자의 기능에 아무런 영향도 주지 않는다.

하지만 하얀 피부를 만들어내는데 결정적인 역할을 하는 SLC24A5 유전자의 경우 상황이 달랐다. 단 하나의 DNA가 변했을 뿐인데 그게 뜻밖에 생존에 아주 유리한 역할을 하게 된 것이다. 검은 피부를 만들어내던 TTTTT 유전자가 실수로 TTTCT로 바뀌더니 피부색이 그만 하얗게 되어 버렸다. 저런! 이런 실수가 아프리카에 사는 사람에게 일어났다면 자외선을 제대로 차단하지 못해 오래 살지 못했을 거다. 그러나 이런 실수가 아프리카에서 유럽으로 갓 진출한 호모 사피엔스에게서 나타나자 도리어 생존에 유리한 조건이 되었다. 이런 현상을 영어로는 '유전자 추첨genetic lottery'에 당첨되었다고도 한다. 스닙이 실제 유전자의 기능을 바꾸는 경우는 극히 드물기 때문이다. 검은 피부인 채로 유럽에 왔다면 뼈가 약해 비실거렸을 사람들이 흰 피부 돌연변이 덕에 적은 양의 자외선도 쏙쏙 흡수해 뼈가 튼튼할 수 있었던 것이다.

유전자에 이렇게 중요한 변화가 나타나면 비교적 빠른 시간 내에 인구 전체로 퍼져나간다. 이런 과정을 거쳐 그 지역 사람들 전체가 하얀 피부로 진화하는 게 말이 되냐고 의문을 품는다면 스마트폰의 보급률을 떠올려보자. 스마트폰이 본격적으로 보급된 지 십 년도 채 되지 않았는데 우리나라에서만 전체 인구의 80퍼센트가 넘는 4천만 명, 전 세계적으로 20억에 가까운 사람들이 스마트폰을 쓰고 있다. 새로운 것이 기존의 있던 것보다 획기적일 때는 이렇게 순식간에 퍼져 나간다. 단지 스마트폰은 우리가 보고 만질 수 있는 것이어서 이해가 더 쉽고 유전자는 많은 사람들에게 추상적인 생물학적 개념에 가까워 이해가 어려운 것뿐이다.

그런데 재미있는 것은 북유럽인들만큼은 아니어도 피부가 흰 편에 속하는 우리나라 사람들에게는 북유럽인들이 가진 '하얀 피부' 유전자가 없다는 것이다. 그럼 어째서 동북아시아인들의 피부는 검지 않을까. 동북아시아인들의 '하얀 피부' 유전자를 찾기 위한 연구는 아직도 진행 중이다. 십만 년 전에 아프리카 땅을 떠나 유럽으로 진출했던 호모 사피엔스는 TTTTT가 TTTCT로 변하는 돌연변이 덕에 성공적으로 유럽 땅에 눌러앉게 되었다. 그럼 그때 같이 아프리카 땅을 떠나 동아시아까지 진출했던 호모 사피엔스는 어떤 유전자의 변화로 인해 성공적으로 한국과 중국 땅에 살 수 있었을까?

유럽과 동북아시아 사람들의 피부색 진화는 자외선의 양이 적도보다 적은 곳에 적응하기 위해 비슷한 환경을 가진 두 지역에서 하얀 피부가 독립적으로 진화한 좋은 예다. 남극과 북극의 물고기가 얼어 죽지 않기 위해 몸속에서 각각 다른 방식으로 부동액을 만들어내는 것처럼 말이다. (이 흥미로운 이야기는 3부에 나온다. 기대하시라!) 조만간 한국 사람의 하얀 피부 유전자를 찾았다는 뉴스를 읽게 될 날이 오길 바란다.

DNA 검사는 만능 도구일까?

CSI 시리즈 같은 범죄 수사물이 크게 유행하면서 DNA를 이용한 수사가 많은 사람들의 뇌리에 박히게 되었다. 그래서 뼈를 발견했는데 신원을 모른다고 하면 '어랏? DNA 검사를 하면 되지 않나?'라고 생각하는 사람들이 많다. 온갖 첨단 장비가 동원되는 TV 드라마 속에서는 유전자 분석이 모든 걸 해결하는 만능열쇠처럼 그려진다. 그런 드라마를 보다 보면 머리카락 한 올, 핏방울 한 점, 작은 뼛조각만 있으면 손에 들어갈 만큼 작은 기계로 바로 유전자를 추출해 누구인지를 실시간으로 알아낼 수 있지 않나 생각할지도 모른다. 하지만 이는 아직까지 상상 속에서만 가능한 일이다.

뼈에서 유전자를 추출한다는 것 자체가 생각만큼 초스피드로 진행되는 일이 아닌데다가 유전자는 지문처럼 분석과 대조가 빨리 이루어지지 않는다. 우리 몸속에 있는 세포 하나하나마다 30억 쌍의 DNA가 들어 있다. 그런데 지구상에 사는 모든 사람들의 30억 쌍의 DNA는 거의 다 똑같다. 사람으로 태어나려면 기본적으로 팔, 다리, 머리, 몸통 등의 신체 구조가 다 똑같아야 하기 때문이다. 그런데도 주변을 둘러보면 사람마다 생김새가 각양각색인 이유는 DNA의 아주 작은 부분이 사람마다 달라서다. 유전자의 어느 부분에서 개인차가 생기는지는 이미 많이 밝혀졌기 때문에 유전학자들은 30억 쌍의 유전자를 다 분석하지 않고 개인차가 많이 나는 특정 부분의 유전자만 분석한다.

하지만 오래 전에 땅에 묻힌 뼈에서 추출한 DNA만 가지고 그게 누구인지를 찾아내는 건 힘들다. DNA는 주민등록번호와 같은 고유 식별 번호가 아니기 때문에 분석 결과만 가지고는 누구인지 알 수 없다. 그 결과를 맞추어 볼 비교 샘플이 꼭 필요하기 때문이다. 만약 그 사람이 생전에 자기 DNA를 남겨 경찰의 실종자 DNA 데이터베이스에 올라가 있다면 모르지만 그럴 확률은 지극히 낮다. 더구나 DNA를 가지고 신원을 확인하는 게 흔하지 않던 1980년대 이전이라면 더욱 그렇다. 물론 방법이 전혀 없는 것은 아니다. 실종자로 추정되는 뼈가 발견되었을 때 그 가족의 DNA가 있으면 그걸 비교 샘플로 쓸 수 있기 때문이다. 어차피 DNA라는 건 어머니와 아버지에게 반반씩 물려받는 것이니 당연히 가족끼리는 DNA가 더 비슷하다.

핵 DNA가 밝히는 '출생의 비밀'

우리 몸속에 있는 세포에는 세포핵이 있는데 그 안에 '핵 DNA'라는 게 있다. 이게 보통 사람들이 DNA라고 하면 떠올리는 30억 쌍의 염기서열이다. 이 핵 DNA는 사람마다 다 다르다. 나와 내 형제, 부모 모두 각각 고유의 핵 DNA를 가지고 있다. 정자와 난자가 만나는 순간 정자 속에 있던 유전자의 절반과 난자에 있는 유전자 절반이 합쳐지면서 하나의 새로운 생명체가 탄생한다. 이때 부모에게서 어떤 유전자를 절반씩 물려받을지는 아무도 모른다. 마치 복권을 추첨하듯 두 사람의 유전자가 임의로 섞여 버리는 것이다.

아버지의 DNA가 0123456789이고 어머니의 DNA가 abcdefghij라고 해보자. 이 부모로부터 반반씩 유전자가 섞이게 되니 그렇게 해서 만들어질 수 있는 조합의 수는 무궁무진하다. 예를 들어 큰아들은 01234abcde, 둘째 아들은 56789fghij, 셋째 아들은 13579acegi, 넷째 딸은 34567defgh 등의 조합으로 새로운 핵 DNA가 생겨난다. 죽은 사람이 생전에 남긴 샘플이 있다면 뼈에서 나온 핵 DNA 결과와 맞춰 보면 되지만, 샘플이 없다면 이야기가 조금 복잡해진다. 하지만 부모의 유전자 샘플이 있으면 그다지 어렵지 않게 신원을 확인할 수 있다.

만약 뼈가 두 개 발견되어 각각의 뼈를 대상으로 핵 DNA 분석을 했더니 하나에서는 '01234abcde', 다른 하나에서는 '01234mnopq'라는 유전자 결과가 나왔다고 해보자. 둘 중 누가 위에서 예로 든 부모의 자식일까? 정답은 첫 번째인 '01234abcde'다. 아버지에게 01234 유전자가 모두 있고 엄마에게도 abcde 유전자가 모두 있기 때문이다. 이에 비해 두 번째 사람인 '01234mnopq'는 아버지와는 DNA가 맞지만 엄마에게는 mnopq 중 어느 하나도 없기 때문에 이 부모에게서 태어난 자식일 리가 없다. 유전자를 이용한 친자 확인은 이 원리를 이용하는 것이다.

출생의 비밀은 이제 식상할 정도로 드라마에 자주 쓰이는 소재다. 유전자 검사가 널리 쓰이기 전만 하더라도 출생의 비밀은 주인공이 우연히 다른 사람의 대화를 엿듣거나 참다 못한 아버지가 "내가 네 애비다"하고 선언을 함으로써 밝혀지곤 했다. 하지만 유전자 검사가 일반화된 요즘은 상황이 다르다. 유전자 검사를 하자고 하거나, 하자면 못할 줄 아냐고 바락바락 소리를 지르거나, 몰래 머리카락이나 칫솔을 빼돌려 유전자 검사를 의뢰하는 장면이 드라마에 흔히 등장한다. 친자 확인 결과를 조작해 친자처럼 보이게 하는 줄거리도, 또 그 반대의 줄거리도 이제는 익숙할 정도다.

손을 덜덜 떨며 친자 확인 결과가 든 봉투를 여는 주인공. 이럴 때 카메라는 대부분 결과의 마지막 줄을 확대해서 잡는다. 빨간 글씨나 진하게 강조한 '99.9 퍼센트'라는 숫자가 두 사람이 생물학적으로 친자 관계임을 드러낸다. 방금 전까지 모르쇠로 일관하던 주인공도 이 과학적 결과 앞에서는 맥없이 무너진다. 친자 확인 검사를 정말 해야 할 궁지에 몰리면 은근슬쩍 꼬리를 내리며 유전자 검사를 거부하는 사람들도 있다. 그만큼 유전자 검사법이 정확하다는 뜻이다.

십 년 전에 사라진 홍길동을 찾습니다

살아 있는 사람을 대상으로 하는 유전자 검사는 대부분 하루 안에 결과가 나오고 신빙성도 매우 높다. 매순간 우리는 모르는 사이에 수많은 체세포를 떨어뜨리며 다닌다. 옷깃만 스쳐도 우수수, 행여 재채기라도 하면 와장창하고 우리 몸에서 세포가 떨어져 나간다. 세포 하나마다 30억 쌍의 DNA가 들어 있기 때문에 세포의 수가 많을수록 DNA 검사도 쉬워진다. 그 덕분에 친자 확인 같은 건 칫솔이나 빗에 남아 있는 세포만으로도 충분하다.

문제는 시간이 오래 지나 상태가 좋지 않은 뼈다. 예를 하나 들어 보자. 어느 늦은 겨울밤, 아르바이트를 마치고 집에 도착할 시간이 지났는데도 홍길동은 집에 오지 않았다. 전화 연락도 안 되고 며칠을 기다려도 집에 돌아오지 않자 가족들은 부랴부랴 실종 신고를 했다. 혹시나 최악의 상황에 필요할 거라며 경찰은 유전자 검사를 권했다. 가족들은 홍길동이 쓰던 칫솔을 유전자 분석 센터에 의뢰했다. 그 결과 홍길동의 칫솔에서는 AAATTT라는 유전자 결과가 나왔다.

한 달이 지나고 일 년이 지나고 또 다시 한 해가 가면서 가족들은 서서히 희망을 잃은 채 살아가고 있었다. 그런데 홍길동이 실종된 지 십 년 만에 인근 야산에서 그로 추정되는 뼈가 발견되었다. 유해라도 찾고자 하는 마음이 간절했던 가족은 다행히 홍길동이 실종되자마자 분석해 놓은 DNA가 있으니 이제 이 뼈가 홍길동인지 아닌지를 밝히는 건 시간 문제라고 생각했다. 그런데 어찌 된 일인지 경찰은 이게 홍길동인지 아닌지 확실히는 알기 힘들다는 이야기만 되풀이했다. 뼈도 발견되고 유전자 분석 결과도 있는데 이게 도대체 무슨 말일까?

문제는 십 년이란 세월이 지나면서 뼈의 보존 상태가 나빠져 그 속에 남아 있는 세포가 별로 없다는 것이었다. 목숨이 끊어지는 순간부터 우리 몸은 부패하기 시작한다. 가장 먼저 살점이 없어진 다음 시간이 지나면 뼈만 남는다. 뼈는 대부분이 무기질로 구성되어 있어서 잘 썩지 않는 편이다. 돌멩이가 썩지 않는 원리와 비슷하다. 하지만 뼈에도 단백질 같은 유기 물질이 있기 때문에 썩기는 썩는다. 이 과정에서 뼈에 있는 세포들이 하나둘씩 없어진다.

그런 상태로 발견된 뼈로는 유전자 검사를 하기가 쉽지 않다. 뼈에 남아 있는 세포가 적어 정확한 DNA를 얻을 수 있는 확률이 낮아지기 때문이다. 죽은 지 얼마 안 된 사람의 뼈라 하더라도 습도가 높은 곳에서는 DNA가 빠른 속도로 없어진다. 이럴 경우 마치 오래된 종이에 적혀 있는 글자가 보일락말락하게 바랜 것처럼 DNA 검사 결과가 나온다. 'AAATTT' 라고 할 결과가 'A--T--'(-는 분석이 불가능한 부분)로 나온다는 뜻이다. 비유를 하자면 종이에 적힌 '한국 사람'이라는 글자가 시간이 지나면서 글자 일부가 바래고 지워져 '-국 사-', 이렇게만 남은 것과 같다.

과연 'A--T--'라는 유전자 결과만 가지고 홍길동이라고 할 수 있을까? 홍길동의 유전자인 'AAATTT'일 수도 있지만 김철수의 유전자인 'AATTTT'일 수도 있고 이영희의 유전자인 'ATTTTT'일 수도 있다. '-국 사-'가 '한국 사람'일 수도 있지만 '미국 사람'일 수도 있고 '중국 사진'일 수도 있다는 이야기다. 이러한 상황에서 이를 어떻게 해석할지는 유전자를 분석하는 실험실마다 정해진 지침을 따르게 되어 있다. 물론 전 세계에 있는 유전자 실험실이 거의 다 비슷한 지침을 가지고 있기는 하지만 유전자 분석도 상황에 따라서는 얼마든지 해석의 여지가 있다는 것이다.

유전자는 유해의 주인이 누구인지를 틀림없이 알려 주는 마술 같은 도구가 아니다. 그렇다고 'A--T--'라는 유전자 분석 결과가 아주 쓸모가 없는 건 절대 아니다. 만약 홍길동으로 추정되는 유해가 실종된 날 입고 있던 옷과 홍길동이라고 적힌 신분증과 함께 발견되었다면, 일부 DNA가 홍길동과 일치하는 것 역시 유해가 홍길동일 가능성을 높여주기 때문이다. 이 경우 신분증과 옷이 증거로 있으니 유전자 검사 결과를 홍길동 본인의 샘플과 비교할 수 있다. 하지만 산속에서 신원 미상의 뼈가 발견되면 참 곤란할 때가 많다. 오래 전에 실종된 사람이거나 연고 없이 떠돌다 죽은 사람이라면 그 뼈에서 DNA를 얻는다 하더라도 그걸 누구의 DNA와 비교해야 할지 막막하기 때문이다.

우리나라에도 주민등록증에 들어가는 지문처럼 일부 전과자들의 유전자를 모아 놓은 데이터베이스가 있다고 들었다. 신원 불명의 뼈에서 발견된 DNA를 일부 전과자들의 유전자와 비교해보는 게 기껏해야 할 수 있는 일의 전부다. 하지만 세상 모든 사람들의 유전자 정보를 모두 포함한 데이터베이스는 존재하지 않는다. 일단 개인 정보 보호 문제로 그런 데이터베이스를 만드는 것 자체가 힘들다. 그러니 오래된 뼈의 유전자 검사가 범죄 사건 해결에 만능 도구로 등장하는 것은 극적 재미를 위한 장치 정도로 생각해두자. 물론 가끔은 기적이 일어나기도 하지만 말이다.

CHAPTER 3

오래된 뼈가 들려준 이야기

뼈대 있는 동물의 역사

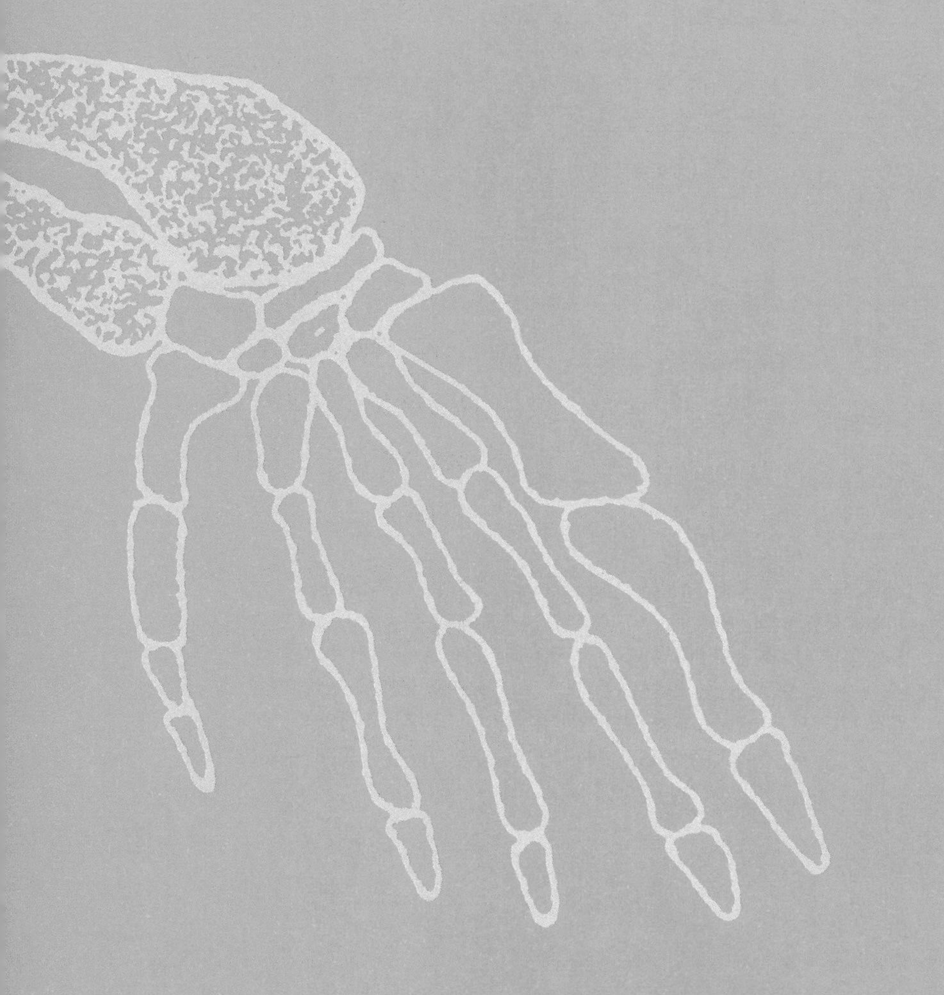

5억 년 전 뼈의 탄생

왜 곤충은 대부분 손바닥보다 크기가 작을까?

어째서 강아지만 한 곤충은 없을까? 다소 황당한 질문일 수도 있지만 이 질문의 해답은 뼈에 있다. 곤충은 몸속에 몸을 지탱해 주는 뼈가 없기 때문에 몸집이 커질 수가 없다. 뼈대라는 말은 실제 몸속에 들어 있는 뼈를 가리키기도 하지만 어떤 구조의 기본 틀이나 골자를 의미하기도 한다. 이러한 기본 틀인 뼈대가 없는 동물은 몸집을 받쳐주고 그 형태대로 유지할 수 있는 구조가 없기 때문에 크기가 작을 수밖에 없다.

뼈가 있는 동물은 상황이 완전히 다르다. 1억 5천만 년 전에 지구상을 누비던 공룡인 브라키오사우루스Brachiosaurus는 땅에서부터 자그마치 9미터 위에 머리가 있었고 몸의 길이는 25미터나 됐다. 이 공룡은 위팔뼈의 길이만 해도 2미터가 넘었다. 키가 2미터가 되는 사람을 좀처럼 보기 힘들다는 것을 감안하면 공룡의 몸집이 얼마나 컸을지 짐작해볼 수 있다.

공룡이 이렇게 큰 몸집을 가질 수 있었던 것은 뼈가 있는 동물이었기 때문이다. 이렇게 몸속에 뼈가 있는 동물을 통틀어 척추동물이라고 부른다. 사람, 고양이, 개구리, 도마뱀, 토끼, 금붕어, 곰, 돼지 등 세상에는 다양한 척추동물이 살고 있다. 우리가 주변에서 흔히 볼 수 있는 동물들이 대개 척추동물이다 보니 이 세상은 척추동물이 지배한다고 착각할 수도 있다. 그러나 놀랍게도 척추동물의 수는 지구상에 서식하는 동물의 5퍼센트도 채 되지 않는다. 나머지 95퍼센트를 차지하는 동물은 몸속에 뼈대가 없는 곤충이나 달팽이, 해파리, 조개 같은 무척추동물이다. 우리가 아무리 뼈대 있는 동물이라 잘난 척해봤자 숫자에서 이미 뼈대 없는 동물들에게 턱없이 밀린다. 지구의 대부분을 차지하는 무척추동물은 최소한 10억 년 전부터 지구상에 존재했던 것으로 추정된다. 하지만 초기의 무척추동물들은 대체로 말랑말랑한 연조직으로 이루어져 있었기에 화석으로는 거의 남아 있지 않다. 그러다 보니 무척추동물이 정확히 언제 지구상에 처음 출현했는지는 알기가 힘들다.

뼈대 있는 동물의 경우에는 이야기가 다르다. 뼈대 있는 동물을 만나려면 5억 년 전으로 거슬러 올라가야 한다. 과연 5억 년 전의 지구는 어떤 모습이었을까. 백 년 전의 서울 사진만 보더라도 이게 과연 지금의 서울이 맞나 싶을 정도로 생소한데, 5억 년 전이라니 상상하기조차 힘들다. 하지만 지구의 탄생과 생명의 기원을 찾기 위한 과학자들의 오랜 노력 끝에 그 당시 지구의 모습을 어느 정도 그려볼 수 있게 되었다. 그때의 지구는 대부분 물로 덮여 있었고 그 안에서 새끼손가락 반만 한 길이의 작은 물고기들이 헤엄치며 다녔다. 딱 멸치처럼 생긴 이 물고기들 중 몇 마리가 죽은 후 바닥에 가라앉아 진흙 속에 묻혔다.

대부분의 물고기는 그렇게 묻히면 금방 썩어 없어지는데 이 한 마리는 운 좋게도 흔적을 남겼다. 붕어빵을 만들 때 틀에 반죽을 부어 모양을 만들지만, 이 경우는 거꾸로 진흙 사이에 낀 물고기가 도장을 찍듯이 자신의 몸을 남겼다. 붕어빵이 스스로 붕어빵 틀을 만든 셈이랄까. 그렇게 5억 년 전의 작은 물고기는 비록 몸은 사라졌지만 그 형태를 흙에 남겼고, 그 흙이 딱딱하게 굳어 돌멩이가 되었다.

척추동물의 조상,
턱 없는 물고기

사계절이 모두 봄같이 온화하다 하여 '봄의 성省'이라고 불리는 중국 남서부 윈난성의 성도인 쿤밍 남쪽의 광산 지역을 열심히 걷고 있는 사람이 있었다. 그는 무엇을 찾는지 앞도 제대로 보지 않고 땅바닥과 절벽의 옆면을 뚫어지게 바라보며

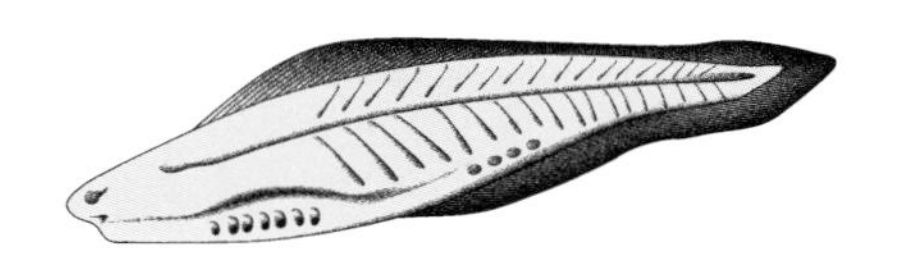

최초의 물고기 뼈 화석 | 지금까지 알려진 것 중에 가장 오래된 5억 2천만 년 전에 살았던 물고기 화석은 최초로 발견된 척추동물의 흔적이다. 이 물고기는 오늘날 지구상에 사는 대부분의 물고기와 달리 턱뼈가 없었다.

걷고 있었다. 그렇게 다니기를 몇 날 며칠, 몇 달이 지나고 드디어 그가 찾던 것이 눈앞에 나타났다. 보통 사람이라면 무심코 지나쳤을 아주 작은 이 물고기 화석은 놀랍게도 지금까지 알려진 것 중에 가장 오래된 5억 2천만 년 전에 살았던 물고기의 흔적이었다. 지금으로부터 5억 년 전의 지구의 모습이나 생명체의 흔적을 찾기란 쉽지 않다. 오래된 지층이 남아 있는 곳은 꽤 있지만 그 속에 그 당시 생물이 화석으로 남아 있는 것은 흔하지 않기 때문이다. 안타깝게도 이렇게 귀한 자료를 발견한 사람에 대해서는 그다지 알려진 바가 없다.

20세기 초·중반만 하더라도 이런 유명한 고생물학 유적은 주로 캐나다나 미국 쪽에서 발견되었다. 학자들의 관심도 많았고 그만큼 연구 기금도 넉넉했기 때문이다. 하지만 20세기 후반에 중국이 본격적으로 개방되면서 광대한 땅의 중국 각지에서 그동안 외부에 잘 알려지지 않았던 고생물학 유적들이 쏟아져 나오기 시작했다. 그중에서도 윈난성 쿤밍 남쪽에 있는 마오티엔산帽天山은 유네스코 세계 유산 보호구역으로 지정될 만큼 놀라운 고생물학 유적의 보고다. 마오티엔산 유적에는 약 2억 5천만 년 전부터 6천 6백만 년 전까지 살았던 공룡보다도 수억 년 더 먼저 지구상에 살았던 원조 생물들이 묻혀 있다. 주로 해조류나 지렁이류처럼 뼈대 없는 동물이었는데 말랑말랑한 몸이 땅속에 선명하게 찍혀 있었던 것이다. 그 광대한 유적에서 드디어 최초의 척추동물이었던 멸치만 한 물고기 화석이 발견됐다. 뼈대 없는 동물로 가득 찼던 지구상에 드디어 뼈대 있는 동물이 나타난 셈이다.

5억 년 전의 이 원조 물고기는 오늘날 지구상에 사는 대부분의 물고기들과 달리 턱뼈가 없었다. 물고기한테 턱뼈가 있던가 하는 의문이 든다면 저녁 식탁에 오른 생선의 머리 부분을 잘 살펴보길 바란다. 턱뼈는 물론이고 아주 작은 이빨까지도 촘촘히 보일 것이다. 여전히 칠성장어같이 턱뼈 없이 빨판 모양의 입으로 먹이를 빨아들이는 '무턱이'들이 존재하긴 한다. 이들은 지구상에 아주 오래 전부터 살아온 턱 없는 물고기 가문의 후손들이다. 턱뼈가 있는 게 별건가 싶겠지만, 몸속에 있는 다양한 뼈 중에서도 턱뼈는 생물의 진화에 아주 중요한 역할을 한다.

그렇다면 턱은 왜 생겼을까? 원래는 없던 턱이 정확히 무슨 이유에서 생겼는지는 워낙 오래전 일이라 정확히 알 수는 없다. 물고기는 턱을 이용해 얼굴 양쪽에서부터 지느러미 쪽으로 물을 계속해서 뿜으며 숨을 쉰다. 이걸 보다 효율적으로 하려면 턱이 있는 게 훨씬 낫다고 한다. 아마 이러한 이유에서 턱이 생존에 유리한 쓸모 있는 형질이다 보니, 턱 없는 놈 중 누군가에게 우연히 턱이랑 비슷한 게 생기자 후대로 빠르게 전해졌고, 그 결과 턱 있는 놈들이 훨씬 많아진 것으로 보인다. 무슨 이유에서였든지 턱이 없던 물고기가 결국 턱이 있는 물고기로 진화한 것은 분명한 사실이다. 턱 있는 물고기가 지구상에 처음 출현한 것은 약 4억 5천만 년 전의 일이다. 그보다 더 오래된 지층에서는 절대로 턱 있는 물고기가 발견되지 않는다. 전 세계 어디에서나 5억 년 이전에 살았던 물고기들은 모두 무턱이들이다.

그러다가 시간이 지나면 지날수록 턱 있는 물고기가 대세가 된다. 물속에서 호흡하는 데에 유용한 턱이 발달한 물고기들의 후손이 나중에 뭍으로 올라와 다양한 육지동물로 진화했다. 그 결과 사람도 사자도 강아지도 사슴도 닭도 개구리도 모두 턱이 있다. 물론 진화 과정에서 턱의 기능은 동물에 따라 많이 변했다. 뭍으로 나오면서 턱은 더 이상 숨 쉬는 데에 필요한 기관이 아니다. 그 대신 먹이를 씹고 물고 뜯는 데에 상당히 중요한 역할을 한다. 비록 턱이 처음에는 우연히 생겼을지라도 이제는 동물의 진화 결과 없어서는 안 될 몸의 일부이다.

극지방 물고기가 얼지 않는 이유

작은 물고기에게 턱뼈가 생긴 이래로 척추동물 진화의 역사는 뼈에 고스란히 남아 있다. 턱뼈에도 머리뼈에도 팔뼈에도 다리뼈에도 척추뼈에도 골반뼈에도, 어디 하나 진화의 흔적이 없는 곳이 없다. 사람과 전혀 다를 것만 같은 닭을 한번 예로 들어보자. 미국인 직장 동료들이 한국에 출장을 다녀 오면 다들 하는 말이 있다. 우선 한국에 치킨집이 얼마나 많은지에 한 번 놀라고 그 치킨이 얼마나 맛있는지에 한 번 더 놀랐다는 거다. 그만큼 우리에게 친숙한 닭튀김 속의 뼈를 떠올려 보길 바란다.

사람의 팔은 좌우 각각 한쪽에 위팔뼈 1개(어깨와 팔꿈치 사이)와 아래팔뼈 2개(팔꿈치와 손목 사이), 손목뼈 8개, 손등뼈 5개, 손가락뼈 14개로 이루어져 있다. 어깨 쪽에서 아래로 내려갈수록 뼈의 개수가 늘어난다. 사람의 팔에 해당하는 닭날개는 어떨까? 닭날개튀김을 보면 뼈가 하나 있는 게 있고 두 개 있는 게 있는데 사람의 위팔뼈와 마찬가지로 뼈가 하나인 것이 '닭봉'이라고도 불리는 닭 날개의 위쪽(어깨 쪽)에 있는 뼈이고, 사람의 아래팔처럼 뼈가 두 개로 되어 있는 것이 그 아래쪽에 있는 뼈다. 닭도 사람도 어깨뼈에서 팔꿈치 쪽으로 내려가면서 뼈의 개수가 늘어난다. 별것 아닌 것처럼 들릴 수 있는 이 간단한 패턴은 사람과 닭뿐만 아니라 모든 척추동물에게 있다. 다리도 마찬가지다. 엉덩이와 무릎 사이의 허벅지뼈 1개, 무릎과 발목 사이의 종아리뼈 2개, 발목뼈 7개, 발등뼈 5개, 발가락뼈 14개를 가진 사람처럼 다른 동물들도 엉덩이에서 발로 내려가면서 거의 비슷한 패턴으로 뼈의 개수가 많아진다.

또 하나 재미난 사실은 모든 동물의 손발가락은 한 손과 발마다 다섯 개씩의 손가락과 발가락의 기본 패턴을 가진다는 것이다. 어, 그런데 저 앞에서 말은 발굽(발가락)이 하나라고 하지 않았나? 닭발도 발가락이 다섯 개가 아니던데? 맞다. 말은 발가락이 하나고 닭은 네 개다. 흥미로운 사실은 지구상의 모든 척추동물은 발 하나에 발가락 다섯 개를 만들어주는 기본 유전자를 가지고 있다는 것이다. 말 역시 사람과 똑같은 유전자가 발가락을 만들기 시작한다. 그러나 첫째와 다섯째 발가락을 만드는 유전자는 아무런 기능도 하지 않는다. 새끼 말이 어미 말의 배 속에서 자라기 시작할 때 둘째, 셋째, 넷째 발가락을 만드는 유전자가 모두 켜지면서 활동에 들어간다. 그래서 배 속에 있는 새끼 말의 발가락을 보면 처음에는 세

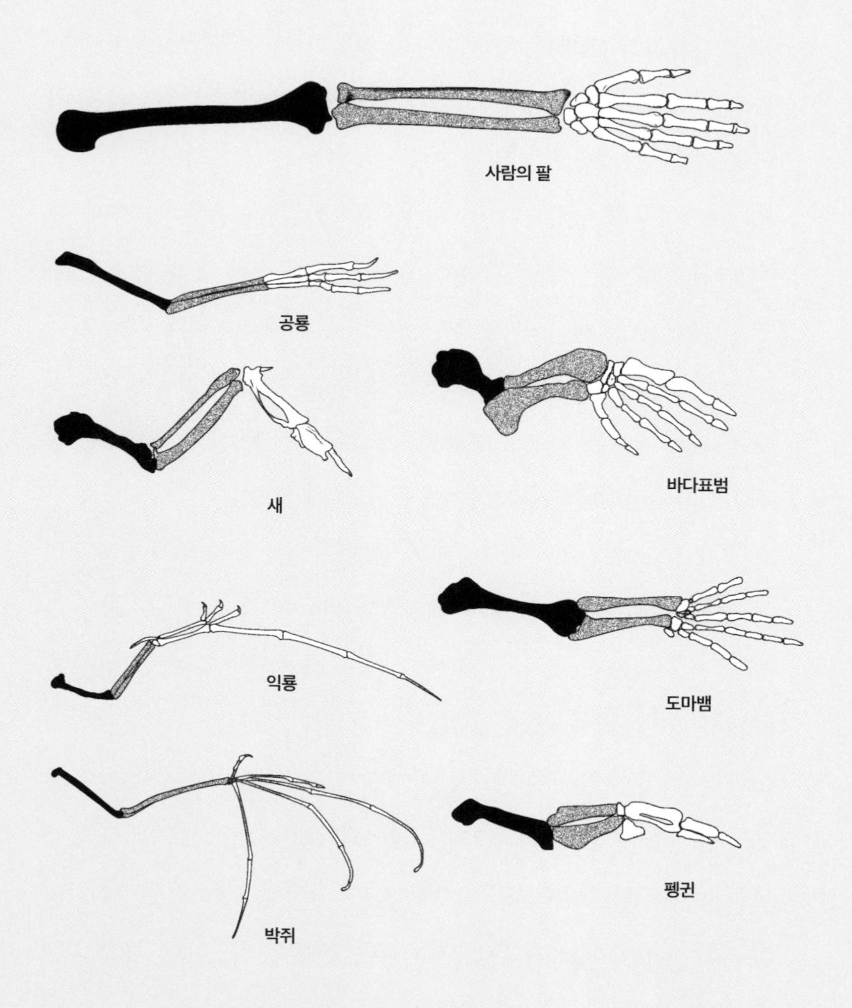

척추동물의 팔다리뼈 패턴 | 척추동물의 팔과 다리는 아래로 내려가면서 뼈의 개수가 늘어난다. 위팔뼈가 하나, 아래팔뼈가 두 개, 그리고 그 밑에는 여러 개의 작은 손등뼈와 손가락뼈가 있는 구조다. 모든 척추동물의 손발가락은 한 손과 발마다 다섯 개씩의 손가락과 발가락의 기본 패턴을 가진다. 지구상의 모든 척추동물이 발 하나에 발가락 다섯 개를 만들어주는 기본 유전자가 있기 때문이다.

개로 시작한다. 그러다가 새끼 말이 점점 커져서 세상에 태어날 즈음이 되면 어쩐 일인지 둘째와 넷째 발가락을 만드는 유전자는 더 이상 작동을 안 하고 저절로 세포가 괴사해 없어져 버린다. 이렇게 해서 말은 셋째 발가락 하나만 가지고 태어난다. 손발가락뿐만 아니라 신체의 다른 부분도 마찬가지다. 이 때문에 생긴 지 2~3주 정도밖에 안 된 배 속의 배아는 사람이나 돼지나 도마뱀이나 새나 거의 구분이 안 될 정도로 닮았다. 하나의 생명체가 만들어지는 기본 유전자 정보는 거의 동일하다. 생명체는 숨을 쉬어야 하고 심장이 뛰어야 하니 기본 구조가 비슷할 수밖에 없다.

아주 오래 전에 지구상에 출현했던 척추동물의 유전자들이 그 후세에 계속 전해졌고, 우리는 그 유전자에 의해 만들어졌다. 다만 그 유전자들이 켜지고 꺼지는 부위가 동물에 따라 다를 뿐이다. 사람은 첫째, 둘째, 셋째, 넷째, 다섯째 발가락을 만드는 유전자가 모두 켜져 끝까지 작동함으로써 다섯 개의 발가락이 완성된다. 우리처럼 손발가락이 다섯 개씩인 곰이나 강아지도 마찬가지로 발생 과정에서 그 유전자가 모두 켜져 있다. 하지만 말의 경우, 셋째 발가락을 제외한 나머지 유전자는 그저 한때 존재했다는 것을 알려줄 뿐 아무 역할을 하지 않는다.

많은 창조론자들은 인간이 원숭이로부터 진화했다는 것을 가장 받아들이기 힘들어 한다. 심지어 인간이 원숭이로부터 진화했다면 지금 진화가 진행 중인 반半 원숭이 반 사람이 있어야 하는 게

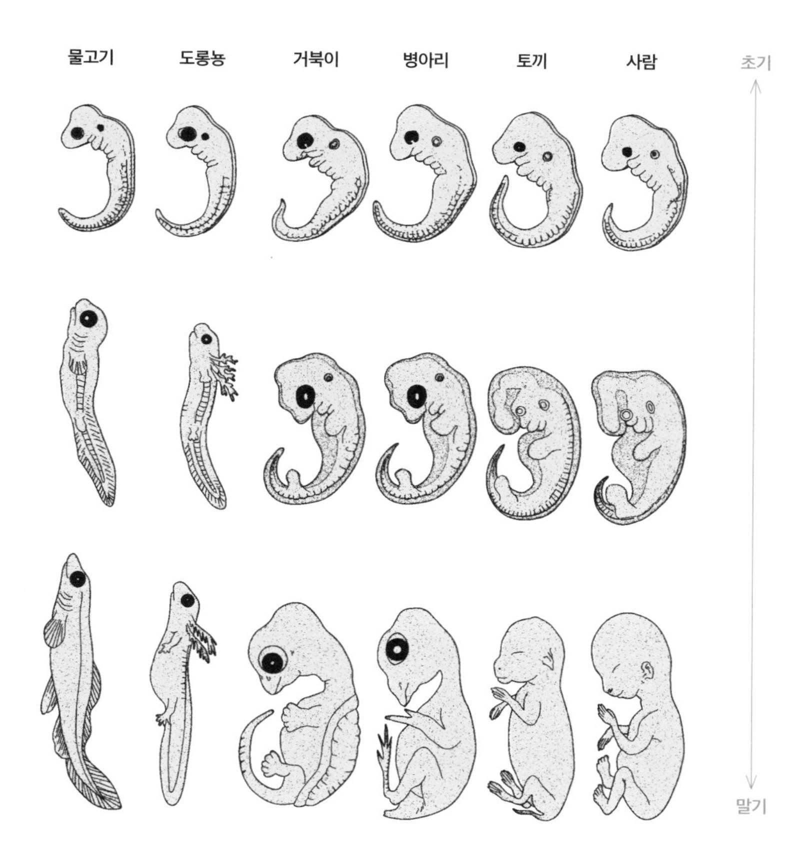

척추동물의 2~3주 배아의 생김새 | 2~3주 정도 된 배아는 사람이나 돼지나 도마뱀이나 새나 거의 구분이 안 될 정도로 닮았다. 하나의 생명체가 만들어지는 기본 유전자 정보는 거의 동일하지만 그 유전자들이 켜지고 꺼지는 부위가 동물마다 달라 각기 다른 방식으로 성장하는 것이다.

아니냐는 사람들도 있다. 안타깝게도 모두 진화 이론과 현대 지질학, 생물학, 유전학을 제대로 이해하지 못해서 나오는 이야기다. 그렇다면 몇 가지 잘못 알려져 있는 사실을 바로 잡아 보자.

일단 인간은 원숭이로부터 진화하지 않았다. 다윈도 그런 이야기는 한 적이 없고 진화생물학자 중 누구도 그런 주장은 한 적이 없다. 다만 인간이 지구상에 존재하는 다른 어떤 동물보다 원숭이와 닮았기 때문에 원숭이와 인간이 같은 뿌리를 가졌다는 것뿐이다. 예를 들어 나와 내 동생은 같은 부모님에게서 태어났기에 어딘가 닮은 구석이 많다. 나와 내 동생, 그리고 오바마 대통령 이렇게 세 사람을 세워 놓고 어느 둘이 한 부모에게서 태어났을 것 같냐고 물으면 당연히 나와 내 동생이라는 답이 나올 것이다. 내 동생이 나로부터 진화했기 때문에 나랑 비슷한 게 아니라, 같은 부모에게서 태어났기 때문에 비슷한 점이 더 많은 것이다.

진화생물학자들이 생물 간의 관계를 추적하는 방식도 이와 비슷하다. 5천만 년 전의 작은 원숭이 화석뼈와 같은 시기의 도마뱀 화석뼈 중에 어느 것이 사람과 더 비슷할까? 답은 작은 원숭이 화석뼈이다. 이를 가장 간단히 설명해주는 것이 사람이 도마뱀보다는 작은 원숭이와 진화적으로 더 가까운 관계에 있다는 이론이다. 이런 식으로 지구상에 살고 있는 혹은 한때 지구상에 살았던 수많은 동물들 간의 관계를 엮어 나가는 것이 생물학의 기본이 되는 분류학이다.

과학자들이 하는 일은 이미 존재하는 자연 현상을 간단히 설명할 수 있는 법칙을 찾는 것이다. 여기에서 '간단히'라는 말이 중요하다. 외출했다가 집에 와 보니 현관문의 자물쇠가 뜯긴 채 안방 장롱 속의 물건들이 다 밖으로 나와 있고 통장과 현금이 없어졌다고 가정해보자. 이런 상황을 가장 '간단히' 설명해줄 수 있는 것은 도둑이 현관문을 뜯고 들어와 안방 장롱을 뒤져 그 속에 있던 통장과 현금을 가지고 도망쳤다는 시나리오다. 물론 이 모든 것이 사실이 아닐 수도 있다.

두 번째 시나리오는 이렇다. 도둑이 현관문을 뜯고 들어갔다가 마음이 바뀌어 도둑질을 안 하고 밖으로 다시 나갔다. 그 다음에 또 다른 도둑이 우연히 그 앞을 지나다 현관문이 열린 걸 보고 혹하여 집안으로 들어가 장롱을 뒤졌으나 아무것도 찾지 못하고 나갔다. 집주인은 며칠 전에 통장과 현금을 장롱에서 서랍 속으로 옮겨 놓은 사실을 깜박하고서는 통장과 현금이 없어졌다고 신고했다. 만약 법정에 선 도둑이 자신은 억울하다며 두 번째 시나리오의 가능성을 주장한다면 과연 얼마나 신빙성 있게 받아들여질까? 물론 좀 억지스러운 도둑의 항변이 진실일 수도 있다. 하지만 이런 주장이 법정에서 통하려면 여러 가지 다른 증거들을 제시해야 한다. (물론 남의 집에 들어가기는 했으니 아주 죄가 없지는 않다!)

진화생물학 이론도 마찬가지다. 사람과 원숭이가 가진 수많은 생물학적 유사점들이 모두 별개의 과정을 거쳐 생겼을 수도 있다.

그러나 그런 설명이 받아들여지려면 '간단한' 설명보다 더 신빙성 있는 이유를 댈 수 있어야 한다. 물론 앞의 두 번째 시나리오의 가능성처럼 실제로 간단한 설명이 맞지 않는 경우도 있다. 진화생물학자들 역시 그 사실을 오래전부터 인지해왔다.

멀리 살아도 닮는 운명, 수렴 진화

박쥐, 새, 쥐, 악어. 이 네 동물은 서로 어떤 관계가 있을까? 박쥐와 새는 모두 날아다니니까 이 둘이 더 가까운 관계일까, 아니면 박쥐와 쥐는 모두 새끼를 낳고 젖을 먹이는 포유류이니 이 둘이 더 가까운 관계일까? 둘 중에 어느 공통점이 동물 간의 관계를 결정짓는 데 더 중요할까?

박쥐, 새, 쥐, 악어가 가진 공통점은 팔뼈의 구조다. 모두 앞서 말한 척추동물 팔의 기본 구조와 똑같다. 위팔뼈가 하나, 아래팔뼈가 두 개 그리고 그 밑에는 여러 개의 작은 손등과 손가락뼈가 있는 구조다. 이런 사실을 통해 박쥐, 새, 쥐, 악어가 모두 같은 척추동물의 후손이라는 것을 알 수 있다. 하지만 이름에서도 드러나듯이 박쥐는 새보다는 쥐에 더 가까운 동물이고, 새는 악어와 더 비슷한 동물이다.

여러 종류의 쥐 중에서 박쥐는 날아다니는 전략을 취하는 쪽으로 진화했다. 박쥐와 새는 난다는 것만 닮았지 나머지는 박쥐와 쥐끼리 훨씬 더 비슷하다. 마찬가지로 새와 악어는 날고 날지 못하고의 차이를 빼면 여러모로 훨씬 비슷한 동물이다. 박쥐와 새는 모두 날아다니지만 날개의 구조는 완전히 다르다. 박쥐는 손가락 사이의 살이 붙어버린 모양의 날개이고, 새는 어깨부터 팔 끝까지 깃털로 덮여 있다. 박쥐와 새처럼 그다지 가깝지 않지만 비슷한 환경에 살다 보면 적응 방식이 비슷해져서 비슷한 특징을 갖게 될 수가 있다. 이런 것을 '수렴 진화'라고 부른다.

이해하기 쉬운 비유를 해보자. 전 세계 어딜 가나 우리나라 만두와 비슷한 음식을 흔하게 찾아볼 수 있다. 한국의 만두, 중국의 샤오룽바오, 일본의 교자처럼 동유럽에는 피로기, 이탈리아에는 라비올리, 멕시코에는 엠파나다가 있다. 모두 얇은 밀가루 피에 고기, 야채, 치즈 등을 넣고 돌돌 말아 삶고 찌고 튀겨서 먹는 음식들이다. 한국, 중국, 일본은 지리적으로 가깝기 때문에 서로 영향을 주고받아서 정말 비슷한 만두가 되었지만 저 멀리 폴란드의 피로기가 우리나라 만두에 영향을 받은 것도 아니고 반대로 우리 만두가 폴란드의 피로기에서 비롯된 것도 아니다. 세계 어느 문화나 사람들이 먹거리로 생각해내는 것이 비슷하고 식재료도 크게 다르지 않기 때문에 전혀 상관없는 곳에서도 아주 비슷한 먹거리가 탄생하는 것이다. 동물의 신체 기관도 마찬가지다. 비슷한 환경에 놓이면 서로의 영향을 전혀 받지 않고도 비슷한 신체 기관을 만들어 낼 수 있다.

남극과 북극은 지구 정반대 편에 있으니 그 두 곳에 사는 생물들이 하나의 조상으로부터 나와 각자 남극과 북극으로 이주했다고 보기는 힘들다. 그런데 남극과 북극에 사는 물고기들에게는 놀라운 공통점이 있다. 영하의 차가운 물에 사는 물고기들은 어째서 얼지 않고 살 수 있을까? 물고기 몸속에 흐르는 피도 물이니까 영하로 내려가면 피가 얼어버릴 텐데 물고기들은 어떻게 살까? 신기하게도 이렇게 추운 지방에 사는 물고기들의 혈관 속에는 부동액 역할을 하는 '글리코프로테인glycoprotein'이라는 물질이 함께 떠다닌다. 이 물질은 1960년대에 발견되었는데, 유전학이 발달하면서 지금은 이것이 어떤 유전자에 의해 만들어지는지도 밝혀졌다. 물고기 나름대로 얼어 죽지 않고 환경에 적응하는 놀라운 방법이다.

남극에 사는 물고기도 북극에 사는 물고기도 모두 이 방법으로 몸이 얼어붙는 것을 방지한다. 이 두 종류의 물고기는 서로 비슷한 점이 없을 정도로 다르게 생겼으며 지구 정반대 편에 살기에 조상이 같다고 볼 수는 없다. 연구 결과 남극과 북극에 사는 물고기는 둘 다 몸속에서 부동액을 만들지만 그러한 단백질을 만드는 유전자가 완전히 다르다는 것이 밝혀졌다. 서로 전혀 관계 없는 동물이지만 비슷한 환경에 비슷한 방식으로 적응하다 보니 꼭 같은 조상으로부터 나온 것처럼 보이는 수렴 진화의 또 다른 좋은 예다.

세상에서 가장 유명한 공룡 뼈

새의 쇄골인 차골이 처음 공룡에게서 발견된 것은 공룡 '수Sue'를 통해서였다. '수'는 아이들이 가장 좋아하는 공룡인 티렉스티라노사우루스 렉스의 준말 종을 대표하는 공룡 화석의 별명으로 지금껏 발견된 가장 큰 차골의 주인이다. 미국 시카고의 '필드 자연사 박물관The Field Museum'에 들어가면 한가운데에 커다란 공룡 뼈가 전시되어 있다. 이 공룡이 바로 매년 수만 명의 관객을 끌어 모으는 '수'다. 이 공룡이 이렇게 유명해진 이유는 그전까지 발견된 어떤 공룡 화석보다도 가장 많은 뼈가 발견되었기 때문이다. '수'는 전체 골격의 약 90퍼센트에 해당하는 뼈가 아주 잘 보존된 상태로 발견되었다. 몸의 길이만도 12미터가 넘고 땅에서 엉덩이까지의 높이도 4미터나 되는 아주 큰 공룡이다. 새끼 티렉스는 한창 자랄 때 하루에 2.1킬로그램씩 몸무게가 늘어나 성장이 끝나면 약 5천 킬로그램에 달했던 것으로 보인다. 이런 엄청난 생물이 지구상에 살았다니 놀라울 뿐이고 그 큰 동물들이 뼈로 변해 지금까지 남아 있다니 더 놀랍다.

1990년 여름. 화석 발굴 및 복원을 전문으로 하는 업체의 직원들이 미국 중북부에 있는 사우스다코타 주의 한 농장 주변을 열심히 걷고 있었다. 이들은 줄을 지어 왔다 갔다 하면서 주구장창 바닥만 바라보았다. 전에도 이 지역에서 공룡 뼈를 발견한 적이 있기 때문에 혹시나 뼈가 있는지 보는 중이었다. 공룡 뼈는 생각보다 드물지는 않기 때문에 그걸 찾는다고 해도 크게 유명해지지는 않지만 그걸 찾아서 복원해 박물관에 팔면 남는 장사였다.

날이 저물어 갈 무렵, 하필이면 그날 타고 온 트럭의 타이어에 펑크가 나는 바람에 서둘러 타이어를 갈고 퇴근을 하려던 참이었다. 직원 중 하나였던 수 헨드릭슨Sue Hendrickson, 1949~은 이 짬을 이용해 다시 화석을 찾으러 나섰다. 아까 미처 살펴보지 못했던 절벽 아랫부분을 따라서 걷고 있는데 뼈 한 조각이 눈에 들어왔다. 혹시 주변에 뼈가 더 있나 싶어서 주위를 살피기 시작했다. 그랬더니 절벽 위로 커다란 뼈가 삐죽삐죽 튀어나와 있는 것이 보였다. 그녀는 쿵쾅거리는 가슴을 진정시키며 서둘러 트럭이 있는 곳으로 달려갔다. 이 소식을 들은 다른 직원 몇 명이 그녀와 함께 뼈가 있는 곳으로 향했다. 여러 사람이 주변을 샅샅이 뒤지자 점점 더 많은 뼈가 발견되었다. 퇴근하려던 사람들은 이 기쁜 소식을 듣고 다시 장비를 챙겨 들고 발굴을 시작했다. 이후 며칠간 이어진 발굴 작업 결과 이들은 거의 완벽에 가까운 공룡 뼈를 수습해냈다. 복원 작업을 위해 공룡 뼈를 조심스레 사무실로 옮겼다.

이 공룡이 발견되기 전까지 전체 골격의 절반이 남아 있는 공룡조차 발견된 적이 없었다. 무엇보다 공룡의 몸집이 워낙 큰 데다가 수천만 년 전에 살았던 생물이기 때문에 그 골격이 온전하게 남아 있기가 쉽지 않다. 사우스다코타에서 발견된 공룡 뼈는 이를 처음 발견한 사람의 이름을 따 '수'라고 불리기 시작했다. 유례없이 완벽한 공룡 뼈가 발견되었다는 소식은 삽시간에 퍼져 나갔다. 업체 직원들은 박물관에 팔아 큰돈을 벌 생각에 들뜬 마음을 감출 수가 없었다.

그런데 이 소문을 듣고 가장 먼저 제동을 건 이가 있었으니, 바로 공룡 뼈가 발견된 지역의 땅 주인이었다. 그는 자신의 땅에서 발견된 공룡 뼈이니 자기 것이라며 소유권을 주장했다. 이에 업체 측은 발굴하기 전에 이미 땅 주인에게 5천 달러를 지급했기 때문에 공룡 뼈는 자신들의 소유라고 맞섰다. 그러자 땅 주인은 그 돈은 자신의 땅에서 화석을 찾으러 다닐 수 있도록 허락해주고, 만약 화석을 찾을 경우 그 뼈를 원래 형태대로 복원해 돌려주는 과정의 금액이지 공룡 뼈의 소유권까지 판 것은 아니라고 맞섰다.

세계 최초의 공룡 뼈 경매

수천만 년 전에 우연히 땅속에 묻힌 공룡 뼈는 과연 누구의 것일까? 결국 이 소유권 분쟁은 법정 싸움으로까지 번졌다. 땅 주인이 미국 원주민이었고 그 땅은 엄밀히 말하면 원주민 부족의 땅이라는 사실이 문제를 더 복잡하게 만들었다. 그런 데다가 이 땅은 미국 내무부가 원주민 부족을 대신해 관리하고 있었다. 법정 공방이 시작되었는데도 업체 측에서는 공룡 뼈를 내줄 수 없다고 주장했다. 결국 FBI와 군인들까지 동원되어 공룡 뼈는 사우스다코타의 한 대학으로 옮겨졌다. 여러 해에 걸친 법정 싸움 끝에 법원은 땅 주인의 손을 들어주었다. 땅 주인은 공룡 뼈가 처음 발견된 지 5년 만인 1995년에 뼈를 돌려받았다. 얼마 후 땅 주인이 공룡 뼈를 박물관에 팔 것이라는 소문이 무성했다. 어느 박물관에서 얼마를 주고 살지 사람들의 관심이 집중되었다. 예상대로 땅 주인은 공룡 뼈를 팔기로 했다. 공개 경매를 통해서 말이다.

이렇게 해서 1997년 10월 뉴욕 맨해튼의 소더비 건물에서 티렉스 공룡 뼈의 공개 경매가 시작되었다. 공룡 뼈가 경매에 나온 건 처음 있는 일이었다. 과학자들은 행여나 이 뼈가 돈 많은 사람에게 팔려 아무런 연구도 못한 채 개인의 수장고에 묻혀버리면 어떡하나 전전긍긍하고 있었다. 드디어 경매가 시작되었다. 프랑스의 루브르 박물관 다음으로 전 세계에서 가장 많은 방문객이 찾는 것으로 유명한 미국 스미소니언 자연사 박물관 팀은 15억 원을 걸고 '수'를 가져가겠노라 각오를 다졌다. 노스캐롤라이나 박물관은 이 기회에 어떻게 해서든지 수를 낙찰 받아 박물관을 세계적 반열에 올리겠노라 다짐했다. 시카고 자연사 박물관은 자기네는 돈이 없어서 경매에 참가를 못할 수도 있다는 이야기를 슬쩍 흘렸다. 약 스무 명이 참가한 경매는 5억 원부터 시작되었다.

설마 누가 공룡 뼈를 15억 원 이상 주고 사겠냐고 생각했던 스미소니언의 예상은 단 1분 만에 무참히 깨져 버렸고 경매는 8분 만에 끝이 났다. 마지막 1분은 그야말로 억 소리 나는 치열한 경쟁이었다. 노스캐롤라이나 박물관에서 72억을 부르자마자 플로리다의 부호가 세운 비영리 문화 재단 키슬락에서 73억을 불렀다. 그러자 리처드 그레이라는 고가 미술품 경매 전문가가 누군가를 대신해 74억을 불렀다. 몇 초간 정적이 흘렀다. 키슬락 재단에서 다시 75억을 불렀다. 또 몇 초간 정적이 흘렀다. 마지막으로 리처드 그레이가 76억 원을 불렀다. 이렇게 하여 최고의 보존 상태를 자랑하는 공룡 수는 76억 원에 낙찰되었다. 소더비 회사 측 커미션까지 합친 최종 경매 가격은 83억 원이었다.

마침내 경매 결과가 공식적으로 발표되었다.

"공룡 수는 다음 생일을 미시간 호수의 끝자락에 위치한 유명한 자연사 박물관에서 보내게 되었습니다."

도대체 이렇게 큰 액수를 주고 공룡 뼈를 사간 사람은 누구였

시카고 필드 자연사 박물관의 '수' | 공룡 '수'는 전체 골격의 약 90퍼센트에 해당하는 뼈가 아주 잘 보존된 상태로 발견된 티렉스 종이다. 몸의 길이만도 12미터가 넘고, 땅에서 엉덩이까지의 높이도 4미터나 된다. 공룡으로서는 최초로 경매에 올라 83억 원에 낙찰되어 시카고 필드 자연사 박물관의 상징이 되었다. 출처: ⓒⓘⓞ Connie Ma

을까? 리처드 그레이의 비밀 클라이언트는 바로 돈이 없다고 했던 시카고의 필드 자연사 박물관이었다. 필드 자연사 박물관의 규모가 크기는 하지만 그렇게 큰 돈을 내고 공룡 뼈를 사올 만큼 재정이 넉넉하지는 않았다. 하지만 박물관을 대표할 유명한 화석이 필요했던 박물관 측은 수가 경매에 나온다는 이야기를 듣자마자 조용히 물밑 작업에 들어갔다. 그들은 캘리포니아 주립 대학, 월트 디즈니 리조트, 맥도날드 그리고 여러 부호들로부터 자금을 지원받는 데 성공했고, 이 사실을 철저히 비밀에 부친 채 경매 전문가를 내세워 참가했던 것이다.

이렇게 해서 수는 필드 자연사 박물관의 상징이 되었다. 자신들의 명성만 믿고 별다른 준비 없이 경매에 참가했던 스미소니언 자연사 박물관은 이날 쓰라린 패배를 맛보았다. 얼마 전에 뉴스를 통해 스미소니언 자연사 박물관이 드디어 멋진 공룡 뼈를 소장하게 되었다는 소식을 들었다. 그 공룡 뼈는 보존 상태는 좋지만 크기는 수보다 훨씬 작다고 한다. 마침내 공룡 뼈를 얻게 되었다는 기쁜 소식을 전하는 뉴스에서도 수 이야기는 빠지지 않았다. 20년이 지났건만 수를 빼앗긴 스미소니언 자연사 박물관의 아픔이 여전히 생생하게 느껴졌다.

수많은 이들의 관심을 끌었던 공룡 뼈 경매는 이후 많은 논쟁거리를 낳았다. 과연 수십 억 년 지구의 선물인 화석을 이렇게 큰돈을 주고받으며 사고파는 것이 윤리적으로 옳은 일일까? 이렇게 비싼 값에 팔릴 수 있다면 공룡 뼈나 중요한 화석을 은밀히 거래하는 암시장이 생겨나지는 않을까?

공룡 뼈는 미국에서도 많이 발견되지만 몽골과 중국의 서쪽 지방에도 참 많다. 몇 년 전에 중국 남서부에 있는 윈난성에 새로 문을 연 루펑 공룡 박물관에 갔었다. 이미 미국의 여러 박물관에서 공룡 뼈를 보았기에 나는 박물관에 들어서기 전까지만 하더라도 큰 기대를 하지 않았다.

그런데 이게 웬걸. 중국에는 사람만 많은 줄 알았더니 공룡 뼈도 엄청나게 많았다. 수십 마리의 공룡 뼈가 다닥다닥 붙은 채 줄지어 전시되어 있어서 마치 나에게 금방이라도 달려들 것 같은 느낌마저 들었다. 헉 소리가 절로 나왔다. 이렇게 중국과 몽골에서 무더기로 발견되는 공룡 뼈를 미국으로 몰래 들여와 팔면 큰돈을 벌 수 있지 않을까? 실제로 이런 생각을 실천에 옮긴 이가 있었다.

무산된 공룡 뼈 밀수 작전

2012년 10월 17일. 에릭 프로코피는 그날도 여느 날과 다름없이 커피를 마시며 분주한 아침을 보내고 있었다. 아내는 아이들을 등교시킬 준비를 하느라 정신이 없었고 에릭은 며칠 전에 있었던 일을 생각하며 흐뭇해하고 있었다. 그는 몽골에서 들여온 공룡 뼈를 자기 집 마당에서 멋지게 복원한 후 경매에 부쳐 10억 원을 벌었기 때문이다. 그는 몇 년 전에 화석 및 광물 엑스포에 참가한 뒤부터 공룡 뼈 장사에 관심을 갖게 되었다.

엑스포에서는 중국과 몽골에서 들어온 화석 뼈가 아무런 제재 없이 팔리고 있었다. 잘 모르는 사람이 보면 당연히 합법적인 거래인 줄 알 정도였다. 어렸을 때부터 동물 화석에 관심이 많았던 그는 공룡 뼈를 수집해서 팔면 재미도 있고 돈도 되겠구나 싶었다. 그는 몽골 현지인 가이드를 고용해 본격적으로 공룡 뼈 수집에 들어갔다. 그때까지만 해도 그 역시 이게 불법이라는 것을 몰랐다.

몽골에서 수집한 수천 킬로그램의 공룡 뼈는 영국을 거쳐 미국으로 반입할 예정이었다. 공룡 뼈가 영국에서 다시 미국으로 가는 화물선에 옮겨질 즈음에야 에릭은 이게 불법이라는 것을 알게 되었다. 하지만 그 고생을 해서 여기까지 옮긴 공룡 뼈를 포기할 수는 없었다. 그는 세관 신고서에 '파충류'라고 적었다. 공룡 뼈는 무사히 세관을 통과해 미국 플로리다 주에 있는 그의 집에 도착했다. 길고 긴 여정 끝에 눈앞에 당도한 공룡 뼈를 보니 혹시라도 걸리면 어떡하나 조마조마하던 마음은 눈 녹듯이 사라졌다.

그는 매일 뒷마당에서 열심히 공룡 뼈를 복원했다. 그러고는 뉴욕에 있는 한 경매 회사에 연락해 경매 날짜를 잡았다. 이렇게 해서 큰돈을 만지게 된 에릭은 다음에는 또 어떤 공룡 뼈를 들여올까 하는 생각에 들떠 있었다. 바로 그날 아침 그의 집에 경찰이 들이닥쳤다. 그는 불법으로 공룡 뼈를 밀수해 판매한 죄로 그 자리에서 체포되었고 17년의 형량을 받았다. 그는 불법인 걸 알고도 들여온 건 잘못이지만, 박물관의 전시품들이 모두 정상적인 과정을 거쳐서 들어온 것이 아닌데 자기만 형량이 너무 높은 거 아니냐고 항변했다. 그 말도 아주 틀리지는 않다. 영국의 대영 박물관에 있는 수많은 이집트 미라도, 그리스 신전의 조각들도 모두 영국 사람들이 불법으로 가져가서 전시한 것이니 말이다. 하지만 그건 식민 지배도

합법적으로 이루어지던 옛날 이야기다. 이제 그런 식으로 보물 사냥을 하던 시대는 지났다.

처음 이 공룡 뼈 기사를 접했을 때 나는 그렇게 큰 뼈들이 파충류라는 세관 신고서만 가지고 통관되는 것도 신기했지만 그걸 소리 소문 없이 경매에 부치겠다는 생각을 했다는 것에 더 놀랐다. 한 미국인이 몽골에서 밀수한 공룡 뼈를 경매에 내놓아 10억 원에 팔았다는 사실을 알게 된 몽골 정부는 미국 정부에 강하게 항의했다. 다 잡았던 공룡을 다시 놓쳐 버린 에릭은 자칫하면 수십 년 감옥살이를 할 수도 있었으나, 뼈 밀수 시장에 관한 정보를 검찰에 제공하는 조건으로 징역 3개월과 사회봉사 3개월 형을 선고받았다.

비록 형량은 줄었지만 그는 법정 비용과 벌금을 대느라 집도 잃고 아내와 이혼까지 하게 되었다. 몽골에서 영국을 거쳐 미국까지 온 공룡 뼈는 어떻게 되었을까? 몽골 정부의 요청으로 미국 정부는 이 공룡 뼈를 몽골로 돌려보내기로 했다. 그런데 부피가 큰 공룡을 어떻게 보낼까 고심하고 있던 차에 선뜻 공짜로 운송을 해주겠다는 회사가 있었으니 바로 대한항공이었다. 이렇게 해서 7천만 년 전에 고비 사막에 살았던 몽골의 '밀리언달러 베이비' 티라노사우루스는 공짜로 비행기를 타고 고향 땅으로 돌아갔다.

깃털 달린 공룡은 존재했을까?

공룡이 새의 조상이라는 것은 이미 과학계에서 무수한 증거로 인해 정설이 되었다. 안타깝게도 진화론을 반박하는 온갖 창조과학회 홈페이지에서는 이게 왜 말이 안 되는지를 자세히도 언급하고 있다. 6천7백만 년 전의 공룡 '수' 외에도 중국, 인도, 러시아, 이집트, 남아프리카 공화국, 탄자니아, 브라질, 영국, 포르투갈, 독일, 스페인, 오스트레일리아 등 전 세계 곳곳에서 공룡 뼈가 나왔다. 어디에서 어떤 공룡이 나오든 공룡 뼈는 항상 중생대 2억 5천만 년~6천6백만 년 전 지층에서만 발견된다.

우리나라에는 아직 제대로 된 공룡 뼈는 많지 않지만 경상도 지역에서 6천 개가 넘는 공룡 발자국이 발견되었다. 유독 경상도 지역에 공룡 발자국이 몰려 있는 이유가 무엇일까? 그 역시 경상도에 중생대 퇴적층이 잘 남아 있기 때문이다. 만약 정말로 중생대가 아닌 시대의 지층에서 공룡 화석이 발견된다면 이를 누구보다 기뻐할 사람은 바로 그 세기의 발견을 해낸 과학자일 것이다. 지금까지 알려진 공룡의 역사를 새로 쓰는 주인공이 될 테니 말이다.

공룡이라고 하면 흔히 영화 〈쥬라기 공원〉에 나오는 것처럼 크기가 어마어마한 공룡을 떠올린다. 하지만 실제로 화석 기록을 보면 사람보다 훨씬 큰 공룡과 새처럼 작은 공룡이 함께 살았다는 것을 알 수 있다. 경매를 통해 83억 원에 팔린 '수' 같은 거대한 공룡 뼈는 뼛조각 하나도 크기가 엄청나서 어딘가에 덜렁 놓여 있으면 잘 모르는 사람 눈에는 그냥 특이한 돌멩이처럼 보일 수 있다. 워낙 크기가 크다 보니 자연에 의해 마모가 되더라도 수천만 년의 세월을 견딘 것이다. 하지만 새처럼 작은 공룡은 뼈 자체가 남아 있는 경우보다 생김새가 돌에 도장처럼 찍힌 형태의 화석으로 많이 발견된다.

공룡이 통째로 찍혀 있으면 아주 세부적인 구조까지 관찰할 수 있다. 공룡을 연구해온 수많은 학자들은 이렇게 보존된 공룡의 골격을 통해 공룡이 점차 날개가 생기는 쪽으로 형태가 변했다는 것을 알게 되었다. 오늘날 지구상에 살아 있는 동물 중에서 날개가 있는 동물은 새뿐이니 그렇다면 공룡과 새는 친척 관계일까? 재미난 사실은 가장 오래된 새의 화석이더라도 언제나 공룡 화석보다는 더 나중에 생긴 지층에서만 발견된다는 것이다. 이런 사실을 토대로 학자들은 공룡이 새로 진화했다는 가설을 세웠다. 만약 이 가설이 맞는다면 가장 오래된 새의 화석보다 더 이전에 살았던 공룡 중에는 깃털이 있는 공룡이 있었을 것이라는 또 다른 가설을 세울 수 있다. 과학이 재미난 이유는 바로 이렇게 가설을 세우고 과연 그 가설이 맞는지 검증해볼 수 있기 때문이다.

과연 깃털 달린 공룡이 존재했을까? 처음으로 깃털 달린 공룡이 발견된 것은 1990년대 중반이었다. 스페인과 중국, 몽골, 러시아 등지에서 깃털이 선명하게 찍힌 화석이 중생대 지층에서 발견되기 시작했다. 학자들의 가설은 옳았고, 깃털 달린 공룡은 계속 발견되었다. 놀랍게도 연구 기술의 발달에 힘입어 지난 2010년에는 공룡 깃털의 색깔 패턴까지 추정할 수 있게 되었다.

세계 최고의 과학 학술지인 〈네이처〉와 〈사이언스〉에 각각 발표된 논문에 따르면, 과학자들은 전자 현미경을 이용해 깃털 화석에 남아 있는 아주 미세한 양의 색소의 밀도와 모양을 분석했다. 새의 깃털 색은 이러한 종류의 색소가 얼마나 빽빽하게 어떤 형태로 배열되어 있는가에 따라 정해지기 때문에 이를 통해 공룡의 몸을 뒤덮었던 깃털의 색을 추정해낼 수 있었다. 학자들이 복원해낸 이 공룡은 어떤 모습이었을까? 중국 랴오닝성遼寧省의 1억 6천만 년 전 지층에서 발견된 크기가 닭만 한 작은 공룡은 전체적으로 검은색이었으며 날개에는 검은색과 흰색의 줄무늬가 있었다. 공룡이라면 티라노사우루스만 생각하던 이들에게는 다소 충격적일 수도 있을 만큼 자그마한 칠면조같이 생긴 검은 새 한 마리로 복원되었다.

세계 각지에서 깃털 달린 공룡이 발견되는 것으로 보아 이들이 지구상에 살았다는 것은 분명해졌다. 그런데 왜 깃털이 생기게 된 걸까? 깃털은 새에게 달려 있으니 날기 위해서 생겨났다고 생각하기 쉽다. 하지만 공룡은 깃털이 있든 없든 날지 않았다. 영화에서 꺅꺅 소리를 내며 하늘을 나는 커다란 시조새는 공룡이 아니라 새다. 시조새 말고도 날아다니는 공룡같이 생긴 걸 분명 본 기억이 있다면 그건 하늘을 날던 파충류다. 우리가 잘 알고 있는 대표적인 종류로는 익룡Pterosaur이 있다. 파충류에서 날개가 발견되자 학자들은 하늘을 날던 파충류가 새의 조상일 것이라고 생각했다. 하지만 아무리 봐도 하늘을 날던 파충류의 골격과 오늘날 새의 골격은 많이 달랐다. 물론 같은 조상에서 나왔어도 달라질 수는 있지만 난다는 것 하나 빼고는 달라도 너무 달랐다. 앞서 이야기한 박쥐와 새처럼 말이다.

새의 가장 대표적인 특징이 나는 것이기 때문에 여기에만 주목해서 새의 조상을 찾으려 했던 것이 문제였다. 깃털 달린 공룡은 골격의 구조상 날지는 못했지만 뼈대의 모습과 형태가 오늘날 하늘을 나는 새와 매우 비슷했다. 깃털 달린 공룡 화석이 더 많이 발견되면 될수록 그들이 새의 조상이라는 것이 분명해졌다. 이렇게 날지 않았던 공룡에게서 깃털이 먼저 발견되는 것으로 보아 깃털은 원래 날기 위한 목적으로 생겨난 것이 아님을 알 수 있다. 그렇다면 깃털의 목적은 무엇이었을까? 공작새처럼 살랑살랑 화려한 깃털을 흔들며 암컷을 유혹하는 용도였을 수도 있고 같은 종끼리 깃털을 흔들어 의사소통을 하기 위한 도구로 쓰였을 수도 있다.

하지만 이 모든 것은 추측일 뿐 그 답은 아직 아무도 모른다. 고생물학에서 가장 풀기 어려운 문제가 바로 이런 "왜?"라는 질문에 대한 답이다. 우리는 화석이나 뼈를 통해서 예전에 지구상에 살다가 멸종한 독특하고도 희한한 생물의 존재를 얼마든지 알 수 있다. 하지만 왜 공룡이 그런 모습이었는지, 왜 없던 깃털이 생겨났는지, 왜 멸종했는지는 알기 어렵다. 짐작이야 이래저래 해볼 수 있지만 왜 그런 일이 생겼는지를 이해하는 것은 어쩌면 인간의 영역 밖의 일일지도 모른다.

9천 년 전의 터프가이, 케네윅맨

1996년 어느 여름날. 미국 전역에서 많은 사람들이 수상 비행기 경주에 참가하기 위해 서쪽 해안가에 있는 워싱턴 주 케네윅의 콜롬비아 강으로 모여 들었다. 경기를 앞두고 강가에서 몸을 풀던 윌과 데이비드는 물살이 약해져 물이 고인 부근을 지나고 있었다. 그때 무언가 특이한 것이 그들의 시선을 사로잡았다. 가까이 가서 보니 놀랍게도 사람 머리뼈가 물 위에 둥둥 떠 있었다. 그들은 침착하게 머리뼈를 물에서 건져 근처 경찰서로 가져갔다.

사람 뼈가 발견되면 가장 먼저 살인 사건의 흔적인지 아닌지를 확인한다. 이를 위해 경찰과 형사, 부검의 그리고 수중 다이버들까지 총출동해 머리뼈가 발견된 지역을 샅샅이 뒤졌다. 그 결과 자그마치 350조각에 달하는 사람 뼈가 추가로 발견되었다. 부검실로 옮겨진 뼈는 꼼꼼한 복원과 분석 과정을 거쳤다. 그 결과 가슴뼈와 일부 손가락, 발가락뼈를 제외한 모든 뼈가 확인되었다. 주로 부패가 덜 된 시신을 분석했던 부검의에게 뼈만 남아 있는 유해 분석은 쉽지 않았다. 그래서 그는 뼈를 전문적으로 분석하는 컨설팅 회사 소속의 고고학자 제임스 채터스James C. Chatters, 1949~에게 전화를 걸었다. 강가에서 사람 뼈가 발견되었다니 흥미로운 사건이었다. 채터스는 흔쾌히 분석을 맡겠다고 했다. 이때까지만 해도 아무도 이 뼈가 훗날 8년 간의 치열한 법정 공방의 주인공인 '케네윅맨Kennewick man'이 될 것이라고 예상하지 못했다.

케네윅맨을 분석하던 채터스는 그의 골반뼈에서 희끄무레한 작은 조각 같은 것을 발견했다. 그 조각은 뼈 속에 깊이 들어가 있어서 육안으로는 무엇인지 확인하기 힘들었다. 주변의 골반뼈가 울퉁불퉁하게 자란 것으로 미루어 볼 때 뼈에 무언가가 박혀서 생긴 상처가 아문 흔적 같았다. 케네윅맨 골반뼈의 CT를 찍어보니 놀랍게도 골반뼈 안에서 자그마한 돌로 만든 화살촉이 보였다. 총알도 아니고 화살촉이라니 이게 어찌된 일일까. 가끔 야생에서 살아남는 법을 배우는 사람들이 활이나 화살촉을 만들기도 하지만 몸에 박힌 화살촉은 재질이나 모양새로 봤을 때 요즘 사람이 만든 것은 아니었다.

이런 화살촉은 콜럼버스가 아메리카 대륙에 도착하기 한참 전부터 살던 원주민들이 사용하던 것이었다. 미국 원주민들은 수천 년간 흑요석과 같은 날카로운 돌로 만든 다양한 모양의 화살촉을 사용해왔다. 흑요석은 화산 활동으로 생기는 검은색의 반짝이는 돌인데 단단하면서도 날카로워서 예전에는 의사들이 수술할 때 사용하곤 했다. 그렇다면 옛날에 쓰던 화살촉인 건 확실한데, 얼마나 오래된 것일까? 이것도 큰 문제는 아니었다. 우리나라에서 빗살무늬나 민무늬 등 토기의 무늬로 신석기 시대와 청동기 시대를 나누는 것처럼 돌로 만든 화살촉의 모양으로 연대를 가늠할 수 있기 때문이다.

미국 워싱턴 주에는 총 29개의 미국 원주민 집단이 살고 있기 때문에 화살촉을 이용한 편년이 특히 잘 되어 있다. 이에 따르면 케네윅맨의 골반뼈에 박힌 화살촉은 8,500~4,500년 전에 이 지역 원주민들이 많이 사용했던 화살촉이었다. 워싱턴 주에서는 이렇게 오래된 사람 뼈가 온전한 형태로 발견된 적이 없었기 때문에 케네윅맨 소식을 들은 이들은 술렁이기 시작했다.

지구의 비밀을 밝힌 방사성 탄소 연대 측정법

화살촉으로만 보면 케네윅맨은 수천 년 전에 이곳에 살던 사람이었다. 보다 확실한 연대 측정을 위해 연구자들은 다섯 개의 뼈 샘플을 캘리포니아 대학 리버사이드 캠퍼스에 있는 방사성 탄소 연대 측정 랩으로 보냈다. 윌러드 리비Willard F. Libby, 1908~1980 박사가 개발한 방사성 탄소 연대 측정법은 간단한 원리를 이용해 뼈가 얼마나 오래되었는지를 알아내는 방법이다. 우리가 마시는 공기 속에 들어 있는 탄소는 주로 탄소12인데 그것 말고도 아주 적은 양의 탄소14가 섞여 있다. 숨을 쉴 때마다 공기 중에 들어 있는 탄소12와 탄소14 모두 우리 몸속으로 들어온다. 신기하게도 사람이 죽어서 호흡을 멈추면 탄소12는 그대로 있지만 탄소14의 양은 점점 줄어든다.

원래 생명체가 살아 있을 때 몸속에 가지고 있던 탄소14의 양은 5,730년이 지나면 절반으로 줄어든다. 방사성 탄소 연대 측정법은 몸속에 남아 있는 탄소가 생명체가 사망한 시점부터 5,730년마다 절반으로 줄어드는 원리를 이용해 그 생명체가 살았던 연대를 추정한다. 탄소14는 양이 점점 줄어드는 불안정한 원소이기 때문에 '안정' 동위원소가 아닌 '방사성' 동위원소라고 불린다. 이와 달리 '안정' 동위원소인 탄소12는 시간이 흘러도 그 양이 일정하게 유지된다. 살아 있는 생물체의 탄소12와 탄소14의 비율을 기준으로 뼈에 남아 있는 탄소12와 탄소14의 양을 측정하면 그 뼈가 얼마나 오래된 것인지를 알 수 있다. 예를 들어 탄소14가 사분의 일 남아 있으면 절반의 절반이니 반감기半減期가 두 번 지난 5,730년 곱하기 2를 한 11,460년 전의 뼈라는 이야기다.

리비 박사가 1940년대에 방사성 탄소 연대 측정법을 개발해 노벨 화학상을 받았을 때만 하더라도 과학계는 희망에 들떠 있었다. 이제 이런 획기적인 방법이 나왔으니 연대 측정에 문제가 없겠구나 싶어서였다. 그런데 탄소 연대 측정법이 널리 쓰이면서 여기저기서 문제점이 발견되기 시작했다. 집을 지을 때 사용했던 나무를 이용해 탄소 연대 측정을 한 연대와 실제 그 나무의 나이테를 세어서 계산한 연대가 서로 다르게 나오기 일쑤였다. 화학자들은 이 문제를 해결하기 위해 수많은 연구를 진행했다. 그 결과 대기 중의 탄소 비율은 시간이 지나면서 계속 바뀌기 때문에 오늘날의 탄소 비율을 가지고 수천 년 전의 샘플을 분석하면 결과에 오류가 생길 수도 있다는 게 밝혀졌다.

그러나 다행히 100년 단위로 아주 작은 변화가 관찰될 정도로 그 차이가 아주 미미했다. 이렇게 차이가 생기는 이유는 태양의 흑점 크기 또는 지구 자기장의 변화로 인한 우주 대기의 변화 때문일 수도 있지만 정확한 이유는 아직까지 밝혀지지 않았다. 화학자들은 이러한 변화 추이를 염두에 두고 나이테 측정법 및 다양한 방법을 이용해 방사성 탄소 연대 측정법을 보완했다. 그 결과 지금은 3만 년이 안 된 화석의 연대를 추정하는 가장 정확한 방법으로 자리 잡았다. 탄소14가 5,730년마다 원래 양의 절반으로 줄어들다 보니, 약 3만 년 정도가 지나면 그 양이 반의 반의 반의 반의 반으로 줄어버려서 그만큼 분석이 힘들어진다. 물론 기술이 발달해 6만 년까지도 연대 측정이 가능하긴 하지만 정확도는 그만큼 떨어진다.

베수비오 화산이 폭발하면서 화산재에 묻혀 버린 고대 로마 도시 폼페이에서 빵 조각이 발견되었다. 이를 이용해 방사성 탄소 연대 측정을 했더니 그 결과가 서기 72년 전후로 나왔다. 폼페이는 서기 79년에 묻힌 것으로 기록되어 있으니 그 정확성이 놀랍다. 물론 황당한 연대가 나와서 고고학자들을 깜짝 놀라게 한 사례들도 종종 있다. 1960년대에 미국의 한 고고학 유적의 화덕에서 발견된 숯으로 방사성 탄소 연대를 측정했더니 거의 4만 년에 가깝게 나왔다. 그렇게 오래 전에 북미 대륙에 사람이 살았던 증거는 한 번도 발견된 적이 없어서 이 연대 측정 결과는 수많은 논쟁을 불러 일으켰다.

미국에 아주 오래 전부터 사람이 살았다고 주장해온 사람들은 드디어 그 주장을 뒷받침할 증거가 나왔다고 좋아했다. 하지만 지금까지 한 번도 발견된 적이 없는 증거가 이 유적에서만 나왔다는 것은 무언가가 잘못되었을 확률이 더 높다. 추가 조사 결과, 화덕에서 발견된 숯은 나무가 아닌 그 지역에서 나온 갈탄으로 만들어진 것으로 밝혀졌다. 갈탄은 원래 아주 오래전부터 있던 것이므로 잘못된 연대 측정은 아니었으나 그 연대는 갈탄의 나이이지 과거 미국 원주민들이 화덕에 숯을 피우며 몸을 녹이던 때의 연대는 아니라는 이야기다.

볼수록 아리송한 케네윅맨의 생김새

케네윅맨의 뼈를 이용해 방사성 탄소 연대를 측정한 결과, 그는 지금으로부터 약 9,500년 전에 살았던 것으로 밝혀졌다. 콜럼버스가 아메리카 대륙에 도착한 것이 1492년이었으니 케네윅맨은 미국 원주민의 조상이라고 보는 것이 논리적이다. 미국에서 원주민과 관련된 이슈는 여러모로 민감하다. 우선 백인들이 들어와서 많은 이들을 죽이고 그들의 땅을 차지했다는 '원죄'가 있다. 이 때문에 미국 정부는 원주민 보호구역을 설정하고 이들에게 카지노 독점권과 같은 특혜를 제공하는 재정적인 지원을 해왔다. (2013년 기준으로 미국 연방 정부가 인정하는 미국 원주민 집단은 총 566개로 본인이 미국 원주민의 혈통임을 증명할 수 있으면 그 집단 중 하나의 구성원으로 공식 등록할 수 있다.) 뿐만 아니라 1990년에 '내그프라NAGPRA: Native American Graves Protection and Repatriation Act'라는 법이 국회를 통과하면서 연방 정부의 재정적 지원을 받은 기관이 발굴 혹은 조사 중에 미국 원주민의 뼈, 유품, 유물 등을 찾으면 이를 미국 원주민 집단에게 돌려주어야 한다.

미국 원주민은 아시아인과 비슷하게 생겼다. 실제로 DNA를 분석해보아도 동북아시아 사람과 북미 대륙에 살고 있는 원주민들은 매우 가까운 관계이다. 나의 미토콘드리아 DNA도 한국뿐만 아니라, 북미와 남미 원주민들 사이에서 가장 많이 발견되는 DNA라고 한다. 이 때문에 오래전부터 학자들은 미국 원주민이 동북아시아로부터 건너온 사람들의 후예라고 생각해왔다. 지금은 아메리카 대륙과 아시아 대륙이 베링해를 사이에 두고 알래스카와 러시아로 떨어져 있지만 해수면이 지금보다 낮았던 3만 년~1만 5천 년 전만 하더라도 이 두 대륙은 하나로 붙어 있었다. (러시아와 알래스카를 나누는 베링해는 가장 좁은 폭이 80킬로미터밖에 되지 않을 정도로 여전히 가깝다.)

이때 여러 종류의 동식물이 아시아에서 아메리카 쪽으로 넘어갔는데 1만 5천 년 전경부터는 동식물과 함께 사람이 넘어간 흔적도 발견된다. 알래스카와 캐나다 부근에 있는 유적을 중심으로 그 당시 사람들이 사용했던 화살촉과 고고학 유품들이 출토되면서 미국 원주민이 동북아시아로부터 왔다는 것이 정설로 받아들여지고 있다. 미국 원주민이 북미 동쪽 해안을 따라 유럽에서 건너온 사람들의 후손이라는 가설을 꾸준히 제기하는 사람들도 있기는 하다. 그러나 이를 뒷받침해줄 DNA나 고고학적 증거가 아직은 부족하다. 언제나 다른 학설을 제기하는 사람들이 있는 법!

그렇다면 9,500년 전의 남자인 케네윅맨은 미국 원주민의 조상이어야 하고, 원주민의 조상으로 밝혀진 이상 미국 원주민 관련 법에 따라 처리해야 한다. 그런데 문제는 이 남자의 생김새였다. 누가 봐도 아시아인과 비슷하게 생긴 미국 원주민들과 달리 케네윅맨은 그다지 아시아인같아 보이지 않았다. 우리가 아프리카 흑인이나 유럽의 백인을 보고 아시아 사람이라고 하지 않는 것은 단지 피부색이 달라서만은 아니다. 피부색을 고려하지 않더라도 얼굴에서 드러나는 특징을 통해 쉽게 인종을 구분할 수 있다. 일반적으로 흑인은 코가 옆으로 넓게 퍼져 있는데 비해 백인은 콧날이 오똑하고, 흑인은 얼굴이 옆으로 넓은데 비해 백인은 얼굴이 갸름하다. 이렇게 살아 있는 사람의 얼굴에서 보이는 인종 혹은 집단 간의 차이는 당연히 그들의 머리뼈에서도 확연히 드러난다.

앞으로 튀어나온 광대뼈는 아시아 사람들의 중요한 얼굴 특징 중 하나이다. 이는 아시아인의 후손인 미국 원주민에게서도 뚜렷이 나타난다. 그러나 케네윅맨의 광대뼈는 아시아인의 얼굴뼈에 비해 낮다. 그는 전체적인 머리 모양도 둥글둥글한 아시아인과 달리 백인처럼 앞뒤 짱구에 가깝다. 게다가 코의 맨 위쪽에 붙은 좌우 두 개의 작은 코뼈를 보니 콧날도 오똑하다. 그러나 치아 분석 결과, 치아는 아시아인과 훨씬 비슷하다. 이렇게 케네윅맨은 오늘날 찾아보기 힘든 여러 가지 특징을 동시에 지니고 있는 정체가 아리송한 사람이다.

이러한 여러 가지 미스터리 때문에 인류학자들은 케네윅맨을 자세히 분석하고자 했다. 그런데 이러한 행보에 제동이 걸렸다. 케네윅맨이 발견된 곳의 부근에 살고 있던 다섯 개의 미국 원주민 집단이 케네윅맨은 자신들의 조상이므로 내그프라 법에 의해 자신들이 안장해야 한다고 주장했기 때문이다. 이러한 주장에 인류학자

복원한 케네윅맨의 모습과 두개골 모형 | 9천5백 년 전에 살았던 케네윅맨은 인종을 규정짓기 힘든 여러 가지 특징을 동시에 지니고 있다. 출처: Sculpted bust of Kennewick Man by StudioEIS with Jiwoong Cheh; based on forensic reconstruction by Amanda Danning; photograph by Chip Clark, Smithsonian Institution.

들은 강하게 반박했다. 그렇게 오래전에 살았던 케네윅맨이 과연 누구의 조상인지 아직 밝혀지지 않았을 뿐더러 그의 얼굴뼈에서 드러나는 특징이 미국 원주민들과 확연히 다르므로 조상으로 단정 짓기도 어렵다는 것이었다. 특정 원주민 집단과의 연관성을 증명할 수 없으면 내그프라 법이 적용되지 않기 때문에 학자들은 계속해서 이 귀중한 자료에 대한 연구를 진행하고자 했다.

그러나 미국 원주민 집단은 자신들의 구전 역사가 1만 년 전까지 거슬러 올라가기 때문에 9,500년 전에 살았던 케네윅맨은 분명 자신들의 조상이라고 주장했다. 잘못했다가는 그간 유례없는 중요한 과학적 자료가 제대로 연구조차 이루어지지 않은 채 다시 땅속에 묻힐 위기에 처했다. 케네윅맨이 이런 논쟁에 휩싸이자 케네윅맨이 발견된 지역의 땅을 관할하는 미 육군 공병은 일단 뼈를 아무도 접근하지 못하게 안전한 곳으로 옮겼다. 그때부터 지금까지 케네윅맨은 워싱턴대학교의 버크 박물관 수장고에 보관되어 있다.

그러자 미국 원주민 문화 연구에 선구적인 역할을 해온 보닉슨Robson Bonnichsen, 1940~2004을 비롯한 여덟 명의 인류학자들은 미국 정부를 대상으로 소송을 제기했다. 아직 어떤 특정한 원주민 집단과의 연관성이 증명되지 않은 상황에서 케네윅맨의 연구가 원주민의 기원을 밝히는 데 중요한 역할을 할 수 있다고 보았다. 그러므로 이 뼈를 연구도 제대로 하지 않고 재매장하는 것은 옳지 않다는 것이 소송의 이유였다. 이렇게 시작된 법정 공방은 8년간 지속되었다. 마침내 2004년에 법원은 학자들의 손을 들어주었다. 너무나 지리하고 치열했던 법정 공방 때문이었을까. 판결이 나고 얼마 지나지 않아 보닉슨은 향년 64세로 세상을 떴다.

법원의 판결 덕분에 인류학자들은 케네윅맨을 자세히 연구할 수 있게 되었다. 케네윅맨의 사망 당시 나이는 40~55세 사이이고 신장은 175센티미터였다. 케네윅맨의 팔과 어깨뼈 분석 결과 그는 팔을 자주 사용했고, 그 부위에 관절염을 앓은 흔적이 있었다. 이는 오늘날 야구 투수들에게 많이 보이는 형태의 관절염으로 현대인에게 이 정도의 부상이 생기면 수술을 해야 할 정도라고 한다. 케네윅맨은 상당한 '터프가이'였던 모양이다. 아니, 어쩌면 그 당시 살던 사람들의 삶이 그저 고단했기 때문인지도 모른다.

케네윅맨은 무엇을 먹고 살았을까?

학자들은 케네윅맨 뼈의 일부를 이용해 안정 동위원소 분석을 했다. 그가 무엇을 먹고 마셨는지 알아보기 위해서였다. 안정 동위원소는 앞서 말한 방사성 동위원소와 달리 시간이 지나도 붕괴되지 않는 안정적인 동위원소를 말한다. 우리가 먹고 마시는 음식에 들어 있는 동위원소는 몸속으로 들어가 고스란히 뼈에 저장된다. 고기를 먹으면 고기 속에 있던 동위원소가 뼈에 쌓이고, 참치를 먹으면 참치 속에 들어 있던 동위원소가 뼈에 쌓인다. 몸속의 뼈는 살아 있는 조직이기 때문에 7~8년을 주기로 완전히 새로운 세포들로 이루어진 새로운 뼈가 계속해서 만들어 진다. 따라서 뼈 속에 남아 있는 안정 동위원소를 이용하면 어떤 사람이 죽기 10년 정도 전부터 죽을 때까지 주로 섭취했던 음식과 물의 종류를 추정할 수 있다.

요즘이야 하루도 안 걸려 지구 반대편까지 갈 수 있으니 먹었던 음식으로 생전의 정보를 분석하려면 좀 복잡하지만 장거리 이동이 불가능했던 옛날 사람들의 뼈는 그들이 먹고 마셨던 것에 대한 정보를 훨씬 정확하게 담고 있다. 케네윅맨은 워싱턴 주에서도 내륙 쪽에서 발견되었는데, 재미있게도 그의 뼈에 남아 있던 동위원소는 그가 해양 동물인 바다표범과 연어 등을 주식으로 했음을 알려주었다. 해안가부터 내륙까지는 걸어서 왔다 갔다 하기 쉬운 거리가 아니므로 케네윅맨은 원래 바다 쪽에 살던 사람이라고 보는 것이 가장 합리적이다. 여러 해 동안 하루 24시간 연어만 주야장천 먹는다 하더라도 도저히 몸에 한꺼번에 쌓일 수 없는 만큼의 해양 생물 동위원소가 케네윅맨의 뼈에서 나왔기 때문이다.

케네윅맨은 과연 누구였을까? 9,500년 전에 워싱턴 주 해안가에 살던 아시아 계통의 남자였을까? 그는 왜 수백 킬로미터가 넘는 거리를 걸어 내륙으로 향했을까? 누구에게, 왜 화살을 맞았던 걸까? 이러한 질문에 답할 수 있는 날이 올 수 있을지 모르지만 그 실마리라도 잡기 위해서는 케네윅맨처럼 오래전에 살던 사람의 뼈와 유물이 더 많이 발견되어야 한다. 지금도 여전히 원주민들은 자신들의 조상이라 생각하는 케네윅맨이 하루라도 빨리 연구가 끝나 다시 땅으로 돌아가기를 바라고 있다. 그들은 아직도 케네윅맨이 보관된 버크 박물관에 와서 구천을 떠돌고 있는 그의 영혼을 위해 기도를 한다. 과학이냐 민간 신앙이냐의 어쩔 수 없는 논쟁은 법원의 판결에도 불구하고 아직도 끝나지 않았다.

방사성 탄소 연대 측정법을 개발한 천재 과학자, 윌러드 리비

윌러드 리비 Willard F. Libby, 1908~1980

윌러드 리비는 1908년에 미국 콜로라도 주의 작은 마을에서 농부의 아들로 태어났다. 반이 두 개뿐인 작은 초등학교와 중학교를 마친 리비는 부모님과 함께 캘리포니아 주로 이사한 후 고등학생 때부터 두각을 나타냈다. 이후 버클리 캘리포니아 주립 대학을 졸업한 리비는 1933년에 같은 대학에서 화학 박사 학위를 받았다. 졸업과 동시에 모교에 조교수로 채용된 그는 곧 부교수로 승진했다. 1941년에 구겐하임 펠로우로 선정되어 프린스턴 대학에서 일정 기간 연구할 수 있는 기회가 주어졌다. 하지만 제2차 세계대전 중 원자폭탄을 만드는 프로젝트인 맨해튼 프로젝트의 일원으로 발탁되어 프린스턴이 아닌 뉴욕의 컬럼비아 대학으로 잠시 자리를 옮겼다. 1945년, 종전과 함께 시카고 대학으로 자리를 옮겼고 그해에 쌍둥이 딸을 얻었다.

1940년대에 리비 박사는 두 명의 대학원생과 함께 오래 전에 지구상에 살았던 생물체의 정확한 생존 연도를 추정하는 방사성 탄소 연대 측정법을 개발했다. 이전에는 고고학 유적에서 유물이 출토되더라도 언제 만들어진 것인지 대략 짐작할 수밖에 없었는데, 리비 박사 팀 덕에 이제는 비교적 정확하게 연대를 추정할 수 있게 되었다. 방사성 탄소 연대 측정법 연구 이외에도 그는 전쟁 무기로써의 원자폭탄이 아닌 에너지원으로써의 원자력에 대한 연구와 홍보에 주력했다.

〈타임〉지는 1955년 8월 15일호 표지에 리비 박사의 얼굴을 크게 실어 그의 전쟁 이후 연구 활동에 대해 비중 있게 다루었다. 1959년에 캘리포니아 UCLA로 자리를 옮긴 리비 박사는 이듬해인 1960년에 방사성 탄소 연대 측정법을 개발한 공로로 노벨 화학상을 받았다. UCLA 화학과에서 원로 교수들이 '화학의 기초'를 가르치는 전통에 따라 리비 박사도 새내기 학생들을 여러 해 동안 가르쳤다.

그는 당시 천재로 소문났던 리오나 우즈Leona Woods, 1919~1986와 1966년에 재혼했다. 만 14살에 고등학교를 졸업하고 18살에 시카고대학 화학과를 졸업한 천재 소녀 리오나는 23살에 세계 최초의 원자로 개발에 참여했다. 그녀는 어린 나이에 이미 핵물리학에 두각을 나타내 맨해튼 프로젝트에 유일한 여성 멤버로 참가했다. 이후 뉴욕대 교수를 거쳐 남편 리비와 함께 UCLA로 자리를 옮겼다. 그리고 리비 부부는 UCLA에 환경공학과를 만들었다. 리비 박사는 1980년에 폐렴 합병증으로, 아내 우즈 박사는 1986년에 뇌졸중으로 세상을 떴다.

사진 출처: Emilio Serge Visual Archives ; American Institute of Physics ; Science Photo Library

선글라스가 필요 없었던 네안데르탈인

어딘가 좀 어수룩해 보이는 남자가 길을 걷고 있다. 제대로 빗지 않아서 산발한 머리에 얼굴 생김새도 어딘가 다르다. 빌딩에 걸린 전광판에서는 보험 회사 광고가 나온다.

"우리 회사 홈페이지는 원시인도 사용할 수 있을 정도로 쉽습니다!"

무심코 가던 이 남자는 그 말에 기분이 확 상했다. 그는 도시 한복판에 있는 자신의 아파트로 돌아가 친구에게 전화를 걸었다.

"조금 전에 광고를 하나 봤는데 말이야, 그 광고에서 꼭 우리가 자기네들보다 멍청한 것처럼 얘기하더라. 너무 쉬워서 원시인도 할 수 있단다. 기분이 좋지 않았어."

이 장면은 미국의 한 보험 회사가 2004년부터 내보내기 시작한 원시인 광고 시리즈 중 하나이다.

이 광고는 원시인이 여전히 우리들과 함께 살고 있다는 가상의 시나리오를 기반으로 만들었는데, 참신한 설정으로 많은 이들에게 오랫동안 사랑을 받았다. 이 광고 속에 등장하는 원시인의 모델은 네안데르탈인이다. 원시인이라고 하면 많은 사람들이 네안데르탈인을 떠올리기 때문이다. 왠지 네안데르탈인은 우리와 달리 가죽 옷을 걸치고 돌도끼를 들고서 숲 속을 누비며 토끼를 사냥하러 다닐 것만 같다. 과연 네안데르탈인은 원시인이었을까? 그들은 도대체 언제 어디서 살던 사람들일까? 설마 광고 속에서처럼 그들이 우리 곁에 살고 있는 것은 아니겠지?

지금이야 공룡이나 맘모스같이 멸종한 동물들이 잘 알려져 있지만 1800년대 초반만 하더라도 지구상에서 생물이 살다가 멸종되고 또 없던 생물이 새로 생겨날 수 있다는 개념은 매우 생소했다. 그 당시 화석 채집에 열을 올렸던 자연사학자들은 한때 지구상에 살았던 동물들이 지금은 더 이상 존재하지 않을 수도 있다는 것을 어렴풋이 깨닫기 시작했다.

1856년 독일의 네안더 계곡에서 사람의 것처럼 생긴 두개골 일부, 허벅지뼈 두 개, 위팔뼈 다섯 개, 그리고 골반뼈가 발견되었다. 뼈를 발견한 광부들은 이를 동네의 학교 선생에게 가져갔다. 취미로 화석을 모아온 이 사람은 뼈가 사람 뼈처럼 보이는 게 심상치 않아 다시 해부학 교수에게 가져다주었다.

아주 먼 옛날에 우리와는 다른 종류의 사람이 살았을 거라는

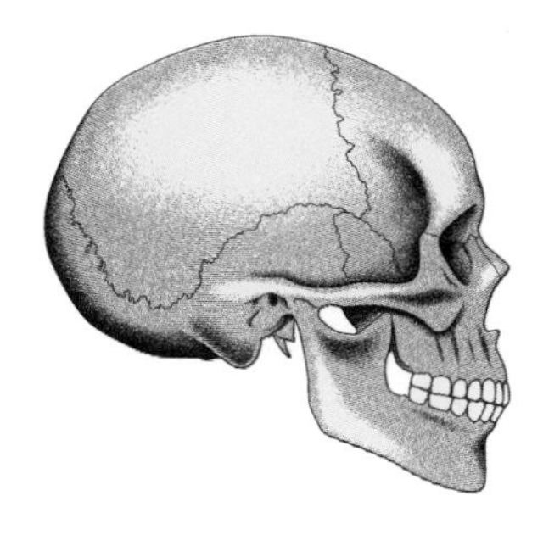
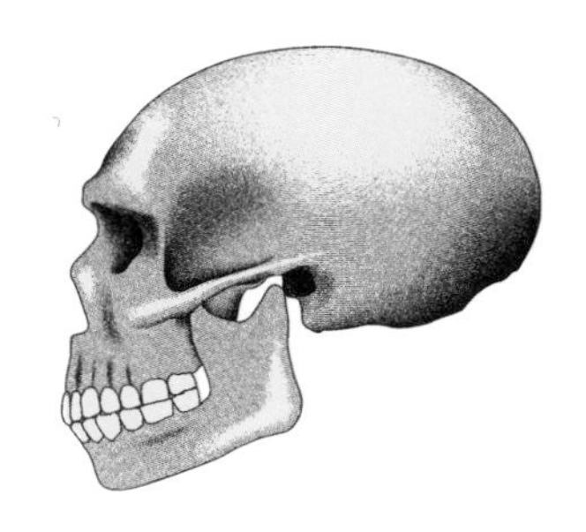

현대인(좌)**과 네안데르탈인**(우)**의 두개골** | 인류의 사촌 네안데르탈인은 눈썹 부분의 뼈가 아주 많이 튀어나와 있고, 이마가 거의 없다. 현대인의 두개골에 비해 이마 부근은 폭이 좁고 뒤통수로 갈수록 폭이 넓어지는 사다리꼴 모양이다.

사실 자체를 상상하기 힘든 시절이었지만, 그들의 눈에도 이 뼈들은 지금의 사람 뼈와는 많이 달라 보였다. 두개골은 눈 윗부분부터 머리통과 뒷통수 일부만 남아 있었는데, 눈 윗부분에 있는 눈썹 부분의 뼈가 아주 많이 튀어나와 있었다. 눈썹 아래의 이 뼈는 보통 남자들이 여자들보다, 유럽인이 아시아인보다 더 튀어나와 있다. 하지만 이 두개골은 눈썹 바로 아래 뼈가 아주 심하게 튀어나와서 그 위에 가느다란 연필을 얹을 수 있을 정도였다. 우스갯소리로 이 뼈의 주인은 선글라스도 우산도 필요 없었겠다는 말이 나올 정도로 말이다.

뿐만 아니라 눈썹 위의 뼈부터 정수리 쪽으로 이어지는 뼈의 경사가 아주 완만해서 이마가 좁은 정도가 아니라 아예 없었다. 머리통을 위에서 내려다보면 사람의 머리뼈는 전체적으로 둥근 타원형인데, 이 두개골은 이마 부근은 폭이 좁고 뒤통수로 갈수록 폭이 넓어지는 사다리꼴이었다. 도대체 이 뼈는 누구의 뼈일까.

네안데르탈이라는 별명이 붙은 이 머리뼈 화석은 훗날 모든 네안데르탈인을 대표하는 화석뼈가 되었다. 네안데르탈인 발견 직후에 많은 사람들은 그가 로마 시대에 살았던 군인인데 병이 나서 동굴에 버려졌다고 생각했다. 보통 사람들은 그렇게 희한한 머리뼈와 심하게 휜 굵은 허벅지뼈를 가질 수 없으니 뼈에 병색이 완연하다고 믿었던 것이다. 하지만 모든 사람들이 이러한 설명을 받아들이지는 않았다. 아무리 병이 있던 사람이라고 해도 보통 사람 뼈와 그렇게까지 다르게 생길 수는 없다는 이유에서였다.

진화의 원동력을 밝힌 다윈의 '자연 선택'

네안데르탈인 발견 후 3년이 지난 1859년에 찰스 다윈Charls R. Darwin, 1809~1882은 502쪽에 달하는 방대한 분량의 책 《종의 기원》을 출간했다. 많은 사람들이 《종의 기원》에서 다윈이 인류의 진화를 정면으로 다뤘을 거라고 생각한다. 하지만, 그는 이 책에서 논한 다양한 동식물의 변화상이 인류 진화의 역사를 이해하는데 실마리를 제공할 수 있을 것이라고만 간단히 이야기했다. 《종의 기원》은 여러 가지 면에서 놀라운 책이다. 이 책을 처음부터 끝까지 원서로 꼼꼼히 읽어보면 왜 이 책이 150여 년이 지난 지금까지도 확고한 과학 고전으로 자리매김하고 있는지 알 수 있다. 다윈은 매우 신중한 사람이었다. 이 책에서 그는 비글호를 타고 전 세계를 돌면서 수집한 수많은 동식물의 해부학적 형태와 그들이 사는 환경 등을 일일이 나열한다. 뿐만 아니라 자신이 모은 화석 정보와 세계 각지의 지질학적 정보를 자세히 서술한다.

또한 다윈은 사람이 필요에 따라 선택 교배를 시키는 바람에 생김새가 달라진 개나 식물에 관한 정보도 아주 길게 서술한다. 그러면서 다윈은 사람이 원하는 대로 교배를 해서 개를 보다 귀여운 강아지로 혹은 셰퍼드처럼 보다 용맹한 개로 만들 수 있듯이 특정 환경에 잘 적응하는 동식물이 그렇지 않은 동식물보다 살아남을 확률이 더 높아져 그 수가 늘어나는 쪽으로 동식물의 모습이 변할 수 있다고 주장한다. 이러한 변화를 일컬어 진화라고 한다. 진화의 개념은 1800년대 중반에 이미 학자들 사이에서는 널리 받아들여지기 시작했기에 다윈의 진화 이론 자체가 큰 반향을 일으킨 것은 아니었다.

《종의 기원》이 획기적이었던 건 진화의 원동력이 무엇인가 하는 부분이었다. 진화, 다시 말해 동식물의 모습이 특정한 쪽으로 변하는 원동력이 '자연 선택'이라고 한 다윈의 주장은 많은 이들의 반발을 샀다. 기독교 문화가 뿌리 깊은 유럽에서는 진화 역시 신이 원하는 방향으로, 신에 의해 일어나는 일이라고 믿어왔기 때문이다. 그런데 다윈의 자연 선택에 의한 진화 이론에 의하면 굳이 신의 힘을 빌지 않더라도 변화한 환경에 더 잘 적응하는 개체가 있으면 그쪽으로 얼마든지 진화가 일어날 수 있다는 것이었다.

다윈이 주장한 대로 자연 선택에 의해 진화가 일어나려면 딱 세 가지 조건만 충족되면 된다. 생물체 간에 모습이나 행동 양식이 약간씩 달라야 하고(다시 말해 다양성이 존재해야 한다), 그러한 다른 모습이나 행동 양식이 생존률에 차이를 유발해야 하며(적자생존이라고 보면 쉽다), 생존률에 차이를 유발한 그 모습이나 행동 양식이 후대로 유전이 되어야 한다. 복잡한 이야기 같지만 예를 살펴보면 아주 간단한 이론임을 금방 알 수 있다.

청개구리를 예로 들어 보자. 밝은 초록색의 청개구리는 주로 나뭇잎이나 풀잎에 붙어서 산다. 우리 눈에는 청개구리가 다 비슷비슷해 보이지만 청개구리도 잘 살펴보면 개체마다 피부색이 조금씩 다르다. 청개구리가 풀잎에 가만히 붙어 있으면 있는지 없는지조차 모르고 지나가기 십상이다. 청개구리가 서식지에 딱 맞게 진화한 결과이다.

그런데 청개구리의 빛깔을 만들어내는 유전자에 돌연변이가 생겼다고 가정해보자. 이 돌연변이로 인해 갈색 빛깔을 띠는 청개구리가 태어났다. (그러면 이름도 더 이상 '청'개구리가 아니겠지만!) 이렇게 되면 우선 첫 번째 상황이 충족된다. 모습이 서로 다른 청개구리가 있다. 아무래도 풀잎과 색이 거의 비슷한 청개구리보다는 갈색 청개구리가 천적인 뱀에 눈에 띌 확률이 높다. 따라서 갈색 청개구리들은 새파란 청개구리보다 먼저 뱀에게 먹힐 확률이 높다. 두 번째 상황이 충족된다.

마지막으로 피부색이 후대로 유전되지 않는다면 뱀에게 잡아먹힌 갈색 청개구리의 불운은 그 한 세대로 끝이 날 것이다. 하지만 만약 이것이 유전되는 형질이어서 수십 마리의 갈색 청개구리가 태어났다면 이야기가 달라진다. 이때 자연 환경에 변화가 없다면 결국 갈색 청개구리들은 멸종의 길을 걸을 수밖에 없다. 하지만 만약 그 지역 환경에 변화가 생겨서 풀이 점점 없어지고 나무나 돌멩이가 많아졌다고 해보자. 그러면 풀잎이 많을 때 유리했던 밝은 초록색의 피부색이 이번에는 불리한 형질이 되어 버린다. 반면에 풀밭에서 맥을 못 추던 갈색 청개구리들은 돌멩이나 나무둥치에 감쪽같이 몸을 숨겨 더 잘 살아남게 된다. 자연 선택에 의한 진화가 일어나는 과정이다.

이러한 예는 주변에 너무나 많아서 일일이 나열하는 것이 무의미할 정도다. 다윈의 이론을 믿지 않는 사람들은 이론이 틀렸음을 증명하기 위해 자연계를 샅샅이 뒤지며 수많은 실험을 했다. 과학자라고 누구나 다윈의 이론을 단번에 받아들였다고 생각하면 큰 오산이다. 그러나 150여 년이 지난 지금, 우리는 그 어느 때보다 확고한 자연 선택에 의한 진화의 증거들을 확보하게 되었다. 실험실에서 아무리 실험을 해도 이 세 가지 조건만 맞으면 정말로 동물상에 변화가 일어났고, 그 환경에 유리한 쪽으로 진화가 진행되었다. 이 세 가지 조건이 충족되는데도 아무런 변화가 없다든지, 생존에 불리한 쪽으로 진화가 일어난 경우는 없었다. 게다가 유전자 연구가 획기적인 진전을 보이며 이제는 겉으로 보이는 형태나 행동 양식에서뿐만 아니라 우리 세포 속에 담긴 유전자를 통해서도 진화의 역사를 살펴볼 수 있게 되었다.

다윈은《종의 기원》에서 자그마치 세 장에 걸쳐 자연 선택에 의한 진화 이론으로 설명하기 어려운 문제들을 나열한다. 자신의 이론을 적용했을 때 무언가 찜찜하고 명쾌하지 않은 부분들을 있는 그대로 서술한 것이다. 과연 얼마나 많은 학자들이 이렇게 자기 이론의 약점이 될 수 있는 부분까지 자세히 서술할까 싶을 정도로 그는 하나하나 문제점을 지적했다. 예를 들어 자신의 이론대로라면 이미 멸종된 동식물의 화석이 많이 발견되어야 하는데 그렇지 않다고 말한다. 하지만 이는 다윈이 살았던 시대에 들어서면서부터 사람들이 멸종된 화석을 찾기 시작했기 때문이지 화석이 존재하지 않았기 때문이 아니다.《종의 기원》이 출간된 후 지금까지 그 어느 때보다도 멸종된 동식물의 화석이 많이 발견되었다. 네안데르탈인만 하더라도 최초의 화석이 발견된 지 150여 년이 지난 지금은 그 수가 400여 점에 달한다.

사실 독일에서 네안데르탈인이 발견되기 8년 전에 이미 스페인 동남부 지브롤터에서 거의 완전한 형태의 네안데르탈인 두개골이 발견되었다. 하지만 그 당시 사람들은 어딘가 다르게 생긴 이 두개골이 성경 속의 대홍수가 일어나기 전에 살다가 죽은 사람이라고 결론짓고 박물관 창고에 넣어 버렸다. 그러다가 독일에서 네안데르탈인 화석이 발견되고 다윈의 《종의 기원》이 출간되면서 묻혀 있던 지브롤터의 두개골이 세상의 빛을 보게 되었다. 이 화석 역시 독일의 네안데르탈인과 매우 비슷하게 생겼다.

그 이후 벨기에의 스피 유적, 크로아티아의 크라피나 유적을 시작으로 유럽 각지에서 네안데르탈인의 뼈가 발견되기 시작했다. 네안데르탈인의 뼈가 나온 유적에서는 '무스테리언Mousterian'이라고 불리는 석기가 함께 발견되곤 했다. 연대 측정 결과를 보면, 네안데르탈인은 약 20만 년 전부터 3만 년 전까지 오랜 기간에 걸쳐 유럽의 서쪽 끝부터 중동 지역 그리고 중앙아시아까지 퍼져 살았다. 1800년대에 네안데르탈인이 처음 발견되었을 때만 하더라도 누구도 이렇게 사람처럼 생긴 화석을 본 적이 없기에 네안데르탈인 화석은 논쟁의 대상이 되었다. 하지만 아주 비슷하게 생긴 뼈들이 거의 동일한 형태의 석기와 비슷한 시기의 유적에서 쏟아져 나오면서 우리는 인류의 사촌인 네안데르탈인의 진화와 생활상에 대해 밑그림을 그려볼 수 있게 되었다.

평생을 동식물 채집과 집필에 바쳤던 찰스 다윈

찰스 다윈 Charles R. Darwin, 1809~1882

찰스 다윈은 영국의 작은 마을 슈르스베리에서 여섯 형제 중 다섯째로 태어났다. 그의 아버지는 부유한 의사였고 외가는 영국의 대표적인 도자기와 그릇 브랜드 웨지우드로 잘 알려진 사업가 집안이었다. 다윈이 만 여덟 살 때 어머니가 세상을 떴다. 홀로 고군분투하며 자식 교육에 열을 올리던 아버지는 똑똑했던 다윈을 당시 영국서 가장 명성이 높았던 에딘버러 대학 의과 대학에 진학시켰다.

1825년부터 의대 수업을 받던 다윈은 수업 내용에 흥미를 느끼지 못했고 외과 수술을 실습할 때는 구역질이 나는 걸 겨우 참아야 했다. 그는 시간이 날 때마다 학교 박물관에 가서 식물을 채집, 분류, 보관하는 일을 배웠다. 당시 많은 이들의 인기를 모았던 '딱정벌레 수집'에도 열을 올리는 등 의대 공부를 뒤로 하고 취미 생활에 몰두했다. 실망한 아버지는 다윈을 목회자로 만들고자 1828년에 신학교로 전학시켰다. 다윈은 신학교에서 우수한 성적을 받았지만 여전히 그의 주된 관심은 동식물 채집과 분석이었다.

다윈은 존 헨슬로John S. Henslow, 1796~1861 교수에게 식물학 수업을 들으며 인생의 큰 전환점을 맞는다. 두 사람은 제자와 교수 관계를 넘어 끊임없이 학문적 대화를 나누는 동지였다. 어느 날 헨슬로 교수가 다윈에게 남미, 오스트레일리아, 그리고 아프리카 해안을 탐사하는 비글호라는 배가 곧 출항하는데 그 배에 올라 세계 곳곳을 돌며 동식물을 채집해보지 않겠냐고 제안했다. 다윈에게는 꿈만 같은 기회였다. 이에 아버지는 격렬히 반대하였으나 외삼촌이 아버지를 설득해 다윈은 1831년에 비글호에 올랐다.

영국에서 출항한 배는 서아프리카 해안을 거쳐 브라질과 칠레를 지나 갈라파고스섬을 통과해 오스트레일리아와 남아프리카 케이프타운을 돌아 5년 만에 다시 영국으로 돌아왔다. 배가 정박을 하면 다윈은 그곳에서 쉴 새 없이 동식물을 채집했다. 잘 알려진 갈라파고스의 핀치새나 거북이는 물론이고 조개 속에 들어 있던 플랑크톤과 같은 해양 무척추동물부터 오래전에 멸종한 길이 6미터의 커다란 나무늘보 화석까지 닥치는 대로 수집했다.

다윈은 동식물을 분석하고 분류하는 교육을 따로 받은 적이 없었지만 발견된 장소와 그곳의 지형까지 꼼꼼히 기록하며 수집한 표본들을 정리했다. 어느 정도 수가 모아지면 표본을 자세한 기록지와 함께 영국으로 보냈다. 그 덕에 비글호가 영국으로 돌아온 1836년에 다윈은 이미 학계의 스타가 되어 있었다. 다윈은 비글호에서 모아온 동물에 대한 분석을 각 분야의 전문가들에게 의뢰했다. 그들이 다윈의 표본과 기록지를 바탕으로 한 자세한 분석은 1838년부터 1843년까지 다섯 권의 시리즈(화석 포유류, 포유류, 새, 물고기, 파충류)로 출판되었다.

서른이 되던 1839년에 그는 이종사촌 엠마 웨지우드와 결혼했다. 아이들이 태어나면서 다윈 가족은 한적한 곳을 찾아 '다운 하우스'로 이

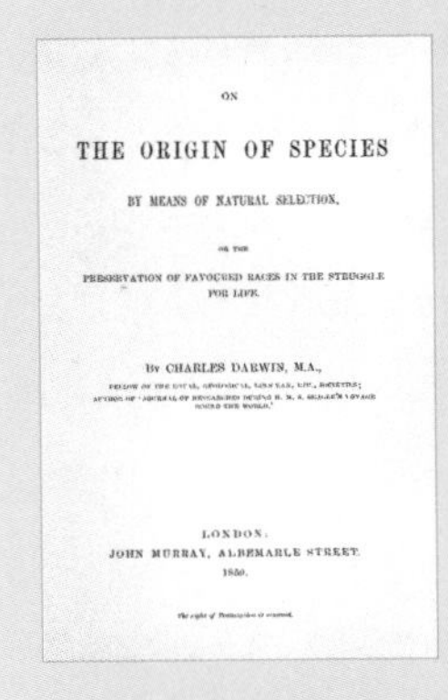

ON

THE ORIGIN OF SPECIES

BY MEANS OF NATURAL SELECTION,

OR THE

PRESERVATION OF FAVOURED RACES IN THE STRUGGLE FOR LIFE.

BY CHARLES DARWIN, M.A.,

[illegible]

LONDON:
JOHN MURRAY, ALBEMARLE STREET.
1859.

[illegible]

《종의 기원》 초판본

사했다.(런던에서 남동쪽으로 25킬로미터 떨어진 다운 하우스는 훗날 다윈이 《종의 기원》을 집필한 곳으로 잘 알려져 지금은 관광지가 되었다.) 다윈 부부는 열 명의 아이를 낳았는데 그중 둘은 태어나자마자 죽었고 큰딸 애니는 만 열 살 때 병에 걸려 세상을 떴다. 누구보다 애지중지했던 큰딸의 죽음은 다윈 부부에게 큰 충격이었다. 원래 일중독 성향이 있었던 다윈은 아픔을 달래고자 연구와 저작 활동에 더욱 열중했다. 이렇게 탄생한 책이 500쪽이 넘는 방대한 양의 《종의 기원》이다. 1859년에 출판된 이 책은 나오자마자 유럽 전역에서 바로 동이 났다. 이후 내용을 조금씩 보완해 십여 년에 걸쳐 총 여섯 번의 수정판이 나왔다.

다윈은 젊었을 때부터 몸이 약했다. 조금만 피곤하면 두통, 구토, 발열과 같은 증세가 나타나곤 해서 의사들은 그에게 쉬엄쉬엄하라고 조언했다. 하지만 그는 웬만큼 아파서는 쉬지 않을 정도로 집필 활동을 좋아했다. 《종의 기원》이 다윈의 대표작이긴 하나 그 외에도 수많은 책과 논문을 냈다. 원고의 양도 놀랍지만 종류 또한 놀랍다. 산호초의 분포와 성장 과정, 동물 교배의 과정과 결과, 화산섬의 형성과 지질학, 인간의 유래, 난초의 종류와 교배 기술, 덩굴 식물의 성장 과정과 서식 환경, 사람이 기르는 동식물의 종류와 변이, 사람과 동물의 표정, 곤충을 잡아먹는 식물, 식물의 자가 수정과 교차 수정, 꽃의 종 내 다양성 등 정말 다양한 주제에 대해 연구하고 글을 썼다.

건강이 점차 악화되자 그는 더 이상 미룰 수 없었던 마지막 책의 집필에 들어갔다. 평생 관심을 가져왔던 지렁이에 관한 책이었다. 다운 하우스의 정원에 지렁이를 잔뜩 풀어놓고 낮이고 밤이고 지렁이의 행동 연구에 몰두했다. 그는 특히 지렁이가 어떻게 토양의 질을 변화시키는지에 열중했다. 지렁이 책이 세상에 나온 지 1년이 채 못 된 1882년에 다윈은 향년 73세로 다운 하우스에서 세상을 떴다. 수많은 신문에 실린 그의 부고를 보면 다윈이 당시 얼마나 널리 존경받는 학자였는지 짐작이 간다. 그 누구보다 다양한 주제로 꼼꼼한 연구를 통해 방대한 양의 저서를 남긴 찰스 다윈은 아이작 뉴턴과 나란히 런던의 웨스트민스터 사원에 안장되었다. 다윈은 영국 지폐에 등장할 만큼 영국을 대표하는 거장이며 인류 지성의 역사에 큰 획을 그은 학자다.

+ 다윈에 대한 보다 자세한 내용은 http://darwin-online.org.uk를 참고하길 바란다. 그의 행적이 연도별로 잘 정리되어 있을 뿐 아니라 그의 수많은 저서를 무료로 받아볼 수 있다.

호모 사피엔스와 네안데르탈인의 만남

네안데르탈인은 발견 직후부터 지금까지 수많은 사람들의 관심을 받아 왔다. 우리와 아주 비슷하지만 달랐던 이들. 무슨 이유에서였는지 우리의 조상에 의해 완전히 밀려나 멸종되었으니 관심이 가는 건 당연하다. 그런 네안데르탈인이 더 유명해진 것은 바로 유전자 분석이 이루어지면서부터였다. 지금은 더 이상 지구상에 존재하지 않는 네안데르탈인은 유전적으로 우리와 얼마나 다를까? 그들의 유전자를 분석할 수 있다면 왜 그들이 멸종했는지 알 수 있지 않을까? 한 발 더 나아가 무엇이 사람을 사람이게 만들었고, 네안데르탈인을 네안데르탈인으로 만들었는지도 알 수 있지 않을까? 불과 30여 년 전만 하더라도 이러한 질문들은 허무맹랑한 영화 속 이야기일 뿐이었다. 그런데 이것을 현실로 만들어낸 이가 있었다.

세계 최초의 미라 유전자 분석

1980년대 초 스반테 페보Svante Pääbo, 1955~는 북유럽 최고의 명문 대학인 스웨덴 웁살라대 의과 대학의 촉망 받는 학생이었다. 깡마른 외모와 조용한 말투를 가진 그는 1982년에 노벨 생리학상을 수상한 유명한 스웨덴 화학자의 아들이기도 했다. 하지만 아버지의 숨겨둔 아들이었던 그는 아버지를 아버지라 부르지 못하고 자랐다. 어머니도 화학자여서였을까. 그는 환자를 보는 의사보다는 기초 의학을 연구하는 생화학자나 유전학자가 되고 싶었다. 그래도 이왕 의대를 다니고 있으니 개업을 해서 편하게 살고 싶은 마음도 없지는 않았다. 그는 평소에 실험으로 복잡해진 머리를 식히기 위해서 이집트 문명에 대한 강의를 들으러 박물관을 드나들곤 했다. 어느날 페보는 실험실에서 정신없이 유전자 관련 실험을 하다 말고 여느 때와 다름없이 박물관에서 이집트 미라를 보며 잠시 휴식을 취하고 있었다. 이때 문득 하나의 아이디어가 떠올랐다.

이집트 미라는 보존 상태가 아주 좋으니 이를 이용해 유전자 분석을 해보면 어떨까 하는 것이었다. 만약 미라에서 유전자를 얻을 수만 있다면 그 당시 이집트에 살았던 사람들과 현대 이집트인들 간의 혈연 관계를 알 수 있지 않을까? 가슴이 쾅쾅 뛰기 시작했다. 그는 단숨에 도서관으로 달려가 고대인의 유전자 분석 사례가 있는지 찾기 시작했다. 1980년대만 하더라도 아직 유전자 분석 기술이 그다지 발달하지 않았을 때여서 그런 연구를 다룬 논문은 없었다. 아무도 시도하지 않았다는 이야기는 그만큼 가능성이 없다는 이야기일 수도 있지만, 한번 시도도 안 해보고 그만둘 수는 없는 일이었다.

그는 일단 미라같이 바싹 마른 신체 조직에서 DNA 추출이 가능한지부터 실험해보기로 했다. 그 당시 페보는 학부를 마치고 면역학 실험실에서 의학 박사 학위를 받기 위해 연구 중이었다. 박사 학위 논문과 전혀 무관한 실험을 하려니 교수뿐 아니라 같은 실험실에서 일하는 동료들의 눈치도 보였다. 페보는 모든 이들이 집에 갈 때까지 기다렸다가 동네 슈퍼마켓에서 소의 생간을 사왔다. 그는 생간을 미라처럼 바싹 말리려고 실험실 오븐에 넣어 50도에 맞추어 두고 퇴근했다. 그 다음날 출근을 해보니 실험실이 온통 비린내로 가득했다. 결국 몰래 하려던 실험이 들통 나고 말았다.

페보가 고대 미라에서 유전자를 추출해 현대인과 비교하는 실험을 한다고 이야기하자 실험실 동료들은 그를 말리기 시작했다. 그렇게 오래된 미라에서 어떻게 유전자를 추출할 수 있겠냐는 이야기부터 면역학이야말로 최고로 뜨는 분야이니 열심히 해서 좋은 대학 교수로 취직하는 것이 훨씬 비전이 있다는 현실적인 조언까지, 누구 하나 그의 아이디어를 지지해주는 이가 없었다. 페보는 오기가 생겼다. 말린 소의 간에서 DNA를 추출하는 건 아주 쉬웠다. 약간 희망을 얻은 그는 박물관 큐레이터에게 자신의 계획을 설명하며 약간의 시료를 달라고 부탁했다. 그동안 페보가 박물관에 열심히 드나드는 것을 보아온 큐레이터는 그에게 아주 적은 양의 미라 근육을 떼어갈 수 있게 해주었다. 박사 학위 논문 관련 실험을 다 마치고 난 늦은 밤에 페보는 미라 근육에서 유전자를 추출하기 위한 작업을 진행했다.

유전자 정보를 추출하는 것, 다시 말해 DNA를 읽어내기란 생각만큼 간단한 일이 아니다. 특히 캐리 멀리스Kary B. Mullis, 1944~가 개발한 PCRPolymerase Chain Reaction, DNA의 원하는 일부분만을 반복 복제하는 기술이라는 유전자 복제 기술이 아직 널리 활용되지 않았던 80년대 초반에는 더욱 복잡했다. 결국 몇 날 며칠 밤을 새우며 매달린 실험은 실패로 끝났다. 미라의 근육에서 아무런 DNA도 추출하지 못한 것이다. 여기서 그만두었더라면 페보는 지금쯤 유명한 생화학자가 되어 있을지도 모른다. 하지만 그는 밤마다 고대 유전자 추출을 위한 자신만의 프로젝트에 온갖 힘을 다 쏟았다. 3천 년 전에 만들어진 미라들이니 보존 상태가 좋지 않은 것은 당연하다. 따라서 보다 많은 수의 미라에서 샘플을 얻는다면 그중 하나에서 만이라도 성공적으로 유전자를 추출할 수 있지 않을까. 그의 노력을 가상히 여긴 박물관 큐레이터는 당시 동베를린에 있는 박물관에 미라가 아주 많으니 한번 가보겠느냐고 제안했다. 페보는 단숨에 스웨덴에서 독일로 날아갔다. 그곳에서 그는 수십 개의 미라 샘플을 확보할 수 있었다.

스웨덴으로 돌아온 페보는 미라가 정확히 얼마나 오래된 것인지를 알아내는 것도 중요하다고 생각해, 자신이 가지고 온 샘플의 일부를 방사성 탄소 연대 측정 실험실로 보냈다. 박사 과정 학생의 노력과 열정을 높이 산 탄소 연대 측정팀 교수는 실험 비용을 받지 않고 연대 측정을 해주었다. 페보가 독일에서 가지고 온 미라들은 2,400년 전에 살았던 사람이었다. 이제 DNA를 얻는 일만 남았다. 지성이면 감천이라던가. 이 모든 노력이 헛되지 않았다. 그는 미라 샘플을 이용해 3,400쌍의 DNA 정보를 읽어내는 데 성공했다. 한 사람의 세포에 들어 있는 DNA가 30억 쌍의 염기서열로 이루어져 있으니 3,400쌍은 그다지 많은 수가 아니라고 생각할 수도 있다. 하지만 아직 유전자 추출 기술이 덜 발달했던 80년대에, 그것도 수천 년 전의 미라에서 이만큼의 DNA 정보를 얻어냈다는 건 대단한 성과였다.

그는 결과에 매우 만족하면서 세계 최고의 학술지인 〈네이처〉에 논문을 보내기로 했다. 그런데 자신의 지도 교수가 마음에 걸렸다. 면역학을 연구하겠다며 밑에 들어가 놓고 밤마다 이런 엉뚱한 짓을 하고 있었다는 사실을 알면 얼마나 배신감을 느낄까. 혹시라도 쓸데없는 데 시간을 버렸다고 나무라면 어쩌지 걱정하며 페보는 조심스럽게 지도 교수에게 자백을 했다. 그러면서 실험실에서 한 일이니 공저자로 논문을 발표하는 게 어떻겠냐는 말도 덧붙였다. 교수는 페보의 실험 내용을 찬찬히 듣고 아주 훌륭하다고 칭

찬하며 혼자 한 실험에 내 이름을 왜 올리냐며, 단독 논문으로 출판하라고 했다. 멋진 스승이다. 이렇게 페보의 첫 번째 논문이 〈네이처〉에 실렸다.

스반테 페보는 안정적인 삶이 보장되는 의사의 길을 포기하고 자신의 청춘을 고대 DNA 연구에 바치기로 했다. 그의 연구 업적과 열정을 높이 산 독일의 뮌헨 대학에서 그를 바로 정교수로 임용했다. 정년 보장을 위해 애쓰지 않아도 되는 정교수가 되었기 때문에 그는 마음 놓고 자신이 원하는 연구에 매진할 수 있었다. 이후 그는 독일의 막스 플랑크 인류 진화 연구소Max Planck Institute로 자리를 옮겨 고대 DNA 연구 실험실을 만들어 본격적인 연구 활동에 들어갔다. 그곳에서 그는 연구를 위한 건물까지 지원 받았다.

내 안에 네안데르탈인 있다

페보는 예전부터 꼭 해보고 싶은 게 있었다. 이미 멸종해버린 인간의 사촌 격인 네안데르탈인의 유전자를 복원해보는 것이었다. 여태껏 누구도 멸종한 사람의 DNA를 분석한 적은 없었다. 이거야말로 성공하면 인류 과학사에 한 획을 그을 연구였다. 페보는 우선 시료로 사용할 네안데르탈인의 뼈를 구하기 위해 사방에 연락을 취했다. 전 세계에 수백 점의 네안데르탈인의 뼈가 있지만 각 박물관이 소장하고 있는 네안데르탈인의 뼈는 몇 점 안 되기 때문에 큐레이터들은 선뜻 뼈를 제공하지 않으려 했다. 하지만 페보는 멸종한 사람의 유전자 분석이 가능하다면 박물관에서 보관하고 있는 네안데르탈인 뼈의 가치가 더 올라갈 것이라고 끈질기게 설득했다. 결국 그는 크로아티아 박물관에서 소장하고 있던 크라피나와 빈디아 유적에서 출토된 네안데르탈인의 뼈 몇 점을 구할 수 있었다.

네안데르탈인 유전자 복원에서 시료의 오염 문제를 어떻게 극복하느냐가 관건이었다. 살아 있는 사람은 세포의 수가 많아 살짝 스치기만 해도 뼈 샘플에 자신의 유전자를 남길 수 있다. 자기도 모르게 머리카락이 떨어질 수도 있고, 손가락에서 떨어져 나온 미량의 세포나 땀이 뼈에 묻을 수도 있고, 모르는 사이에 침이 튈 수도 있다. 이에 비해 오래된 뼈는 풍화 작용 등으로 인해 그 속에 남아 있는 세포도, 유전자도 많지 않다. 이런 상황에서 뼈를 분석하는 사람의 유전자가 뼈 샘플에 아주 조금이라도 묻게 되면 뼈의 유전자가 연구자의 유전자에 완전히 묻혀서 아예 잡히지 않을 수가 있다. 이러한 문제를 시료 오염의 문제라고 한다.

만약 유전자 실험실에서 고양이 유전자를 분석한다면 시료 오염 문제는 그다지 심각하지 않다. 고양이 뼈에서 사람 유전자가 발견되면 그건 그 뼈를 만진 사람의 DNA이지 고양이 DNA가 아니라는 걸 금방 알 수 있다. 하지만 네안데르탈인처럼 사람과 유전적으로 아주 가까울 경우, 그 DNA를 연구자의 DNA와 어떻게 식별해낼지가 문제였다. 게다가 고양이 DNA는 이미 잘 알려져 있지만 네안데르탈인의 DNA는 전혀 모르는 상태이니 연구자의 DNA가 나왔다 해도 그게 네안데르탈인도 똑같은 유전자를 가지고 있기 때문인지 아니면 시료 오염의 결과인지 헷갈릴 수 있었다.

페보는 전 세계에서 똑똑하다는 학생들을 자신의 실험실로 데리고 와 본격적인 연구에 들어갔다. 페보 교수팀은 매주 한 번씩 열띤 토론을 벌였다. 각자 어떻게 해야 이런 문제를 극복할 수 있을지 연구해서 발표하고 그 내용을 함께 토론했다. 열심히 일하는 똑똑한 학생들과 이를 잘 이끌어주는 교수가 힘을 합쳐 연구한 네안데르탈인의 일부 DNA 분석 결과가 마침내 2006년에 〈네이처〉와 〈사이언스〉에 실렸다.

2014년 새해가 밝자마자 〈네이처〉에 놀라운 논문이 실렸다. 또 페보 교수팀의 논문이었다. "내 안에 네안데르탈인 있다" 혹은 "사람과 네안데르탈인은 섹스를 했다"라는 식의 제목이 달린 기사가 삽시간에 전 세계로 퍼져 나갔다. 그때까지만 하더라도 많은 사람들이 현대인인 호모 사피엔스가 네안데르탈인과 짝짓기를 하지 않았다고 생각해왔다. 호모 사피엔스와 네안데르탈인은 완전히 다른 두 종이기 때문에 서로에게 매력을 느꼈을 리도 없다는 거였다. 하지만 이게 웬걸. 지구상에 살고 있는 모든 이들의 유전자 중 5퍼센트는 네안데르탈인으로부터 온 유전자였다. 단, 아프리카 사람들에게서는 네안데르탈인의 유전자가 발견되지 않았다. 유럽에서 처음 생겨난 네안데르탈인이 유럽 각지와 아시아로 퍼져 나가기는 했지만 아프리카로 내려가지는 않았던 모양이다.

이렇게 '우리 안에 네안데르탈인이 있다'는 논문이 발표되자 세계 각지에서 다양한 이메일이 페보 교수에게 쏟아졌다고 한다. 그중에서도 "내가 이럴 줄 알았습니다. 우리 남편이 아무래도 네안데르탈인인 것 같았거든요. 원하시면 유전자 샘플 채취 가능합니다" 라는 심각한 톤의 이메일이 많이 왔다고 하니 참 재미나다. 더 재밌는 건 자기 남편이 네안데르탈인이라는 사람은 많았지만 자기 아내가 네안데르탈인이라는 사람은 단 한 명도 없었다는 사실이다. 분명 네안데르탈인 여자도 있었을 텐데 아직도 우리 머릿속의 네안데르탈인은 원시적이고 남성적인 이미지로 각인되어 있다는 증거가 아닐까 싶다. 네안데르탈인의 유전자 연구 덕에 우리는 그들의 머리카락이 붉은 색이었으며 우리처럼 언어를 사용했다는 것도 알게 되었다.

이렇게 유전자 정보를 읽어냈으니 과연 〈쥬라기 공원〉에서 공룡을 복제한 것처럼 네안데르탈인을 복제하는 일도 가능할까? 공룡과 달리 네안데르탈인을 복제하는 건 사람을 복제하는 것이나 마찬가지이니 여러 가지 윤리적 문제가 걸려 아무래도 불가능할 것 같다. 그러나 세상이 때로는 말도 안 되게 돌아가기도 하니 언젠가는 네안데르탈인 복제에 성공했다는 기사가 나올는지도 모른다.

DNA 무한 복제 기술을 개발한 자유로운 영혼의 과학자, 캐리 멀리스

캐리 멀리스 Kary B. Mullis, 1944~

캐리 멀리스는 괴짜 과학자다. 그는 연구실에서 피펫을 들고 실험하는 것보다 서핑을 하거나 자동차 여행을 하는 게 과학적 영감을 받는 데 훨씬 도움이 된다고 말한다. 1944년 미국 동부에 있는 노스 캐롤라이나 주에서 태어난 멀리스는 1966년에 조지아텍 대학을 졸업하고 1972년에 버클리 캘리포니아 주립 대학에서 생화학 박사 학위를 받았다. 책상에 붙어 앉아 연구하는 걸 좋아하지 않았던 그는 교수직이나 연구직 대신 공부를 잠시 그만두고 소설을 쓰면서 빵집을 운영했다.

몇 년 후 그는 다시 학계로 돌아가 여러 해 동안 캔자스와 샌프란시스코 대학에서 박사 후 과정 연구원으로 일했고, 1979년부터는 7년 간 씨터스Cetus라는 연구소에서 DNA 화학자로 근무했다. 1983년 어느 날 밤 여자 친구와 함께 캘리포니아의 구불구불한 길을 따라 자동차 여행을 하던 중, 기발한 생각이 떠올랐다. 기존의 DNA 복제법과 전혀 다른 PCR이라는 아이디어였다. PCR은 전체 DNA 가운데 연구자가 필요로 하는 부분만을 무한 복제할 수 있는 기술이다.

멀리스는 자서전과 자신의 홈페이지에 이날 밤 자동차 안에서 스치고 간 사고의 흐름을 흥미진진한 한 편의 영화처럼 자세히 묘사해 두었다. 그는 PCR을 개발한 공로로 1993년에 노벨 화학상을 수상했다. 하지만 그가 PCR을 개발할 당시에는 씨터스 직원이었기 때문에 PCR 기술은 씨터스 사의 소유가 되었다. 멀리스는 씨터스가 정작 기술을 개발한 자신에게는 고작 1만 달러밖에 주지 않았으면서 몇 년 후에 3억 달러라는 어마어마한 돈을 받고 회사를 팔았다며 공개적으로 비난을 했다. 자신이 1만 달러를 받은 지 얼마 되지 않아 회사를 그만두었다는 이야기는 쏙 빼 놓은 채 말이다.

생물학에 대해 이야기하는 게 생물학 연구보다 훨씬 재미있다는 멀리스는 그 이후 주로 강연을 하고 책을 쓰면서 지내고 있다. 노벨상을 받은 후부터 그의 관심사는 약간 이상한 쪽으로 옮겨갔다. 에이즈가 HIV에 의해 걸리는 병이 아니라는 주장부터 인류가 지구 온난화를 가속화한다는 건 터무니없는 음모론이라는 주장까지, 그 범위도 다양하다. 자신의 전문 분야가 아닌데도 노벨상 수상자가 하는 말이라니 경청하는 사람들이 생겨났고, 이에 대해 〈뉴욕타임스〉와 같은 언론에서는 '유레카 이후로 몰락한 노벨상 수상자'라는 제목까지 뽑으며 그에 대한 비판의 강도를 높였다. 호불호가 극명히 갈리는 '자유로운 영혼'의 소유자 멀리스는 현재 네 번째 아내와 함께 캘리포니아에서 살고 있다.

사진 출처:

지적 설계론이 과학이 아닌 이유

주변에서 "나는 진화를 믿지 않는다"고 이야기하는 사람들을 종종 만난다. 이는 마치 "나는 우주의 존재를 믿지 않는다"라는 이야기만큼이나 황당한 말이다. 인간이 이미 로켓을 타고 지구 밖으로 나가 아름다운 지구 사진까지 받아보는 마당에 우주의 존재를 믿지 않는다고 자신 있게 말할 사람은 별로 없으리라 본다. 그런데 신기하게도 진화를 믿지 않는다는 사람들은 자기 주장에 아주 자신만만하다. 그들이 내세우는 것 중 하나는 자신이 하나님을 믿는 창조론자라는 것이며 이러저러한 증거로 볼 때 진화는 말도 안 되는 이론이라는 것이다.

기독교가 모태신앙이고 하나님의 존재를 믿는 나는 이런 말을 들으면 참 답답해진다. 물론 성경에 하나님이 천지를 창조하셨다고 적혀 있으니 그걸 무시할 수 없는 마음은 이해가 가지만 그렇다고 해서 성경의 모든 것을 곧이곧대로 받아들여 현대 생물학의 기초를 이루고 있는 진화 이론을 통째로 부정하는 것은 과학자의 한 사람으로 이해하기 힘들다. 하나님이 천지 만물을 창조했다는 창조론은 창조과학이라는 이름으로 바뀌어 마치 과학의 한 분야인 것처럼 홍보되고 있다. 한 발 더 나아가 창조과학을 학교에서도 가르쳐야 한다는 목소리도 있다. 하지만 이는 연금술도 연금과학이니 학교에서 화학과 함께 가르쳐야 한다는 주장만큼이나 황당하게 들린다.

생물의 진화 이론은 생물의 멸종과 새로운 종의 탄생 과정을 설명하는 이론으로 실제 일어나고 있는 현상을 설명하는 학문적 도구다. 항생제에 내성이 생긴 미생물이 더 이상 같은 종류의 항생제로는 죽지 않는 것은 주변에서 쉽게 접할 수 있는 진화의 사례다. 많은 창조론자들은 마치 진화생물학자들의 사명이 다윈의 진화 이론을 철벽 방어하는 것인 양 생각한다. 그러나 과학자들은 자신의 연구가 과학사에 한 획을 긋게 되길 꿈꾸는 이들이다. 따라서 다윈의 진화 이론과 맞지 않는 현상을 발견하기만 한다면 그 사실을 널리 알리기 위해 가장 먼저 나설 것이다. 그런 발견을 찾기만 한다면, 이는 현대 과학의 패러다임을 바꾸는 일이며 인류 역사에 자신의 이름을 확실히 남길 수 있는 기회이기 때문이다.

과학자들이 다윈을 특별히 더 좋아할 이유도 없고 그의 이론이 맞지 않다면 더더욱 그를 옹호할 이유가 없다. 과학의 어떤 이론도 그 이론이 맞았다는 것을 증명할 방법은 없다. 단지 틀리지 않았음을 증명할 수 있을 뿐이고 훗날 그 이론이 틀렸다는 증거가 나오면 그 이론은 더 이상 받아들여지지 않는다. 다윈의 진화 이론이 이 세상에 나온 지 150년이 넘었다. 하지만 지금까지 그의 이론으로 설명할 수 없는 현상은 발견되지 않았다. 오히려 유전학이 급속도로 발전하면서 그동안 알지 못했던 생명의 근간이 되는 유전자에 대해 새로운 사실들이 밝혀졌다. 유전자로 후대에 전해지는 형질에 한해서만 진화가 일어날 수 있기 때문에 과학자들은 유전학 자료들을 깊이 파기 시작했다. 그 결과 유전자의 진화도 다윈의 이론으로 설명할 수 없는 것은 아직까지 발견된 바 없다.

중학교 생물 시간에 창조론을 가르치라고요?

교회의 주일학교에서 창조론을 가르치는 것은 문제될 것이 없지만 학교 생물학 수업에서 진화 이론의 대안으로 창조론을 가르치는 것은 여러 면에서 문제가 많다. 미국은 기독교를 기반으로 세워진 나라이지만 헌법에 명시된 종교의 자유 조항으로 인해 특정 종교를 공교육의 현장에서 옹호하는 것은 금지되어 있다. 이걸 뒤집어 생각하면 창조론이 종교 이론이 아닌 과학 이론이라면 수업 시간에 아이들에게 가르칠 수 있다는 이야기이다. 펜실베이니아의 작은 동네 도버 지역 교육청 담당자들은 이 사실에 착안해 한 가지 기발한 생각을 해냈다. 학교에서 창조론을 대놓고 가르칠 수는 없으니 대신 창조과학을 가르친다고 하면 괜찮지 않을까하는 것이었다. 제법 그럴싸해 보이는 이 아이디어에 많은 기독교인들이 찬성했다.

"그렇지. 우리는 기독교 이론이 아니라 창조과학을 가르치자는 거라고."

이때부터 창조론이 과학이라는 것을 증명하려는 노력이 시작되었다. 그들의 노력은 과연 성공을 거두었을까?

1990년대 말부터 등장한 지적 설계론Intelligent Design은 창조론이 비단 기독교하고만 연관된 것이 아니라 실제로 지구상에 존재하는 생명의 탄생과 변화를 설명해주는 이론이라고 주장한다. 최초의 인간이 아담과 이브라고 하면 기독교 신자가 아닌 사람들에게 공감을 얻지 못하기 때문에 이를 교묘하게 비껴가려는 시도에서 생겨난 것이다. 지적 설계론에서는 시계의 내부 구조를 자주 비유로 들곤 한다. 이는 1802년에 윌리엄 페일리라는 신학자가 신의 존재를 증명하고자 하는 철학적 시도로 든 비유이다.

해변을 거닐다가 모래 속에서 시계를 발견했다고 하자. 과연 이 시계가 어떻게 해서 해변에 놓인 걸까. 복잡한 내부 구조를 가진 시계가 저절로 만들어져서 해변까지 오게 되었다는 설명보다는 이를 누군가가 어떤 목적을 가지고 만들었다는 설명이 더 설득력 있다는 것이다. 마찬가지로 인간의 몸처럼 복잡한 구조도 누군가가 만들었다는 설명이 더 적합하며 그 누군가가 바로 신이라는 이야기다. 창조론을 과학으로 포장하려는 사람들은 2백년 전의 논리를 따오되, 그 누군가를 '신'이 아닌 '지적 설계'로 슬쩍 말을 바꾸었다.

도버의 교육청 관계자들은 보수 기독교 단체인 토마스 모어 법률 센터에 도움을 청했다. 이들은 학교 관계자들을 설득해 중학교 생물 시간에 다윈의 진화 이론을 가르칠 때 다윈의 이론은 이론일 뿐이지 사실이 아니며 그 이론과 다른 지적 설계론에 대해서도 공부할 것을 권하도록 했다. 하지만 일부 생물학 교사들은 이는 창조론을 과학 시간에 가르치라는 것이나 마찬가지라며 학교 측의 방침을 거부했다. 이 소식은 순식간에 학부모들에게도 퍼져 나갔다. 독실한 기독교 신자가 많은 곳임에도 불구하고, 일부 학부모들은 교사들과 뜻을 같이했다. 창조론을 교묘하게 과학으로 포장해서 학교에서 가르치려는 것은 있을 수 없는 일이라는 거였다.

2005년의 어느 날. 도버 지역의 학부모 11명이 도버 교육청을 상대로 소송을 냈다. 소송의 쟁점은 지적 설계론이 학부모들 말대로 과학을 가장한 종교적 이론인지 아니면 교육청의 주장대로 진정한 과학인지를 가려달라는 것이었다. 창조론이냐 진화론이냐는 소송의 쟁점이 아니었다. 이 소송은 연일 뉴스에 오르내렸다. 그때가 내가 유학 생활을 한 지 3년째 되던 해였다. 학교에서도 학생들이 모이기만 하면 이 이야기를 했다. 흥미진진한 한 편의 영화 같았다.

수많은 생물학, 철학, 과학사 교수들이 자진하여 학부모 측 증인으로 나섰다. 그들은 과학적 이론이라면 그것에 반하는 증거가 나왔을 때 오류를 인정할 수 있는 여지가 있어야 하는데, 지적 설계론은 반박이 원천적으로 불가능하므로 과학적 이론이 아니라고 주장했다. 판사는 증인으로 나선 브라운 대학 생물학과의 케네스 밀러 교수에게 과학 시간에 아이들에게 지적 설계론의 존재를 알려주는 것이 왜 문제가 되느냐고 물었다. 그는 이 질문에 대해 이렇게 답했다.

“저는 신을 믿으며 저의 두 딸 모두 독실한 신자로 키웠습니다. 지금 교육청 측에서 하고자 하는 교육은 과학이냐 신이냐 둘 중 하나를 선택하라는 것입니다. 저는 제 딸들이 이런 식의 교육 환경에 노출되는 것에 반대합니다. 왜냐하면 저는 딸들이 제대로 된 과학 교육을 받으면서도 믿음을 잃지 않기를 원하기 때문입니다.”

이 사건은 부시 대통령이 펜실베이니아 주의 연방 재판부 판사로 임명한 존 존스에게 맡겨졌다. 학부모 측은 담당 판사가 존스라는 이야기를 듣고 실망을 감출 수 없었고 교육청 측은 은근히 좋아했다. 누가 봐도 지적 설계론 교육을 주장하는 교육청에 유리한 판정이 나올 게 분명했다. 존스 판사는 펜실베이니아 출신의 독실한 기독교 신자이자 보수의 상징인 공화당 지지자였기에 이 재판은 시작부터 원고에게 불리할지도 모른다는 이야기가 나돌았다.

재판은 여러 달에 걸쳐 계속되었다. 지적 설계를 주장하는 대표적인 사람인 리하이 대학 생화학과 교수 마이클 비히는 피고 측 증인으로 나섰다. 판사가 그에게 어째서 지적 설계론이 과학이냐고 물었더니 그는 "저에게 과학적 이론이란 관찰 가능한 사실들을 논리적으로 설명해줄 수 있는 것"이라고 답했다. 피고 측의 가장 큰 문제는 지적 설계론을 바탕으로 출판된 학술 논문이 한 편도 없다는 것이었다. 만약 지적 설계가 과학이라면 어찌하여 논문이 없을까. 피고인 측은 과학계에서 진화론을 옹호하느라고 지적 설계 논문을 실어주지 않는 거라고 음모론을 제기했다. 시간이 흐를수록 피고 측 주장은 약해져만 갔다. 그래도 판사가 독실한 기독교 신자이자 정치적으로 보수적인 사람이라 학부모 측은 마음을 놓을 수가 없었다.

마침내 판결날이 되었다. 나와 내 친구들은 학교 연구실에 앉아서 판결이 나오는 순간을 기다리고 있었다. 최후 발언을 하는 자리에서 피고 측 변호사가 판사에게 물었다.

"판사님, 오늘은 재판을 시작한 지 40일째 되는 날입니다. 판사님께서 일부러 이렇게 의도하신 것인지 알고 싶습니다."

성경에는 40일이 유달리 많이 나온다. 대홍수가 났을 때 40일 동안 비가 왔고 물이 빠지는 데에 40일이 걸렸으며 모세는 40일 동안 시내산에 올라가서 하나님과 대화했다. 판사는 잠시 생각한 후에 옅은 미소를 띠며 이렇게 답했다.

"재미있는 우연이군요. 하지만 제가 일부러 그렇게 설계하지는 않았습니다."

재치 있는 미국식 문답이었다.

지적 설계론자들의 40일간의 노력에도 불구하고 재판정은 결국 학부모의 손을 들어주었다. 139쪽의 긴 판결문은 이렇게 시작되었다.

"다음과 같은 이유에서 본 재판부는 지적 설계의 본질은 명백히 종교적이라는 결론을 내렸다. 지적 설계의 종교적 의도는 이를 객관적으로 분석할 수 있는 사람이라면 어른이나 아이 모두에게 명백히 드러난다."

존스 판사는 설령 지적 설계가 사실이더라도 과학이 아닌 것은 분명하고 과학자들에 의해 전혀 과학으로 인정되지 않는 종교적 의도가 명백한 이론을 과학이라 주장하여 학생들에게 가르치는 것은 헌법에 위배된다고 판결했다. 교육청은 항소를 포기했고 그 다음 교육청 선거에서 지적 설계를 지지했던 이들이 모두 낙선하는 것으로 사건이 마무리되었다.

존스는 재판이 끝나고 난 뒤 자신에게 쏟아질 보수 기독교 단체의 비난을 예상하고 있었다. 역시나 그를 '좌파 운동권 판사'로 몰아가는 여론이 빗발쳤으며 심지어 판사와 그의 가족을 모두 죽이겠다는 위협까지 받는 바람에 경찰이 경호원처럼 붙어 다녀야 했다. 그러나 그는 자신의 판결에 대해 여전히 확고하다. 처음 재판을 시작할 때만 하더라도 그는 지적 설계도 과학일 수 있을 거라고 생각했다. 그러나 재판 과정에서 양쪽의 논리를 들어보니 지적 설계가 과학을 가장한 종교라는 것이 확실해져서 이를 학교에서 가르치는 것은 위법이라고 판결할 수밖에 없었다는 것이다. 그는 "열정은 좋은 것이지만 종교적인 열정은 위험한 도구일 수 있다"는 오래된 말을 인용하며 단지 일부 기독교인들이 지적 설계를 과학이라 주장한다 해서 과학이 아닌 것이 과학이 될 수 없다고 덧붙였다. 물론 지적 설계 본부에서는 여전히 이는 말도 안 되는 판결이며 다윈의 진화론자들이 자신들의 주장을 원천적으로 봉쇄하고자 하는 음모라고 주장하고 있다. 한 편의 영화와도 같은 소송은 이렇게 끝이 났다.

종교는 종교, 과학은 과학

미국에 있는 창조과학 박물관 입구에는 공룡과 사람이 나란히 걸어가는 모형이 전시되어 있다고 한다. 성경에 의하면 지구의 나이는 약 6천 년에서 1만 년 정도이다. 이는 하루를 24시간으로 보고 성경에 나오는 일련의 사건들을 종합해 계산한 결과이다. 따라서 수억 년 전에 공룡이 지구상에 살았다는 것은 말이 되지 않으며 천지만물이 엿새 만에 만들어졌으니 사람과 공룡이 같은 시기에 살았을 것이라는 논리다.

만약 진짜로 공룡이 발견되는 지층보다 더 오래된 지층에서 사람 뼈가 나온다면 진화 이론이 통째로 무너질 수 있다. 그러나 아직까지 전 세계 어디에서도 그런 발견은 없었다. 창조론자들이 가장 많이 물고 늘어지는 것 중 하나가 지질학의 연대 측정에서 생길 수 있는 오류에 관한 문제이다. 창조론자들의 생각과는 달리 이러한 오류에 대해 누구보다 가장 잘 알고 있는 사람들이 지질학자들이다. 이들은 연대 측정법의 오류를 보정하기 위해 오랜 시간 연구해왔다. 몇몇 오류의 가능성에도 불구하고 여러 가지 방법을 통해 제대로 된 연대를 측정해낼 수 있다는 것은 과학계에서 이미 널리 받아들여진 사실이다.

창세기는 과학책이 아니고 종교는 과학을 대신할 수 없다. 아브라함이 하나님의 은총을 입어 175세까지 살았다는 것을 과학으로 증명해낼 필요가 있을까. 하나님의 사랑과 부처님의 자비와 알라의 은총을 왜 굳이 현대 과학으로 증명하려는 것일까. 나는 종교의 힘이 과학의 힘보다 훨씬 더 세다고 믿는다. 신을 믿는 사람들은 굳이 눈앞에 보이지 않아도 얼마든지 신을 믿고 의지하기 때문이다. 나 역시 힘든 일이 있을 때면 일단 기도부터 한다. 하지만 과학자들은 보이지 않는 건 믿지 못한다. 일부 진화 생물학자들은 종교를 무시하며 모든 것은 과학으로 설명할 수 있는 것처럼 이야기한다. 나는 이것도 창조론자들의 노력만큼이나 이상한 일이라고 생각한다.

창세기에 담겨 있는 내용을 부정하기 시작하면 성경에 담겨 있는 구원의 메시지까지 통째로 부정해야 하기 때문에 창조론을 믿어야 한다는 이야기를 종종 듣는다. 내가 성경에 관한 지식이 짧아서 그런지 창세기를 문자 그대로 받아들이지 않아도 성경에 담겨 있는 잠언의 지혜와 시편의 아름다움을 통해 하나님을 만난다. 내 비록 진화생물학을 사랑하지만 〈주 하나님 지으신 모든 세계〉라는 찬송을 부를 때면 여전히 마음이 찡하고 이 세상에 나를 보내주신 하나님의 은혜에 감사드린다. (너무 발끈했나? 나를 보고 너는 어떻게 교회를 다니면서 진화생물학을 공부하냐는 기독교인들이 많아서 쌓인 게 많은가 보다. 내 책이니 그동안 꼭 하고 싶었던 말을 한 번은 해보고 싶었다. 이해해주시길!)

CHAPTER 4

죽은 뼈가 들려준 이야기

뼈는 진실을
알고 있다

루시, 나를 고인류학으로 이끌다

나는 전쟁 중 실종된 군인들의 유해를 찾는 일을 하고 있다. 누군가에겐 다정했던 얼굴과 보드라운 살이 다 사라지고 뼈만 남은 채로 자기 존재를 증명해야 하는 수많은 유해들의 이름을 찾아주고 그의 가족을 찾아준다. 나는 이 일이 좋다. 도대체 어쩌다가 나는 이런 일을 하게 되었을까?

대학교 새내기 시절. 지금은 없어진 강남역 진솔문고에서 수업 시간 과제인 독후감을 쓰기 위해 책을 찾고 있었다. 찾던 책을 꺼내 들었는데 그 책 바로 옆에 《최초의 인간 루시》라는 제목의 책이 보였다. '최초의 인간이 루시라고? 루시가 누군데? 최초의 인간은 아담과 이브 아닌가?' 생각하며 그 책도 함께 집었다. 그렇게 우연히 만난 책 한 권이 내 삶의 방향을 바꿔 놓았다.

2014년 11월 24일은 인류학자들에게 매우 설레는 날이었다.

인류 진화 연구의 패러다임을 바꾼 루시 화석이 발견된 지 40년이 된 날이었기 때문이다. 루시가 발견된 이후에도 그 못지않은 멋진 화석들이 수백 점 발견되었다. 그런데도 루시는 여전히 최고의 화석 자리를 당당하게 차지하고 있다. 그건 루시가 그 이전까지 학자들이 해왔던 생각을 통째로 흔들어 놓았기 때문이다.

1800년대로 들어서면서 유럽의 자연사학자들을 중심으로 더 이상 지구상에 살지 않는 멸종된 동물 화석에 대한 관심이 커지기 시작했다. 그 누구도 본 적 없는 희한하게 생긴 동물의 뼈들이 세계 각지에서 발견되었다. 아일랜드 지역에 넓게 퍼져 있는 토탄층시커멓고 찐득찐득한 진흙과 식물의 유해로 이루어져 있는 늪지대에서는 엄청나게 큰 사슴 뼈가 계속해서 출토됐다. 키가 2미터가 넘고 뿔까지 합치면 3.5미터는 족히 되었을 것으로 보이는 이 기가 막히게 큰 사슴은 대체 무엇이란 말인가.

기독교 사회였던 유럽에서는 하나님이 창조한 동물이 멸종해서 더 이상 지구상에 살지 않는다는 건 듣도 보도 못한 이야기였다. 그런데 어찌된 일인지 그런 동물들의 뼈가 자꾸 나왔다. 이걸 어떻게 설명해야 할까. 학자들은 이 동물들이 노아의 방주에 미처 올라타지 못하는 바람에 홍수에 떠밀려 죽었을 거라고 믿었다. 뿔이 엄청나게 큰 사슴은 뿔이 문에 걸려 노아의 방주에 못 올랐을 테니 말이다. 그런데 그 설명도 좀 이상했다. 그럼 그보다 훨씬 큰 코끼리나 기린은 어떻게 방주에 올랐을까. 뭔가 석연치가 않았다.

사슴이야 그렇다고 치자. 1900년대 초에는 사람하고 비슷하게 생겼으나 결코 사람은 아닌 그런 동물의 뼈가 발견되기 시작했다. 남아프리카 공화국, 유럽, 중국 북경 등 세계 각지에서 이런 뼈가 나왔다. '사람인 듯 사람 아닌 사람 같은' 이들의 뼈가 과연 누구의 뼈인지에 대해 뜨거운 논쟁이 붙었다. 사람은 사람인데 어딘가가 아팠던 사람이라는 이야기부터 사람이 아닌 원숭이라는 이야기까지 다양한 가설들이 나왔다. 이런 뼈가 처음 나왔을 때만 하더라도 몸이 아픈 사람의 뼈라는 이야기가 가장 그럴 듯해 보였다. 그러나 뼈가 계속해서 나오면서 뭔가 새로운 설명이 필요했다.

사람 뼈는 물론이고 침팬지나 원숭이 뼈에 해박한 지식을 가졌던 해부학자들이 머리를 맞대었다. 아무리 다시 봐도 사람은 아니었다. 사람이 아니라면 이들은 도대체 누구인가. 정답은 하나였다. 옛날에 지구상에 살았던 사람의 조상! 하지만 그 당시 대부분의 사람들은 지금 우리와 다르게 생긴 사람이 지구상에 살았다는 사실을 잘 받아들이지 못했다. 사람이 다른 동물처럼 진화의 산물이라니 인간으로서의 존엄성이 떨어진다고 생각했다.

아무리 창조론을 믿는 사람이라 하더라도 계속해서 쏟아져 나오는 화석 앞에서는 다른 뾰족한 설명을 찾을 수 없었다. 사람과 침팬지는 여러 가지 비슷한 점도 많지만 몇 가지 중요한 차이점이 있다. 사람이 훨씬 똑똑하다는 것과 두 다리로 곧게 서서 걷는다는 거다. 이 사실에 근거해 사람이 좀 덜 사람스러운 사람에서 진화했다는 걸 받아들이되, 사람을 사람이게 만들어준 가장 중요한 특징은 똑똑한 머리, 즉 커다란 뇌라고 믿기 시작했다. 두 다리로 곧게 서서 걷는 건 그다지 어려운 일도, 특별한 일도 아닌 것처럼 보였다. 하지만 루시의 발견은 이런 과학자들의 가설을 완전히 바꿔놓았다.

두 다리로 걸었던 열두 살의 '루시'

1960년대로 접어들면서 미국과 유럽의 학자들이 동아프리카를 중심으로 인류의 조상을 찾기 위한 발굴을 시작했다. 이들은 사람을 사람이게 만든 게 똑똑한 머리라면 네 발로 기었으나 머리는 큰 사람 화석이 분명 있을 거라고 생각했다. 특히 케냐와 탄자니아 같은 동아프리카 지역의 '대지구대'라는 열곡은 인기 있는 발굴지였다. 이곳은 지구 내부에서 압력이 가해져서 동아프리카 일부의 땅덩이가 마치 양옆에서 누군가가 잡아당긴 것처럼 쫙 갈라져 아랫부분에 있던 아주 옛날 지층이 밖으로 드러나 있는 곳이다. 보통 고고학 발굴을 하려면 맨 위에서부터 땅을 파 내려가야 하는데, 동아프리카 대지구대의 경우 자연이 스스로 발굴을 해준 셈이었다. 고고학자들에겐 천국 같은 곳이었다.

1974년, 에티오피아의 아파르 지역에서 발굴을 하던 도널드 조핸슨Donald C. Johanson, 1943~ 교수팀도 원시 인류의 화석을 찾으려는 이들 중 하나였다. 매일 나무 한 그루 없는 땡볕 아래서 화석을 찾아 헤매는 일은 아무리 그 일을 좋아하는 사람이라 해도 힘들었다. 게다가 기다리는 뼈는 나오지 않고 계속해서 동물 뼈만 발견되니 점점 지쳐갔다. 하루 발굴이 끝나면 밖에 펼쳐 놓은 테이블 위에서 발견한 뼈를 일일이 분류하고 정리해야 했다. 이걸 제때 하지 않으면 언제 어디서 이런 뼈들이 나왔는지 금방 헷갈리기 때문이다. 동물 뼈도 마찬가지였다. 비록 인류 조상의 화석은 아니었지만 동물 뼈를 통해 당시 그 지역의 환경을 잘 알 수 있기 때문에 제대로 분석해야 한다. 이렇게 매일매일 똑같은 일상이 반복되고 있었다.

어느 날 아침. 톰 그레이라는 대학원생이 조핸슨에게 "선생님, 저 지금 차 타고 어제 못 가본 곳에 가서 뼈를 좀 찾아보려 하는데 같이 가실래요?" 하고 물었다. 조핸슨은 잠시 머뭇거렸다. 동물 뼈 정리도 마저 해야 하고 베이스캠프에 필요한 물자 구매 내역도 결제해야 하는 등 할 일이 많았기 때문이었다. 그래도 못 가본 현장에 간다고 하니 일단 따라 나섰다. 그는 매일 현장에 나가기 전에 공책에 짧게 메모를 하는 버릇이 있었다. 그날 아침, 그는 이렇게 적었다.

"1974년 11월 24일. 그레이와 함께 162 지점으로 떠남. 예감이 좋음"

조핸슨과 그레이는 랜드로버를 타고 울퉁불퉁한 흙길을 10킬로미터나 달려서 162 지점에 도착했다. 차에서 내리니 역시나 여

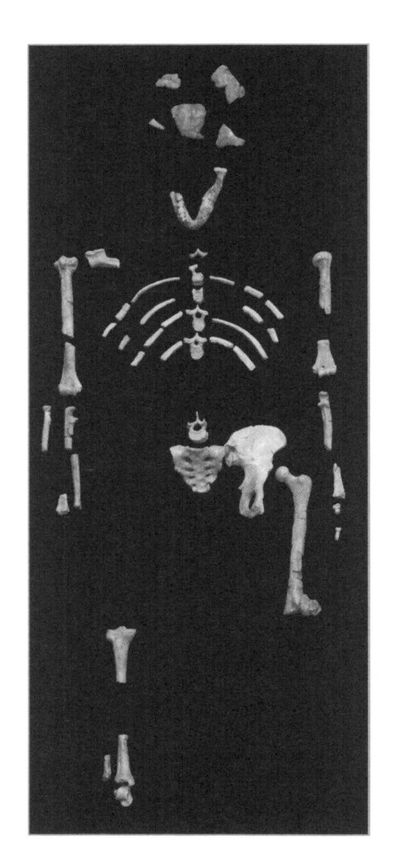

루시 | 발굴 당시 몸의 40퍼센트에 해당하는 뼈가 남아 있었던 루시. 루시의 뼈 분석을 통해 사람을 사람이게 만들어준 첫 번째 변화는 두뇌 용량이 아닌 직립보행이라는 사실이 밝혀졌다. 출처: ⓒⓘ 120

기 저기서 동물 뼈가 눈에 들어왔다. 땡볕 아래서 뼈를 찾는 건 쉽지가 않다. 햇빛이 반사되면서 돌멩이도 뼈처럼, 뼈도 돌멩이처럼 보이기 때문이다. 좋은 예감은 오늘도 빗나갔구나 싶었다. 마침 점심시간이 가까워져 베이스캠프로 돌아가려다가 근처에 딱 한 군데만 더 보고 가자며 방향을 틀었다. 288 지점에 도착해 차에서 내린 조핸슨의 눈에 저 멀리서 반짝하고 무언가가 보였다. 멀리서 봐도 한눈에 팔꿈치 부분의 뼈라는 걸 알 수 있었다. 그동안 사람 뼈인 줄 알았다가 실망한 적이 많아서 이번에는 아예 원숭이 뼈겠지 생각하며 가까이 다가갔다. 땅 밖으로 삐죽 나와 있는 이 뼈는 분명히 사람의 팔꿈치 뼈였다.

"그레이! 빨리 와 봐!"

두 사람은 주변을 샅샅이 뒤졌다. 척추뼈도 나오고 다리뼈도 나왔다. 일단 진정하고 베이스캠프로 돌아가 사람들을 더 데리고 와서 제대로 발굴을 하기로 했다. 베이스캠프가 보이기 시작하자 그레이는 빵빵 경적을 울리며 소리쳤다.

"찾았어. 찾았다고! 드디어 찾았어!"

그날 밤 베이스캠프에서는 성대한 파티가 열렸다. 그동안 고생한 보람이 있었기에 교수와 학생, 발굴 인부들이 모두 하나가 되어 자축했다. 파티에 음악이 빠질 수는 없는 법. 누군가가 비틀즈의 '루시 인 더 스카이 위드 다이아몬드Lucy in the sky with diamond'를 크게 틀었다. 술이 기분 좋게 취해 이 노래를 따라 부르기 시작하면서 이 화석은 '루시'라는 이름으로 알려지게 되었다.

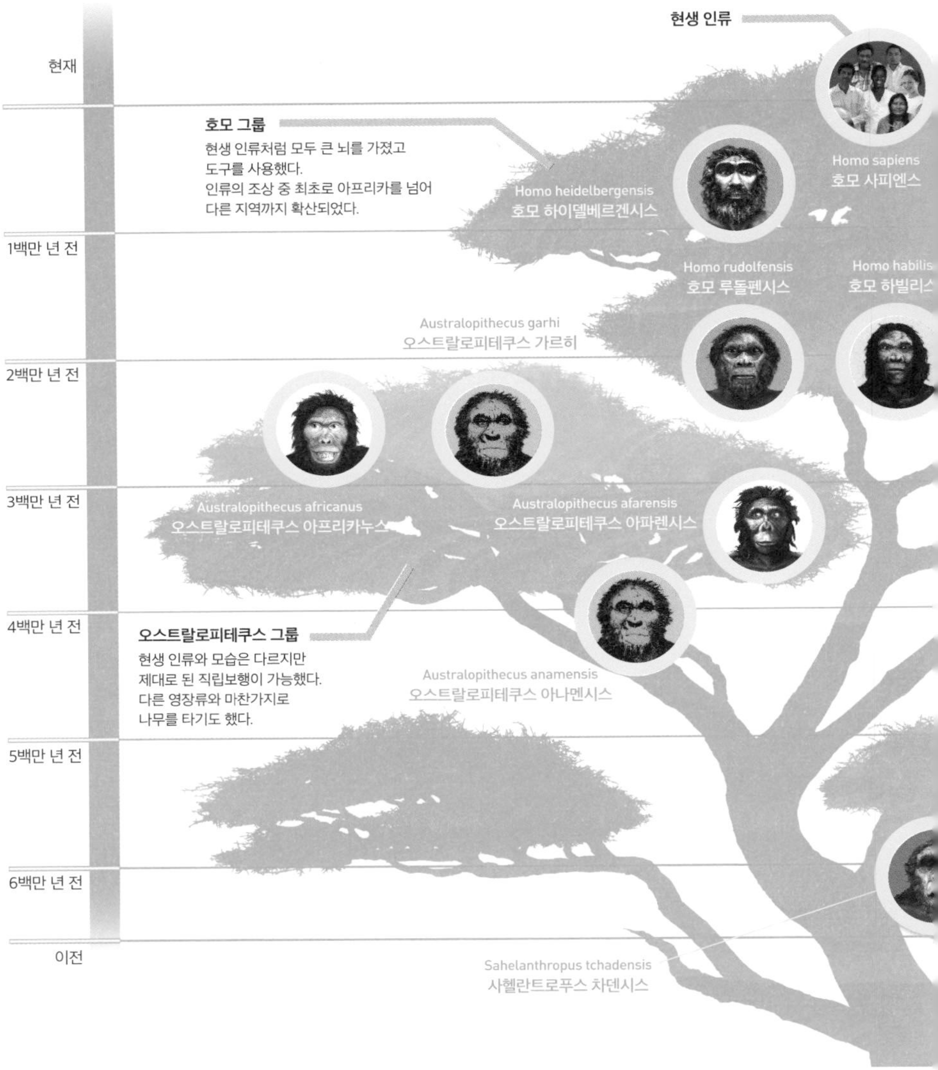

현재
1백만 년 전
2백만 년 전
3백만 년 전
4백만 년 전
5백만 년 전
6백만 년 전
이전

현생 인류

호모 그룹
현생 인류처럼 모두 큰 뇌를 가졌고
도구를 사용했다.
인류의 조상 중 최초로 아프리카를 넘어
다른 지역까지 확산되었다.

Homo sapiens
호모 사피엔스

Homo heidelbergensis
호모 하이델베르겐시스

Homo rudolfensis
호모 루돌펜시스

Homo habilis
호모 하빌리스

Australopithecus garhi
오스트랄로피테쿠스 가르히

Australopithecus africanus
오스트랄로피테쿠스 아프리카누스

Australopithecus afarensis
오스트랄로피테쿠스 아파렌시스

오스트랄로피테쿠스 그룹
현생 인류와 모습은 다르지만
제대로 된 직립보행이 가능했다.
다른 영장류와 마찬가지로
나무를 타기도 했다.

Australopithecus anamensis
오스트랄로피테쿠스 아나멘시스

Sahelanthropus tchadensis
사헬란트로푸스 차덴시스

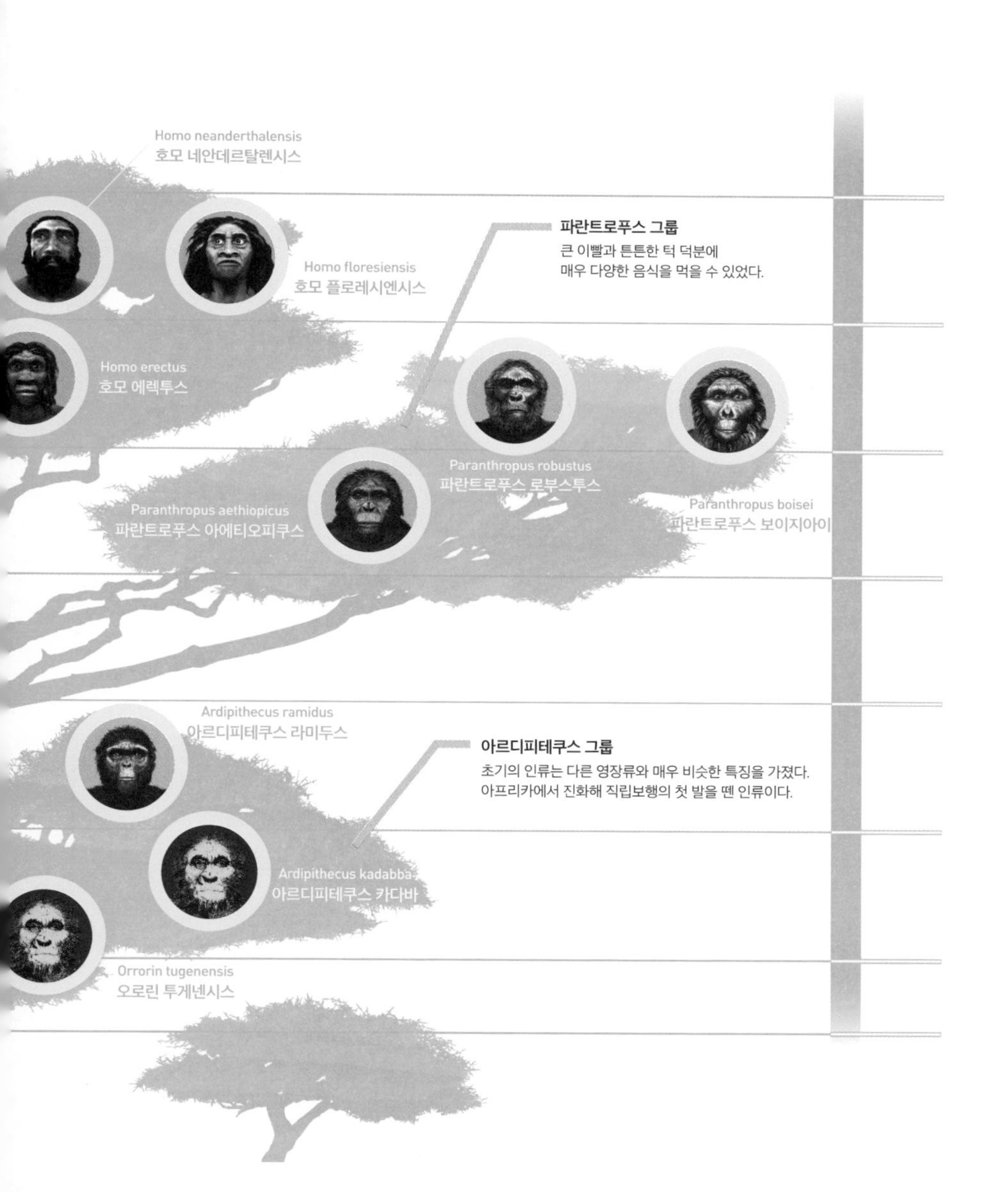

화석으로 본 인류 진화 계보도 Human Family Tree | 인류 진화는 일직선으로 점점 나아가는 형태가 아니라 나무에서 가지가 뻗듯이 시대별로 다양한 인류의 조상이 출현해 현생 인류의 모습까지 오게 되었다. 출처: Human Origins Program, Smithsonian Institution

사람이려면 먼저 '직립보행'

이렇게 세상 밖으로 나온 뼈가 320만 년 전에 아프리카 땅을 누비던 루시였다. 루시가 특별했던 이유는 여러 가지가 있다. 우선 그동안 발견된 뼈는 다리뼈 하나, 팔뼈 하나, 머리뼈 하나 이런 식으로 따로 발견되었는데, 루시는 자그마치 몸의 40퍼센트에 해당하는 뼈가 남아 있었다. 사람의 몸은 좌우 대칭이니 이 정도면 전체적인 모습을 복원해낼 수 있는 수준이었다. 루시를 분석해보니 더 놀라운 사실이 밝혀졌다. 학자들이 상상해왔던 인류의 조상은 수박만 한 머리통에 네 발로 기는 동물이었는데 루시는 이와 정반대였다. 자몽 한 알 크기밖에 안 되는 작은 두뇌 용량을 가진 루시는 골반과 다리뼈 모양으로 볼 때 분명히 두 다리로 곧게 서서 걸었다.

사람을 사람이게 만들어 준 첫 번째 변화는 두뇌 용량이 아니라 직립보행이었다는 사실을 보여준 것이다. 그 이후 출토된 모든 화석들이 이러한 가설을 뒷받침해주었다. 마치 아기들이 돌 즈음 걷기 시작하고 그 다음에 두뇌가 본격적으로 발달하는 것처럼, 인류 진화 역사에서도 사람은 먼저 두 발로 걷기 시작한 다음에 두뇌 용량이 커졌고 한참 지나서야 문화와 언어 등이 생겨났다. 이렇게 기존의 생각을 통째로 흔들어 놓은 화석이 바로 320만 년 전에 에티오피아에 살던 키 110센티미터의 12살짜리 여자아이 루시였다.

이 같은 사실은 루시의 뼈 분석을 통해 밝혀졌다. 루시의 허벅지뼈는 요즘 사람의 허벅지뼈와 크게 다르지 않다. 골반뼈, 허벅지뼈, 그리고 종아리뼈는 우리가 두 발로 서서 걷는 것과 가장 직접적인 연관이 있다. 팔다리를 모두 어정쩡하게 땅에 대고 걷는 침팬지나 고릴라를 떠올려보자. 침팬지의 허벅지뼈나 종아리뼈의 기본 구조는 사람과 비슷하지만 자세히 보면 다른 점이 참 많다. 그중 대표적인 것이 허벅지뼈가 무릎으로 내려가서 종아리뼈와 만나는 각도다. 침팬지를 똑바로 세워 놓으면 허벅지뼈와 종아리뼈가 일자로 연결되어 있다. 하지만 사람은 다르다. 엉덩이부터 내려오는 허벅지뼈가 일직선이 아닌 몸의 안쪽으로 비스듬히 내려가서 종아리뼈와 만난다. 이 각도가 있느냐 없느냐는 매우 중요하다.

아이가 돌 즈음 첫 발을 떼기 시작할 때 걷는 모습을 한번 잘 보자. 어른처럼 똑바로 걷지 못하고, 펭귄처럼 뒤뚱뒤뚱 걷는다. 언제 넘어질지 몰라 엄마는 열심히 아이 뒤를 따라 다닌다. 그러다가 어느 정도 익숙해지면 비로소 제대로 걷게 된다. 아이들이 뒤뚱거리며 걷는 이유는 바로 허벅지뼈가 어른처럼 비스듬하게 틀어져 있지 않고, 침팬지처럼 일직선으로 내려가 종아리뼈와 만나기 때문이다. 이런 상태에서는 한 발을 떼었을 때 땅을 짚고 있는 다리 쪽에 온몸의 균형을 실어주지 않으면 무게중심을 잡지 못하고 고꾸라져버린다. 그래서 한 발씩 뗄 때마다 넘어지지 않으려고 하다 보니 온몸을 좌우로 뒤뚱뒤뚱 거리게 된다. 그러다가 자라면서 허

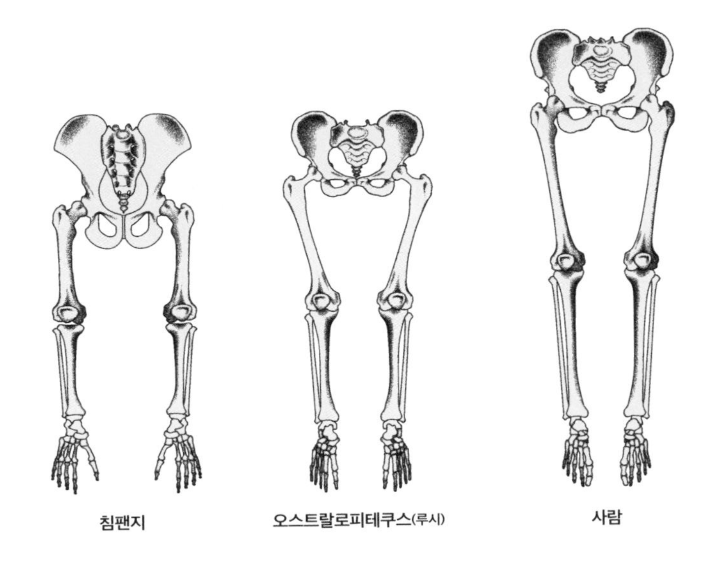

침팬지, 오스트랄로피테쿠스(루시), 사람의 다리뼈 | 네 발로 걷는 침팬지는 허벅지뼈와 종아리뼈가 일자로 연결되어 있고, 골반뼈가 사람보다 훨씬 길다. 반면 두 발로 걷는 오스트랄로피테쿠스와 사람은 허벅지뼈가 서서히 몸의 가운데 쪽으로 비스듬히 방향을 틀어 엉덩이부터 무릎까지 사선으로 내려간다. 루시의 허벅지뼈 각도와 골반뼈 모양은 직립보행의 결정적인 증거가 되었다.

벅지가 서서히 몸의 가운데 쪽으로 비스듬히 방향을 틀어 엉덩이부터 무릎까지 사선으로 내려간다. 이 각도가 만들어진 다음에는 아이들도 어른처럼 우아하게 걸을 수 있다.

이 각도는 사람이라고 해서 무조건 생기는 게 아니다. 소아마

비 환자처럼 제대로 걷지 못하는 아이들은 성장이 끝나도 허벅지 뼈가 일직선으로 내려간다. 따라서 루시의 허벅지뼈 각도는 루시가 두 발로 걸었다는 증거임에 틀림없다. 루시의 골반뼈에서도 두 발로 곧게 서서 걸었던 흔적이 보인다. 침팬지의 골반뼈는 사람보다 훨씬 길다. 네 발로 땅을 짚으며 걸으니 몸통이 앞쪽으로 비스듬하게 되어 있어서 그만큼 골반뼈도 길어지는 것이다. 이에 비해 곧게 서서 걷는 사람은 골반뼈의 길이가 훨씬 짧다. 루시의 골반뼈는 우리의 골반뼈와 매우 비슷하다.

서점에서 우연히 집어 들었던 책 《최초의 인간 루시》에는 이런 인류의 진화 역사와 루시 이야기뿐만 아니라 인류학계에서 벌어지는 일들도 흥미진진하게 소개해놓았다. 조핸슨은 루시를 발견한 덕에 서른한 살의 나이에 세계적인 스타가 되었다. 진한 갈색 머리와 눈동자를 지닌 잘생긴 그는 야심에 찬 똑똑한 학자였다. 하지만 젊은 나이에 갓 교수가 되자마자 이런 엄청난 발견을 하는 바람에 그는 오히려 학계에서 따돌림을 당하게 되었다. 아프리카의 인류학 발굴판은 웬만한 정치판 못지 않다. 누가 어느 지역에 발굴을 들어가느냐, 누가 누구와 손잡고 연구를 하느냐 등의 이슈들이 때로는 진흙탕 싸움으로까지 번진다. 발굴지에서 무언가를 찾으면 단박에 스타가 될 수 있기 때문이다. 조핸슨은 루시를 발견한 이후 이렇다 할 연구 업적을 내지 못해 이런저런 뒷말이 많기도 했지만 특히 리처드 리키와의 갈등으로도 유명했다. 인류학계의 스타 부부였던 루이스 리키와 메리 리키 사이에서 태어난 리처드는 조핸슨과 나이도 비슷했고, 가장 오래된 인류 화석을 찾고자 하는 야망도 비슷했다. 그런 사람들끼리 잘 지낸다는 것은 불가능에 가깝다.

서슬 퍼런 말발로 서로를 비난하던 조핸슨과 리처드 리키. 이 둘의 갈등과 반목은 인류학계 내에서 익히 잘 알려져 있다. 그 두 사람이 몇 년 전에 뉴욕에서 열린 인류 진화 토론회에서 딱 만났다. 강단 위에 사회자를 가운데 두고 30년간의 라이벌 둘이 마주 앉았다. 어느덧 둘 다 머리가 허옇게 센 할아버지가 되어 있었다. 사람들은 이날 또 어떤 재미난 싸움이 벌어질까 궁금해 했다. 얼굴에 반창고를 붙이고 나온 리처드 리키가 먼저 말문을 열었다.

"여러분, 제 얼굴에 붙은 반창고는 피부암 치료를 받는 과정에서 의사가 붙여준 겁니다. 절대 제 동료 때문에 붙인 게 아니라는 것부터 말씀드립니다."

청중들은 폭소를 터뜨렸고 옆에 있던 조핸슨도 함께 웃었다.

조핸슨과 리키는 지금도 서로 좋아하는 사이는 아니지만 세월이 흘러 이제는 같은 자리에 앉아 함께 인류 진화를 이야기하며 농담도 주고받을 수 있게 되었다. 루시만큼이나 말 많고 탈 많은 세월을 보낸 조핸슨은 여전히 놀라운 말솜씨로 여러 곳에서 인류학 강의를 하면서 인류 진화 연구의 중요성을 알리며 지원금을 마련하고 있다. 영원한 라이벌 리처드 리키는 인류학계의 진흙탕 싸움에 질렸는지 동물보호 운동으로 방향을 바꾸어 한동안 아프리카에서 밀렵 방지를 위한 활동에 주력하다가 다시 학계로 돌아갔다.

수백만 년 전의 뼈를 만나다

《최초의 인간 루시》를 읽은 나는 끓어오르는 피를 주체할 수 없었다. 대학교 3학년이 된 어느 날 밤, 기린과 사자가 뛰놀고 원시 인류 화석이 뒹군다는 동아프리카에 간다면 얼마나 좋을까 하는 생각이 갑자기 들었다. 이미 대학교 1, 2학년 때 온두라스와 남아프리카 공화국으로 고고학과 인류학 필드 스쿨을 다녀온 적이 있었기에 이번에는 인터넷으로 동아프리카 필드 스쿨을 찾아보기 시작했다. 인류 진화를 연구하는 고인류학의 전설적인 인물인 루이스 리키와 메리 리키가 발굴을 했던 올두바이 계곡에서 열리는 필드 스쿨을 찾았다. 말로만 듣던 그 올두바이에 갈 수 있는 기회라 생각하니 흥분이 되기 시작했다. 안방으로 달려가 주무시던 부모님을 깨워서 내가 왜 동아프리카를 가야 하는지 장황하게 설명했다. 아닌 밤중에 홍두깨라더니, 한밤중에 딸내미의 느닷없는 아프리카 타령에 부모님은 얼마나 황당하셨을까? 그래도 한 번 불이 붙으면 절대 물러서지 않는 내 고집을 아셨기에 그럼 한번 잘 알아보라고 하시고 다시 주무셨다. 만세!

한일 월드컵의 열기가 채 가시지 않았던 2002년의 여름날, 나는 드디어 꿈에 그리던 동아프리카로 떠났다. 공항에서 진한 분홍색 월드컵 티셔츠를 하나 사서 가방에 넣었다. 암스테르담을 거쳐 비행기 한 번 갈아타고 탄자니아 다르에스살람 공항에 도착했다. 그곳에서 일행과 만나 다음 날 올두바이 계곡으로 차를 타고 떠났다. 열 명의 팀원들 중 나만 한국인이었고 나머지는 다 미국에서 온 사람들이었다. 몇 시간 동안 자동차에 앉아 탄자니아 시골길을 달리면서도 이게 지금 꿈인가 생시인가 싶었다.

저 멀리 올두바이 계곡이 눈에 들어왔다. 여기가 리키 부부가 인류의 조상 화석을 찾기 위해 30여 년을 보낸 그곳이구나. 감동이 밀려왔다. 게다가 우리가 베이스캠프를 차린 곳은 리키 부부의 베이스캠프가 있던 바로 그곳이었다. 전기도 들어오지 않고 물도 1주일에 한 번 트럭이 와서 물통에 담아 주고 가는 게 전부였다. 저 멀리 하늘과 땅이 맞닿는 곳이 눈에 훤히 들어왔다. 끝도 없는 벌판에 이따금 뾰족뾰족한 가시가 솟아 있는 아프리카의 아카시아 나무들만이 눈에 띄는 황량한 땅이었다. 우리는 각자 텐트를 치고 자리를 잡았다. 작은 텐트 안에 배낭 가득 넣어온 책들과 옷도 차곡차곡 정리해 두었다. 화장실은 베이스캠프 반대쪽에 설치되어 있는 '푸세식' 간이 화장실이었다. 물이 귀한 지역이라 아침에 일어나면 세숫대야 하나에 물을 받아 열 명이 고양이 세수에 양치질만 겨우 했다. 아침을 먹고 발굴 현장으로 향하기 전에는 '샤워백'이라 불리는 검은 비닐로 된 쌀가마 크기의 자루에 물을 채워 바닥에 두었다.

하얀색 랜드로버를 타고 울퉁불퉁한 흙길을 달려 발굴 현장에 도착했다. 그곳에서 우리는 따가운 햇살도 마다하지 않고 열심히 땅을 들여다보거나 여기저기 파보았다. 우리가 발굴하던 지층은 1백만 년 전의 지층이었는데, 처음엔 동물 뼈만 나와도 감격했다. 1백만 년 전에 이 땅을 누비던 가젤의 뼈라니 하면서. 하지만 하도 많이 나오니까 나중에는 또 나왔네 하며 어느새 무뎌졌다. 우리가 그토록 찾고 싶어 했던 사람 뼈는 단 한 점도 나오지 않았다.

발굴 현장에서 사람 뼈를 찾기란 쉽지 않다. 먹이사슬의 꼭대기에 있는 사람은 초식 동물에 비해 숫자가 많지 않다. 사람이 죽어서 뼈가 잘 보존되는 환경에 묻힌 다음에 몇 백만 년의 시간 동안 썩지도, 쓸려 내려가지도 않고 버틴 후 마침 그 지역에 온 인류학자의 눈에 띈다는 건 전생에 나라를 구한 덕을 쌓지 않고는 여간해서 만날 수 없는 행운이다. 그러다 보니 사람 뼈 화석을 찾느라 평생을 바친 사람도 결국 한 점도 찾지 못하는 경우가 훨씬 많다. 그나마 동아프리카 지구대 지역을 중심으로 수백만 년 전의 사람 뼈가 하나 둘씩 발견되자 1960년대부터 학자들이 우루루 몰려들기 시작했다. 그런 곳에서 나 같은 풋내기 인류학자 지망생에게 얻어 걸릴 순진한 인류 화석이 있을 리 없었다.

발굴을 하다 보면 갑자기 저쪽에서 매애애애 하고 염소 우는 소리가 들리곤 했다. 근처에서 염소떼를 몰고 지나가던 마사이 족들이 우리를 보고 활짝 웃으며 손을 흔들었다. 까만 피부에 빨간 천으로 된 옷을 입고 길쭉한 창을 들고 걸어 다니는 이들의 모습이 참 멋졌다. 땡볕에서 하루 종일 일하다 보면 몸은 고되었지만 마음은 늘 즐거웠다. 우리랑 같이 일하던 마사이 아줌마와 아저씨들이 내게 별명을 붙여줬다. 음또또. 탄자니아 말로 '아기'라는 뜻이란다. 내가 우리 팀에서 가장 어렸기 때문이다.

하루는 발굴을 마치고 캠프로 돌아왔는데 저쪽에서 마사이 아저씨 서너 명이 "음또또, 음또또" 하고 나를 부르며 손짓을 했다. 무슨 일인가 해서 가보니 아저씨들이 작은 화덕 위 사발에 든 정체불명의 불그죽죽한 액체를 휘휘 저으며 데우고 있었다. 갑자기 아저씨 한 명이 나에게 그 사발을 내밀었다. 몸짓을 보니 어서 마시라는 거였다. 나이가 지긋한 마사이 할아버지까지 빙긋 웃으며 내게 마시라고 손짓을 했다. 이들은 매일 우리 캠프에서 맛있는 빵과 저녁을 만들어 주시는 분들이니 이것도 맛있는 건가 보다 했다. 사발을 들고 머뭇거리는 나를 모두가 보고 있었다. 에라, 모르겠다. 마시자. 벌컥벌컥 들이키기 시작했다.

처음에는 아무 맛이 안 났는데 세 모금쯤 마시자 목에서 피비린내가 확 올라왔다. 으악. 중간에 뱉을 수도 없고. 아저씨들은 박수까지 치면서 좋아했다. 열심히 들이키면서 곁눈질로 보니 소금 같기도 하고 설탕 같기도 한 걸 가지고 와서 이것도 같이 뿌려 먹으라 했다. 그걸 뿌려 먹으려고 멈추었다가는 다 토할 것 같아서 고개를 절레절레 저으며 한 번에 마셨다. 더 먹겠냐고 묻는 아저씨들에게 나는 생글생글 웃으며 충분히 마셨으니 감사하다는 인사를 하고 얼른 텐트로 돌아갔다. 그러고는 가방을 뒤져 사탕과 과자를 입에 막 쑤셔 넣었다. 위가 튼튼한 건지 비위가 좋은 건지 다행히 별 탈은 없었다.

나중에 알고 봤더니 그건 그 동네에서도 귀한 소의 피에 우유를 섞은 거였다. 염소야 흔하지만 소는 한 마리 잡는 게 귀한 일이기 때문에 어쩌다 도살을 하면 거기서 나오는 피를 잘 모아서 우유와 섞어 마신다고 했다. 그것도 귀한 사람들에게만 돌아가는 음료였다. 분홍색 한일 월드컵 티셔츠를 입고 돌아다니는 음또또를 보면 동네 아저씨들이 축구하는 시늉을 하며 내게 엄지를 번쩍 들어 보이곤 했다. 이 오지까지도 월드컵의 열기가 뜨거웠었나 보다. 한국 사람은 처음 봤다는 마사이 족 아저씨들은 한국에서 온 음또또에게 귀한 음료를 대접하고 싶었던 거다. 고마운 아저씨들. 까만 얼굴에 새하얀 이를 드러내며 "굿모닝! 음또또" 하던 아저씨들의 환한 미소와 피비린내 진동하던 그 맛이 지금도 생생하다.

해가 질 무렵 발굴을 마치고 돌아와서 가장 먼저 하는 일은 누가 먼저 씻을지 정하는 거였다. 황량한 올두바이 계곡에 샤워 시설이 있을 리 만무했다. 마사이 족의 도움으로 나무 기둥과 천을 이용해 간이 샤워 시설을 만들었다. 베이스캠프 한구석에 만든 샤워 시설은 한쪽만 천으로 가려져 있었고 반대쪽은 탁 트인 세렝게티 초원이 보이도록 열려 있었다. 베이스캠프 안에 있는 사람들에게만 벗은 몸을 안 보이면 그만이니까. 샤워 시간을 잘못 택해 해가 캠프 반대편으로 쨍하고 떨어질 때는 역광 때문에 몸의 실루엣이 적나라하게 드러났다. 서로 그때를 피하고자 했으나 결국 누군가 한 명은 희생해야만 했다.

아침에 놓고 간 샤워백의 활약은 이때부터다. 샤워 시설 안에 걸어 놓은 밧줄에 샤워백을 걸어서 도르래처럼 위로 끌어 올려 고정시키면 그게 샤워기였다. 까만 비닐백 속의 물은 한낮의 열기로 제법 뜨끈뜨끈하게 데워져 있었다. 물이 귀한 곳이라 두 사람이 샤워백 하나를 같이 쓰게 되어 있어서 아주 적은 양으로 땀과 흙 범벅이 된 몸을 씻어야 했다. 처음에는 그게 과연 가능할까 싶었는데 나중에는 가능하다 못해 샤워백 물의 사분의 일만 있어도 온몸을 충분히 깨끗하게 씻을 수 있었다.

샤워를 할 때면 저 멀리 기린들이 우아하게 겅중겅중 뛰는 모습이 보이곤 했다. 파란 하늘 아래 뛰노는 기린 떼를 보며 했던 샤워는 지금도 잊지 못한다. 한 달 정도 필드 스쿨로 체험한 동아프리카 발굴은 내게 이렇게 마냥 즐거운 경험이었다. 한때 고인류학자를 꿈꾸던 나는 지금은 수백만 년 전의 뼈가 아닌 수십 년 전의 뼈를 만지며 전사자의 신원 분석을 하고 있다. 비록 지금 내가 하는 일이 대학 시절 가슴을 뛰게 했던 인류 화석 발굴과 직접적인 관계는 없지만 '루시'는 나를 뼈의 세계로 들어오게 해준 고마운 화석이다.

'루시'로 인생이 바뀐 인류학자, 도널드 조핸슨

도널드 조핸슨 Donald C. Johanson, 1943~

'루시'를 발견한 사람이라는 수식어가 40여 년간 따라다니는 도널드 조핸슨은 1943년 미국 시카고에서 스웨덴 이민자의 아들로 태어났다. 두 살 때 아버지가 돌아가시고 어머니와 함께 코네티컷 주에서 자랐는데 옆집에 살던 인류학 강사를 통해 처음으로 인류학을 접했다고 한다. 일리노이 대학교 어바나 샴페인에 들어갈 때만 해도 화학을 전공했지만 결국 인류학으로 전공을 바꾸어 1966년에 학사 학위를 받았다.

이후 그는 당시 시카고 대학의 클라크 하월F. Clark Howell, 1925~2007이라는 유명한 인류학자 밑에서 대학원 공부를 시작했다. 1970년부터 인류 화석을 찾아 동아프리카로 발굴을 떠난 그는 1974년에 '루시' 화석을 발견했다. 이제 갓 박사 학위를 받은 만 서른하나의 젊은 나이에 엄청난 발견을 한 것이다. 같은 해에 클리블랜드 자연사 박물관에 큐레이터로 취직한 그는 본격적으로 루시를 연구하기 시작했다. 그리고 1978년에 동료인 팀 화이트Tim D. White, 1950~와 함께 루시에게 '오스트랄로피테쿠스 아파렌시스Australopithecus afarensis'라는 학명을 지어 주었다.

조핸슨은 1981년 버클리 대학에 IHOInstitute of Human Origins. 인류기원

연구소를 만들고 동아프리카에서 계속 탐사를 진행했다. IHO는 1997년에 애리조나 주립 대학으로 자리를 옮겨 인류학, 고고학, 지질학, 고생물학과 교수들이 함께 인류의 기원을 연구하는 커다란 학제간 연구 시설로 자리매김했다. 오랫동안 연구소장을 맡았던 조핸슨은 2009년에 물러나면서 이사직을 맡아 대외 홍보와 연구 기금 조성과 같은 활동을 하고 있다. 2014년에는 템플턴 재단에서 5백만 달러라는 큰돈을 연구비로 지원받아 IHO는 다시 한 번 도약하고 있다.

사진 출처: ⓒⓘⓞ by courtesy of Don Johanson personally

뒤뜰에서 발견된 남자, 숲 속에서 발견된 여자,

몇 년 전 어느 오후, 우리 연구소에서는 미군 전사자 뼈 분석이 한창이었다. 그때 호놀룰루 경찰에서 전화가 한 통 걸려왔다. 어떤 사람이 자기 집 뒤뜰을 넓히는 공사를 하다가 콘크리트로 봉해진 관을 발견했는데 아무래도 그 안에 시신이 있는 것 같다는 이야기였다. 우리 기관은 현지 경찰의 협조 요청이 오면 잘 훈련된 고고학자와 인류학자들을 현장에 투입한다. 우리들은 부랴부랴 발굴 도구를 챙겨서 현장으로 달려갔다. 정체불명의 사람이 뒤뜰에 묻혀 있는 경우라면 범죄 현장임이 거의 확실했다.

범죄 현장에서 유해를 수습하는 일은 일반 고고학 발굴을 할 때보다 훨씬 더 조심스레 이루어진다. 아무리 확실한 증거가 있어도 이를 수습하는 과정에서 제대로 된 기록 없이 잠시라도 증거물이 다른 사람한테 갔다가 돌아오는 등의 문제가 생기면 큰일이기 때문이다. 이런 일이 생기면 증거가 확실해도 변호인 측에서 절차상의 문제를 들면서 증거를 무효화시켜 결국 범인이 무죄로 풀려날 수도 있다. 보통 사람의 상식으로는 이해하기 힘들지만 이것이 법이 집행되는 방식이므로 범죄 현장에 나갈 때 우리는 특히 더 주의를 기울인다. 우리 연구소 직원들은 이러한 법적인 절차에 관한 훈련도 철저히 받은 터라 호놀룰루 경찰에서 사건 의뢰가 종종 들어오곤 했다.

어느새 해가 져 주변이 어두워지자 우리는 불빛을 환하게 밝히고 발굴을 계속했다. 콘크리트 덮개를 열어보니 정말로 그 안에 보존 상태가 완벽에 가까운 사람 뼈가 있었다. 우리는 뼈를 조심스레 수습해서 일일이 사진을 찍고 기록을 남겼다. 현장에 단 한 개의 뼈도 남지 않았다는 걸 확인한 뒤 수습한 유해를 연구소로 옮겼다. 연구원들은 유해에 고유 일련번호를 부여한 후 본격적인 감식에 들어갔다. 몸은 이미 백골이 되었지만 옷차림은 그대로였다. 리바이스 청바지에 벨트를 매고 줄무늬 양말을 신었는데, 통이 넓은 청바지에 벨트 한 쪽을 무릎까지 늘어뜨린 것이 특이했다. 그때 우리 옆을 지나던 상사가 유해를 보더니 자신이 고등학생 때였던 80년대에 유행하던 패션이라고 했다. 뼈 분석과는 전혀 상관없지만 사망 시기를 추측해볼 수 있는 아주 중요한 정보였다.

날씨가 따뜻하면 보통 뼈가 빨리 썩는데 하와이의 따뜻한 날씨에도 불구하고 이 유해는 상태가 아주 좋았다. 조심스레 옷을 벗기고 뼈를 이용해 이 사람의 인종, 성별, 사망 당시 나이, 신장 등에 대한 분석을 시작했다. 그 결과, 평균 키의 50대 백인 남성으로 머리에 세 발의 총상을 입은 것이 확인되었다. 이 남자의 입안에는 번쩍거리는 금색 크라운이 자그마치 다섯 개나 있었다. 생전 치과 치료를 여러 번 받았을 뿐 아니라 값비싼 금으로 이를 씌운 것으로 보아 꽤 잘 살던 사람이었다는 걸 알 수 있었다.

최종 감식 보고서는 유해 및 유품과 함께 호놀룰루 경찰로 넘어갔다. 경찰은 이러한 정보를 토대로 실종자 명단을 수색하고 치과 기록을 조회했지만 안타깝게도 이런 조건에 맞는 사람을 찾지 못했다. 어느 날 갑자기 누군가 없어져 가족이나 친구들이 경찰에 신고하면 경찰은 그 사람을 실종자 명단에 추가한다. 신원 미상의 사체라면 그 명단을 토대로 단서를 잡는다. 하지만 아무리 실종자 명단을 뒤져도 이 남자와 비슷한 사람조차 없었다. 이 남자는 누구일까? 왜 아무도 그의 실종 사실을 신고하지 않은 걸까? 의문에 의문이 꼬리를 물었다. 안타깝게도 청바지를 입은 채 머리에 세 발의 총상을 입고 세상을 뜬 이 남자는 여전히 신원 미상으로 남아 있다.

내가 우리 연구소에서 일을 시작한 지 얼마 되지 않았을 때의 일이다. 무뚝뚝하고 좀 까칠한 상사가 내 사무실에 들어오더니 "진 박사, 사람 시신 처리해서 뼈만 깨끗하게 발라내본 적 있어요?" 하고 물었다. 갑작스러운 질문에 갸우뚱했다. 나는 사슴과 소는 해본 적이 있는데 사람은 한 번도 안 해봤다고 했다.

"그래요? 사람이나 사슴이나 다 비슷한 크기의 동물이니 해본 거나 마찬가지네요. 냉장실에 시신이 한 구 들어 있는데 꺼내서 엑스레이부터 찍고 총상 있나 확인하고 깨끗하게 처리해주세요. 호놀룰루 경찰 케이스니까 각별히 신경 쓰고요."

냉장실에 들어갔더니 커다란 파란색 비닐백이 바퀴 달린 테이블 위에 놓여 있었다. 이거구나. 테이블을 통째로 밀어서 엑스레이실로 옮겼다. 부패가 이미 심한 상태이니 지퍼는 열지 말고 그대로 엑스레이를 찍으라는 지시를 받았다. 그래도 어디가 머리이고 다리인지는 알아야 해서 더듬더듬 비닐백을 만져보았다. 사슴 시체를 만질 때와는 아주 다른 기분이었다. 우리 연구소의 엑스레이 기계는 그다지 크지 않아서 사람의 전신을 찍으려면 여러 번에 나누어 찍어야 했다. 일단 머리부터 찍기 시작했다. 아직 엑스레이 기계에 익숙하지 않던 나는 실수하지 않으려고 되도록 천천히 찍었다. 그랬더니 허리 부근의 엑스레이를 찍을 때 즈음 엑스레이실에서 구리구리한 냄새가 나기 시작했다. 비닐백 속의 사람이 서서히 녹고 있었던 것이다. 어머나 세상에. 다 녹아서 액체가 흘러나오면 어떡하나 순간 당황했다. 그래도 엑스레이를 마저 찍기 위해 침착하게 비닐백을 옮기며 그 속에 있는 사람에게 조용히 속삭였다.

"저기요, 제발 그대로 있어 주세요. 더 이상 녹지 말아 주세요. 부탁할게요."

그렇게 해서 엑스레이를 다 찍었지만 총상은 보이지 않았다.

테이블을 다시 밀어서 부검실로 가지고 갔다. 그곳에서 나를 기다리고 있던 인턴들과 함께 비닐백을 열었다. 역한 죽음의 냄새가 코를 확 찔렀다. 시체 상태가 좋지는 않았지만 그렇다고 이제 막 썩기 시작한 건 아니었다. 시체는 오히려 갓 썩기 시작했을 때 몸 속에 가스가 차기 때문에 상태가 아주 안 좋다. 그게 다 진행이 되고 나면 살점은 썩어서 거의 다 없어지고 인대와 근육 일부가 쪼글쪼글하게 말라서 뼈에 붙어 있다. 이 시신이 딱 그런 상태였다. 어차피 뼈에 남아 있는 살점으로는 알아낼 수 있는 게 없으니 시신을 깨끗이 처리해 뼈만 싹 빼내야 했다. 그래야 성별, 나이, 인종, 신장 등을 추정할 수 있기 때문이다.

시신을 만지는 게 무섭지 않냐고 물어보는 사람도 있지만 그 자체는 별로 무섭지 않다. 그 순간만큼은 이게 죽은 사람이라는 생각보다 이걸 최대한 깨끗이 처리하는 방법이 무얼까에 집중하기 때문이다. 하지만 그 냄새만큼은 정말 참기 힘들다. 아무리 마스크를 끼고 강력한 환풍기를 틀어 놓아도 부검실에서 이렇게 썩은 시체를 많이 처리하면 밖에 있는 연구실까지 냄새가 퍼진다. 몇 날 며칠 우리를 따라다니는 것도 시신의 모습이 아니라 냄새다. 뼈에 붙어 있는 살점을 최대한 메스와 가위로 떼어낸 후 뼈만 추려서 뜨거운 물에 끓인다. 그렇게 며칠을 반복하면 어느새 기름기까지 쫙 없어진 깨끗한 뼈만 남는다. 내 일은 거기까지였다.

숲 속에서 하이킹을 하던 사람들이 발견한 이 아주머니는 오른쪽 갈비뼈와 팔이 부러져 있었다. 오른쪽으로 떨어지거나 넘어진 흔적 같았다. 뼈 상태로 볼 때 나이가 꽤 든 여성이었다. 발견 당시의 장소나 시신의 상태 등으로 추정해볼 때 오갈 곳 없는 노숙자 아주머니가 산속에 들어갔다가 넘어져서 사망한 것 같다는 게 경찰 측 설명이었다. 뼈를 분석한 결과도 이를 뒷받침했다.

하와이는 1년 내내 날씨가 좋다 보니 미국 전역에서 노숙자가 몰려든다. 노숙자들이 모여 커다란 텐트촌을 만든 곳도 여러 군데다. 주민이 낸 세금으로 이들을 얼마만큼 도와야 하느냐에 대한 논쟁이 끊이지 않는다. 자발적으로 노숙을 하러 오는 사람들도 많지만 문제는 미국 본토에서 오갈 곳 없는 정신 이상자들을 누군가가 편도 비행기표를 끊어 자꾸만 하와이로 보낸다는 것이다. 이런 사람의 숫자가 계속 늘어나면서 하와이 정부는 골머리를 앓고 있다.

숲 속에서 발견된 이 아주머니도 실종자 명단에 없었다. 이 아주머니는 어떤 사연으로 우리 연구소에까지 와서 나와 마지막 시간을 보내게 되었을까? 외롭게 살다 세상을 떠난 고인의 명복을 빌었다.

과학 수사의 메카, 시체 농장

미국의 동남부에 위치한 테네시 주는 미국을 대표하는 위스키인 잭 다니엘의 원산지이며 컨트리 음악의 탄생지이기도 하다. 앨라배마, 켄터키, 미주리 등 여덟 개의 주에 둘러싸여 있는 테네시 주의 동쪽에 위치한 인구 1백만의 도시 녹스빌Knoxville. 그곳에는 220년의 역사를 자랑하는 테네시 주립 대학 녹스빌 캠퍼스가 자리 잡고 있다. 미국 정부가 제2차 세계대전 때 원자폭탄을 개발하기 위해 시작한 맨해튼 프로젝트의 일부로 세운 오크리지 국립연구소Oak Ridge National Laboratory가 바로 이 테네시 주립 대학 근처에 있다. 오크리지 연구소는 아직까지도 미국 정부의 각종 과학 프로젝트의 중심에 우뚝 서 있으며 슈퍼컴퓨터를 비롯한 세계 최고의 첨단 과학 연구 시설을 갖춘 곳으로도 잘 알려져 있다. 테네시 대학은 이런 최첨단 과학 연구소와 손을 잡고 수많은 공동 연구를 함으로써 미국 과학 연구의 중심 중 하나로 자리 잡았다.

그런데 테네시 대학을 유명하게 만든 건 첨단 과학 장비와 연구 시설만이 아니다. 뜻밖에도 '법의인류학센터Forensic Anthropology Center'라는 아주 평범한 이름의 연구 시설이 테네시 대학을 대표하는 상징 중 하나가 되었다. 왜일까? 바로 그곳에 위치한 작은 운동장 크기의 야외 연구 시설 덕이다. 흔히 '바디 팜body farm'이라고 불리는 이 시설은 우리말로 '시체 농장'이라는 뜻이다. 듣기만 해도 무시무시한 이곳은 무얼 하는 곳일까?

1970년대에 테네시 대학 인류학과에 부임한 빌 배스 교수는 미국 원주민 묘지에서 고고학 발굴을 하며 사람 뼈를 분석하는 인류학자였다. 교수 부임 후에도 그는 원래 전공인 미국 원주민 관련 고고학 발굴에 주력하고자 했다. 그런데 잊을 만하면 들어오는 경찰의 수사 자문 요청으로 인해 그는 연구 방향을 틀게 된다.

테네시 주의 숲 속에서는 가끔 절반쯤 부패한 시체나 이미 백골화된 유해가 나왔는데, 그때마다 경찰들은 골치가 아팠다. 지문이나 얼굴 형태가 다 없어져버려 부검을 해도 알아낼 수 있는 게 별로 없었다. 그렇다고 시신을 그냥 방치할 수도 없는 노릇이었다. 이때 누군가가 테네시 대학 인류학과에 배스라는 뼈 전문가가 있다는 정보를 입수했다. 뼈 전문가라면 무슨 단서라도 줄 수 있지 않을까 하는 생각에 경찰들은 배스에게 자문을 구하기 시작했다.

수백 년 전에 살았던 미국 원주민 뼈 전문가인 배스는 최근에 죽은 사람 뼈는 다뤄보지 않았지만 어차피 같은 사람 뼈인 만큼 최대한 친절하게 자문을 해주었다. 경찰이 가지고 온 유해를 분석하기도 하고 직접 시신을 수습하는 과정을 지휘하기도 했다. 그가 경찰에게 넘긴 보고서에는 뼈를 통해 알아낸 사망자의 성별, 사망 당시 연령, 신장, 사망 원인, 병력 등이 담겨 있었다. 경찰로서는 배스의 해박한 지식이 그저 고마울 따름이었다.

물론 이러한 정보도 신원 파악이나 사건 해결을 위해 중요했으나 경찰이 가장 알고 싶어 했던 것은 시신이 죽은 지 얼마나 되었냐는 거였다. 2014년에 우리나라를 떠들썩하게 했던 유병언 사건처럼 사망 시점이 중요한 경우가 많기 때문이다. 하지만 배스는 사후 경과 시간을 묻는 경찰의 질문에는 답을 해줄 수가 없었다. 그는 수백, 수천 년 전의 고고학 유적에서 발견되는 뼈가 얼마나 오래된 것인지를 연구해왔지, 최근에 죽은 사람의 사망 시점을 알아내는 연구는 한 적이 없었기 때문이다. 배스는 여기저기 논문을 뒤지기 시작했다. 혹시 남들이 해둔 연구가 있지 않을까 하는 생각에서였다. 그러나 아무리 뒤져도 시신이 방치된 시간과 부패하는 속도 및 양상에 관한 자세한 정보는 없었다. 그러다 보니 이런 시신이 나오면 수사가 더디게 진행되었고 결국 사건이 미제로 남는 경우가 많았다.

배스는 이런 상황이 몹시 답답했다. 패기 넘치는 젊은 교수였던 그는 직접 나서기로 했다. 사람이 죽으면 어떤 과정을 거쳐 어떻게 부패하는지를 연구하기로 결심한 그는 대학 관계자들을 열심히 찾아 다니며 시신 연구를 위한 시설의 필요성을 이야기했다. 듣기만 해도 섬뜩한 이 연구 시설이 왜 꼭 필요한지 설득하는 것은 그리 녹록하지 않았다. 하지만 언변이 뛰어난 배스의 끈질긴 설득 끝에 결국 대학은 캠퍼스 앞을 흐르는 테네시 강 건너편 대학 병원 주차장 한 구석의 작은 땅을 야외 연구 시설로 내주며, 기증 받은 시신과 무연고 시신을 연구 목적으로 사용할 수 있도록 했다.

이렇게 새롭게 마련한 연구 시설에 시신이 들어오기 시작했다. 이 세상 누구도 이런 연구는 해본 적이 없으니 무얼 먼저 해야 할지 막막했다. 배스와 학생들은 우선 시신을 그냥 둔 채로 부패 과정을 관찰하기로 했다. 시신의 수도 점차 늘어나고 학생들도 많아지면서 보다 다양한 방법으로 연구가 진행되었다. 이들은 다양한 환경에 시신을 노출시킨 후 서로 다른 부패 과정을 꼼꼼하게 기록했다. 땅을 얕게 파서 시신을 묻어 두기도 하고 몸을 엎드린 자세로 바깥에 그냥 두기도 했다. 그늘 밑에 시신을 놓아 두기도 하고 땡볕 아래 두기도 했다. 그러다 보니 나무에 목을 매고 죽은 사람이 시간이 지나 뼈만 남으면 어떤 식으로 땅에 떨어지는지도 알게 되었고, 불에 탄 시신은 시간이 지남에 따라 어떤 식으로 변형되는지도 밝혀졌다. 언뜻 끔찍하게 들리지만, 이것이야말로 억울하게 생을 마감한 사람들의 한을 풀어줄 수 있는 귀중한 연구다.

CSI 시리즈를 탄생시킨 '법의곤충학'

시신이 부패하는 과정을 연구하면서 빠질 수 없는 연구가 또 하나 있다. 시신에 몰려드는 파리와 각종 벌레들에 대한 연구다. 시신의 부패 과정을 연구하는데 파리와 구더기, 딱정벌레와 벌 같은 곤충에 대한 연구가 왜 필요할까? 사람이든 동물이든 일단 숨이 끊어지고 나면 가장 먼저 냄새를 맡고 오는 동물이 바로 파리다. 여러 종류의 파리 중에서도 금파리는 죽음의 냄새를 가장 잘 맡는다. 심지어는 15킬로미터 떨어진 곳에서도 귀신같이 냄새를 맡을 수 있을 정도라고 한다.

파리는 날이 덥거나 습할수록 더 빨리 냄새로 시신을 감지하고 시신을 향해 날아간다. 하와이처럼 1년 내내 기온이 25~30도를 왔다 갔다 하는 곳은 숨이 끊어지자마자 단 5분 만에 파리가 날아든다고 한다. 미물로 여겨지는 파리에게 이런 능력이 있다니 놀랍다. 파리가 시신을 향해 날아드는 목적은 거기에 알을 낳기 위해서다. 파리는 사람의 시신 중에서도 특히 겉으로 잘 드러나 있는 눈, 콧구멍, 귓구멍, 입과 같은 곳에 먼저 알을 낳는다. 만약 허벅지같이 겉으로 보이는 구멍이 없는 신체 부위에 파리가 알을 많이 낳았다면, 이는 십중팔구 부상을 입어 피가 흘렀던 부위일 확률이 높다.

파리가 알에서 깨어나 유충과 번데기로 탈바꿈해 성충으로 자라기까지 일정한 시간이 걸리는데, 바로 이 원리를 이용해 이 사람이 언제 죽었는지를 알아낼 수 있다. 금파리는 덥고 습한 환경에서는 약 열흘 동안 세 번의 다른 유충 단계를 거치고 번데기가 된 후 성충이 되어 날아간다. 우리가 파리채 한 번 휘둘러 때려잡는 한 마리의 파리는 이렇게 많은 단계를 거쳐 자란다.

학자들은 각각의 유충 단계와 번데기 단계마다 걸리는 시간을 계산했다. 산속에서 발견된 시신에 제3단계의 금파리 유충이 득실거리면 죽은 지 일주일 정도 된 시신이다. 여기서 문제는 기온이나 습도에 따라 시신의 부패 속도가 매우 달라진다는 것이다. 여름에 방치된 시신은 한겨울의 시신에 비해 훨씬 빨리 부패되기 때문에 둘 다 똑같이 번데기 단계에 접어든 파리가 발견되었다 하더라도 실제 사망 이후 시간에 큰 차이가 생길 수 있다. 이 문제를 어떻게 해결할 수 있을지 한참을 고민한 결과, 그 지역의 평균 기온과 강수량, 그리고 파리가 탈바꿈할 때 걸리는 시간을 모두 적용한 수학 공식이 만들어졌다.

이렇게 곤충을 이용해 수사를 돕는 학문 분야를 '법의곤충학'이라고 한다. 우리나라에서는 아직 걸음마 단계이지만 미국에서는 시체가 발견되었을 때 법의곤충학이 중요한 경찰 수사 방법으로 쓰인다. 내가 법의곤충학 강의를 처음 들은 건 하와이 샤미나드 대학의 리 고프M. Lee Goff, 1944~ 교수 수업이었다. 백발을 뒤로 넘겨 깔끔하게 묶고 치렁치렁한 귀걸이에 가죽점퍼를 입고 할리 데이비슨을 타는 이 멋쟁이 할아버지가 바로 전 세계적으로 유명한 드라마

〈CSI 과학수사대〉를 탄생시킨 모델이란 걸 아는 사람은 많지 않다.

한 드라마 작가가 고프 교수의 강의를 듣고 반해서 그의 자문을 받아 만든 대본이 오늘날 CSI 시리즈의 시초가 되었다. 뉴욕, 마이애미 등 다양한 시리즈가 있지만 오리지널인 라스베이거스 시리즈의 주인공인 길 그리썸 반장은 고프 교수를 모티브로 그려졌다. 드라마가 유명해지자 CSI 제작진은 이를 기념하기 위해 고프 교수 연구실에서 촬영을 했고, 그를 드라마에 출연시키기도 했다. 그의 강의를 듣다 보면 나도 법의곤충학자가 될 걸 그랬네 하는 생각이 들 만큼 카리스마가 넘치는 멋진 분이다.

곤충을 이용해 사망 후 경과 시간을 추정하려면 시신이 발견된 현장에 제대로 훈련 받은 사람들이 나가야 한다. 파리 알이나 유충이 어떻게 생겼는지를 정확히 모르면 무얼 증거물로 수집해야 하는지도 모르기 때문이다. 시신에서 파리 알, 유충, 번데기 등이 발견되면 그걸 용기에 바로 담아 더 이상의 성장이 불가능하도록 알코올에 넣어 보존해야 한다. 만약 유충을 범죄 현장에서 보존 처리 없이 그대로 실험실로 가지고 가면 워낙 빠른 속도로 탈바꿈을 하는 파리 유충이 그 사이에 번데기가 되어 버릴 수도 있기 때문이다. 사망한 지 좀 지난 시신에는 살아 있는 파리 유충이나 번데기가 남아 있지 않다. 하지만 번데기가 파리가 되어 날아가면서 남기고 간 껍질이 발견되기도 한다. 비록 살아 있는 파리 유충이나 번데기만큼 유용하지는 않지만 그래도 사망 이후 최소 얼마 이상의 시간이 지났는지를 추정할 수 있는 근거가 된다.

법의곤충학에서 파리만 중요한 건 아니다. 사람마다 좋아하는 음식이 다른 것처럼 곤충들마다 좋아하는 시신의 상태도 다르다. 파리처럼 갓 사망한 시신을 선호하는 곤충이 있는가 하면 딱정벌레처럼 이미 어느 정도 부패되어 습기가 날아간 후 딱딱해지기 시작한 시신을 선호하는 곤충도 있다. 따라서 시신에 어떤 곤충이 있는지를 보면 사망 이후에 시간이 얼마나 흘렀을지 대략 추측할 수 있다. 먹고 먹히는 생태계의 먹이 사슬은 냉정하다. 단지 죽은 시신을 먹이로 삼거나 그곳에 알을 낳기 위해서만 곤충이 몰려들지는 않는다. 파리떼가 시신을 향해 몰려들면 그 파리를 잡아먹기 위해 말벌 등 더 큰 곤충들이 뒤이어 날아든다.

이 때문에 범죄 현장에 어떤 곤충이 있었는지를 샅샅이 뒤져서 채집하는 것이 무엇보다도 중요하다. 그리고 이것이 정확히 어떤 곤충의 어느 탈바꿈 단계인지를 알아야 한다. 문제는 지역과 환경에 따라 서식하는 곤충의 종류가 다르기 때문에 미국에서 진행한 연구를 우리나라에 그대로 적용할 수 없다는 것이다. 그래서 우리나라에서는 아직까지 사체에서 발견된 곤충을 증거로 채택하지 않는다고 한다. 이는 참 안타까운 일이다. 파리가 억울하게 죽은 이의 진실을 밝혀 줄 열쇠를 쥐고 있는데 말이다.

유병언 사건 때도 결국 시신이 발견된 곳에 나가서 곤충을 채집하기는 했다. 그러나 시신을 수습한 지 40여 일이 지난 후에서야 곤충을 수집했기 때문에 과연 그 시신에 대한 정보를 담고 있는지조차 불분명했다. 우리나라는 사회 정서상 시신을 이용한 연구가 어려운 편이다. 그렇기 때문에 더더욱 어떤 곤충이 어느 시점에 시신을 향해 날아드는지, 우리나라에 사는 곤충의 탈바꿈 기간은 정확히 어떻게 되는지 등에 대한 보다 체계적인 연구가 필요하다. 다행히 경찰청 과학수사대를 중심으로 이런 연구들을 서서히 시작하고 있다니 반가운 소식이다.

바디 팜:
완전 범죄 꿈도 꾸지 마!

바디 팜에는 보통 150여 구의 시체가 있다고 한다. 모두 고인이 생전에 기증 의사를 밝힌 시신들이다. 의과대학에서는 연구가 끝나면 기증한 시신을 화장해 가족에게 돌려주는 게 일반적이다. 하지만 바디 팜에 기증된 시신은 가족의 품으로 돌아가지 않는다. 연구가 끝나면 뼈에 남아 있는 근육 등의 연조직을 깨끗이 제거한 후 뼈만 추려 테네시 대학 인류학과의 배스 교수 기증 컬렉션에 보관한다. 이 뼈들은 사망 당시 연령, 성별, 인종, 신장, 병력 등이 모두 알려져 있는 사람의 뼈이기 때문에 다양한 종류의 뼈 연구에 매우 적합하다. 이렇게 해서 벌써 1천여 명의 뼈가 모였다.

연구소의 학자들은 이를 이용해 '포어디스크Fordisc'라는 컴퓨터 프로그램을 만들었다. 이 프로그램에는 배스 컬렉션을 비롯한 수천 명의 뼈 계측치가 들어가 있다. 모두 성별과 인종, 신장을 알고 있는 사람들의 뼈를 계측한 것이다. 신원 미상의 뼈가 발견되면 그 뼈의 길이나 두께 등을 계측해 포어디스크에 입력한다. 그러면 포어디스크는 기존에 입력된 수천 명의 정보를 토대로 이 사람의 인종, 성별, 신장 등을 추정한다. 물론 이 데이터베이스 프로그램 역시 주로 흑인과 백인의 계측치를 이용한 것이기에 우리나라에서는 적용하기 힘들 수 있다. 하지만 계속해서 포어디스크를 업데이트하고 있기 때문에 우리나라에서도 본격적으로 뼈 계측 연구를 진행해 자료를 지속적으로 쌓아 갔으면 하는 바람이다.

1980년대에 시신 한 구와 아주 작은 야외 공간에서 시작한 바디 팜은 오늘날 세계 최고의 법의인류학 연구소로 자리매김했다. 이곳에서 이루어진 수많은 연구 덕에 완전 범죄는 점점 더 힘들게 되었다. 바디 팜에는 1년에 80~100구 정도의 시신이 들어온다. 테네시 대학의 법의인류학 연구소는 연구 주제만 뚜렷하다면 누구나 언제든지 와서 배스 컬렉션을 보고 연구할 수 있게 해준다. 자신의 기관이 소유한 뼈는 절대 보여주지 않는 폐쇄적인 일부 대한민국 교수들, 매번 큰 사건이 터질 때마다 과학 수사의 필요성을 강조하면서 정작 이러한 기초 연구에 대한 지원에는 관심이 거의 없는 대한민국 정부와는 너무도 다르다.

기초 연구를 적극 장려하는 테네시 대학 인류학과는 소장하고 있는 뼈 컬렉션을 최대한 많은 연구자들에게 개방함으로써 국제적인 명성을 쌓았다. 그 인류학과에서 배출해낸 수많은 학자들이 세계 곳곳에서 과학 수사를 이끌며 법망을 빠져나가려는 범인들을 잡는 데 한몫을 하고 있다. 바로 이런 데에서 진짜 힘이 나오는 게 아닐까. 얼마 전 한국 사람 최초로 테네시 대학 인류학과에서 법의인류학으로 박사 학위를 받은 사람이 나왔다. 연구 주제에 대한 탐구뿐만 아니라 테네시 대학의 연구 시설과 그 운영에 대해서도 많은 걸 보고 배웠을 그분에게 희망을 걸어본다.

세계 최대의 사람 뼈 컬렉션

미국에는 테네시 대학의 배스 컬렉션처럼 연구 목적으로 사람 뼈를 보관하는 곳이 많다. 그중에서도 단연 돋보이는 컬렉션은 미국의 수도 워싱턴에 자리 잡은 스미소니언 자연사 박물관에 있다. 스미소니언 자연사 박물관은 루브르 박물관 다음으로 매년 전 세계에서 가장 많은 방문객이 오는 곳이다. 1년에 딱 하루인 크리스마스에만 문을 닫고 나머지 364일은 누구에게나 무료로 열려 있다. 스미소니언 자연사 박물관에는 1천 명이 넘는 학예사들이 자그마치 1억 2천 6백만여 점의 다양한 동물, 식물, 화석, 광물, 유물 등을 관리하고 있다. 스미소니언 자연사 박물관은 스미소니언 항공 우주 박물관, 스미소니언 미국 역사 박물관 등과 같은 19개의 박물관으로 구성된 스미소니언 인스티튜트의 일부다. 전 세계 어디에도 이런 규모의 박물관과 연구 시설이 모여 있는 곳은 찾아볼 수 없을 정도로 방대한 규모와 수준을 자랑한다.

놀랍게도 스미소니언 박물관과 연구 시설을 만들 수 있도록 커다란 액수를 기부한 영국인 제임스 스미손James Smithson, 1765~1829 자신은 미국 땅을 한 번도 밟아본 적이 없었다. 1765년에 영국 부호의 혼외 자식으로 태어난 스미손은 평생 여러 나라를 여행했지만, 미국에는 가보지 않았다. 그랬던 그가 무슨 이유에서 미국 땅에 50만 달러라는 거액을 기부하며 "지식 향상과 전파를 위해 써 달라"고 했을까. 50만 달러는 지금의 기준으로는 우리 돈 5억 원 정도지만 1800년대 초에 당시 미국 정부 전체 예산의 약 1퍼센트로 지금의 수천억 원에 이르는 어마어마한 금액이었다. 그는 자신의 유서에 이렇게 적었다.

"내가 죽으면 나의 모든 재산을 조카에게 물려준다. 만약 내 조카가 자식을 남기지 않고 죽으면 모든 재산을 미합중국으로 넘겨 워싱턴에 스미소니언 인스티튜트를 세워 인류의 지식 향상과 전파를 위해 쓰도록 해달라."

이런 유서를 작성한 지 3년 후인 1829년에 스미손은 세상을 떴고 그의 유서대로 당시 스물 한 살이었던 조카가 유산을 물려받았다.

그런데 그 조카는 그로부터 6년 뒤인 스물일곱에 자식을 남기지 않고 죽었다. 이렇게 해서 그 돈은 몽땅 미국 정부로 넘어갔다. 도대체 왜 그는 엉뚱하게 미국 정부에 그렇게 많은 돈을 남겼을까.

그는 유서에도 인류의 지식 향상과 전파를 위해서 유산을 쓰라는 말 이외에 별다른 이유를 붙이지 않았다. 그래서 아직까지도 그 기부 동기를 두고 혼외 자식이었기 때문에 아버지의 유산을 엉뚱한 데 쓰는 걸로 아버지에게 반항하기 위해서였다는 이야기부터 당시 미국의 민주주의 정신이 마음에 들어서였다는 이야기까지 다양한 추측이 난무한다.

그 진실이 무엇이었든 간에 그의 기부 덕분에 스미소니언 박물관과 연구 시설은 미국 정부 기관의 하나로 1846년 워싱턴에 문을 열었다. 미국 정부는 이렇게 많은 기부를 하고 세상을 떠난 스미손에 대한 예의로, 이탈리아에 묻힌 그의 묘지 관리에 특별히 신경을 썼다. 그런데 1901년 이탈리아 정부는 묘지 근처에 광산이 개발될 예정이기 때문에 곧 묘지가 다른 곳으로 이장될 것이라고 통보했다. 이에 미국 정부는 제임스 스미손의 유해를 미국으로 옮기기로 했다. 눈보라가 몰아치던 1903년 12월 31일, 스미손의 유해는 14일 간의 항해 끝에 처음으로 미국 땅을 밟았다. 그의 유해는 미 해군의 호위를 받으며 스미소니언 건물로 옮겨져 마침내 스미소니언 캐슬에 안장되었다. 전 재산을 미국에 기부했을 때 과연 그는 스미소니언이 이만큼 성장하리라는 걸 알았을까?

스미소니언의 여러 박물관 중에서도 가장 유명한 스미소니언 자연사 박물관에는 인류학 부서가 따로 있다. 고고학, 민족학, 생물인류학의 세 분과 중 사람 뼈는 생물인류학 분과에서 보관한다. 그

수가 얼마나 될까? 놀라지 마시라. 자그마치 3만 3천 명의 사람 뼈가 있다. 이는 지난 1백 년간 사람 뼈 연구가 '인류의 지식 향상과 전파'에 중요한 역할을 할 수 있다고 믿은 수많은 선구자들이 노력한 결과다. 결정적인 역할을 한 사람이 바로 생물인류학의 아버지라 불리는 알레즈 흐드리츠카 Aleš Hrdlička, 1869~1943이다.

그들은 왜 사람 뼈를 모았을까?

1881년, 13살 때 부모님을 따라 체코에서 미국으로 이민을 떠난 흐드리츠카는 뉴욕에서 의과 대학을 졸업했다. 그러나 정작 그는 의학보다도 생물인류학에 관심이 많았다. 당시 문화인류학자들의 활발한 연구를 통해 사회마다 다양한 문화가 존재한다는 것이 알려지기 시작했다. 하지만 1900년대 초만 하더라도 지역에 따른 사람의 생물학적 차이에 대한 관심은 상대적으로 적었다. 프랑스 파리를 방문했던 흐드리츠카는 그곳에서 두개골 측정치를 이용해 인종 간의 신체적 차이를 과학적으로 분석하는 연구에 눈을 뜨게 되었다. 이후 미국으로 돌아와 스미소니언 자연사 박물관 최초의 생물인류학 학예사직을 맡은 흐드리츠카는 본격적으로 사람 뼈를 모으기 시작했다.

흐드리츠카는 최초로 아메리카 대륙으로 건너온 사람들이 누구인지에 관심이 많았다. 그는 아메리카 원주민과 뼈의 모양과 크기가 비슷한 집단일수록 원주민의 조상과 관련이 있는 집단일 확률이 높다는 가설을 세우고 세계 방방곡곡을 다니며 사람 뼈를 모으고 분석했다. 덕분에 그는 엄청난 양의 두개골을 확보했다. 사실 이건 좀 안타까운 일이기도 하다. 사람 뼈를 제대로 연구하려면 두개골은 물론이고 몸의 뼈도 함께 있어야 한다. 하지만 20세기 초반만 하더라도 학자들의 관심은 오로지 두개골에 있었다. 이 때문에 설령 다른 뼈가 함께 발견되더라도 머리뼈만 쏙쏙 골라서 모았다. 다행히 20세기 중후반으로 들어서면서 다른 뼈도 함께 모으기 시작했고, 상태가 좋지 않은 뼈라도 버리지 않고 모두 수집했다.

호드리츠카가 주가 되어 모은 사람 뼈 이외에 또 하나의 유명한 사람 뼈 컬렉션은 스미소니언 자연사 박물관의 테리 컬렉션이다. 미주리 주 세인트루이스의 워싱턴 대학 해부학 교수였던 로버트 테리Robert J. Terry, 1871~1966는 무려 1728명의 뼈를 모았다. 해부학 수업이 끝나고 남은 뼈를 모았기 때문에 이들은 모두 사망 당시 연령, 성별, 인종, 사망 원인과 병력이 알려진 것들이었다. 테리 교수는 왜 이렇게 열심히 사람 뼈를 모았을까?

워싱턴 대학의 테리와 스미소니언의 흐드리츠카, 그리고 클리블랜드 자연사 박물관의 해맨-토드 컬렉션의 선구자인 토드(이 이야기는 바로 뒤에 나옴)에게는 공통점이 하나 있다. 세 사람 다 조지 섬너 헌팅턴George Sumner Huntington, 1861~1927 교수를 멘토로 삼았다는 점이다. 뉴욕의 유명한 해부학자였던 헌팅턴은 해부학 실습이 끝난 뼈는 반드시 모아야 한다고 강력히 주장했다. 그는 무엇보다도 사람 뼈가 사람에 대해 더 많은 것을 연구하고 밝혀낼 수 있는 중요한 연구 자료라고 믿었다. 그의 영향으로 테리는 미주리에서, 토드는 오하이오에서, 흐드리츠카는 전 세계를 돌며 뼈를 열심히 모으게 된 것이다. 헌팅턴이 세상을 뜨자 흐드리츠카는 그가 생전에 수집한 3천8백 개체의 사람 뼈를 스미소니언으로 가져왔다.

테리가 워싱턴 대학에서 퇴임한 후 그 뒤를 이은 사람은 밀드레드 트라터Mildred Trotter, 1899~1991였다. 우리 연구소에는 그간 거쳐간 연구소장들의 사진이 붙어 있는데, 그중 유일한 여자가 바로 트라터 교수다. 트라터는 제2차 세계대전과 한국전쟁 중에 사망한 미군의 신원 확인을 돕기 위해 우리 연구소의 전신이었던 미군 사망자 중앙 신원 확인 감식소에서도 열심히 활동했다. 1899년에 펜실베이니아 시골 마을에서 태어난 트라터는 테리 교수 밑에서 해부학 박사 학위를 받았다. 이후 테리가 부교수로 승진하면서 그 자리에 조교수로 들어갔다. 조교수 부임 후 4년이 지나 부교수로 승진을 했는데, 그녀의 무수한 학문적 업적과 열정적인 지도에도 불구하고 그 후 16년 동안이나 정교수 승진의 기회조차 주어지지 않았다.

미국 내에서도 특히나 보수적이어서 인종 차별과 남녀 차별이 심했던 미주리 주였기 때문일까. 트라터는 강력하게 항의했고 결국 학교 측은 1958년에 그녀를 정교수로 승진시켰다. 이렇게 트라터는 미주리 워싱턴 대학 최초의 여성 정교수가 되었다. 그녀 역시 테리와 뜻을 같이해 사람 뼈를 계속해서 모았다. 트라터는 테리가 모은 뼈 중에 상대적으로 여자 뼈가 적다는 점을 감안해 최대한 많은 수의 여자의 뼈를 모으는 데 주력했다. 뼈를 이용해 사람에 대한 이해를 높이려면 당연히 남자와 여자가 골고루 있어야 한다고 믿었기 때문이다. 1991년에 세상을 뜬 트라터는 자신의 시신을 워싱턴 대학 해부학과에 기증했다. 이렇게 모인 1728명의 사람 뼈는 더 많은 학자들이 연구할 수 있도록 1967년에 스미소니언 자연사 박물관으로 옮겨졌다.

1년에 약 200여 명의 학자들이 사람 뼈를 연구하기 위해 스미소니언 자연사 박물관을 방문한다. 웹사이트에 있는 간단한 연구 신청서를 작성하면 누구든지 그곳에 있는 뼈를 재고 분석하고 사진을 찍을 수 있다. 뿐만 아니라 연구 주제만 명확하다면 뼈의 일부분을 잘라 DNA 연구나 동위원소 분석 연구 등에 사용할 수도 있다. 연구자들은 자신의 논문에 연구 자료를 스미소니언에서 제공받았다는 사실만 밝히면 되고, 스미소니언에서 찍은 사진도 간단한 절차를 거쳐 얼마든지 비영리 목적으로 출판이 가능하다.

뼈 컬렉션으로 진일보한 의학과 해부학

스미소니언의 뒤를 잇는 또 하나의 유명한 사람 뼈 컬렉션은 미국 중부 오하이오 클리블랜드 자연사 박물관에 있다. 해맨-토드Hamann-Todd 라 불리는 이 컬렉션에는 무려 3천 명의 사람 뼈가 보관되어 있어 지금까지도 수많은 인류학자들이 이곳을 찾는다. 이렇게 수천 명의 사람 뼈를 모을 수 있었던 것은 1912년에 이곳으로 새로 부임해 온 토마스 토드Thomas W. Todd, 1885~1938와 이를 전폭적으로 지지해준 칼 해맨Carl A. Hamann, 1827~1892 덕분이었다.

1885년에 영국에서 태어난 토마스 토드는 해부학을 전공했다. 그는 늘 새로운 방법을 활용해 학생들을 가르치는 것을 좋아했다. 이러한 재능을 눈여겨본 미국 오하이오 주의 케이스 웨스턴 리저브 의과 대학 교수들은 그에게 미국으로 와서 학생들을 가르쳐 보지 않겠냐고 제안했다. 이렇게 해서 토드 박사는 1912년에 대서양을 건너 미국의 오하이오 주로 갔다. 같은 해에 칼 해맨이 의과 대학 학장으로 부임했다. 가난한 사람들을 위한 무료 진료에 누구보다 앞장섰던 해맨은 의대 학생들을 제대로 가르치려면 기본 해부학 교육이 매우 중요하다고 생각했다. 그는 사람 뼈를 이해하기 위해서는 사람과 비슷한 면도 다른 면도 많은 침팬지 뼈, 고릴라 뼈, 원숭이 뼈 등을 함께 공부하는 것이 더 효율적이라고 여겼다. 이런 취지로 그는 대학 내에 해맨 비교인류학 및 해부학 박물관을 세워 뼈를 모으기 시작했다.

멀리 영국에서 건너온 토드는 넘치는 패기로 의대 학생들에게 해부학을 가르치기 시작했다. 그가 막 부임했을 때 마침 미국의 법이 바뀌어서, 해부학 실습 시간에 사용된 시신의 연고가 없거나 가족이 인수를 원하지 않으면 그 뼈를 학교에 보관할 수 있게 되었다. 해맨과 마찬가지로 사람 뼈가 향후 학자들에게 소중한 연구 자료가 될 거라고 생각한 토드는 세상을 떠난 1938년까지 해부학 수업 시간에 사용했던 시신을 깨끗이 처리해 꾸준히 뼈를 모았다. 이렇게 모은 뼈가 자그마치 3천여 명에 달한다.

이 뼈들이 더욱 귀중한 이유는 그 3천여 명에 대한 기록이 잘 남아 있기 때문이다. 그 덕에 남녀의 뼈에 나타나는 차이, 인종 간의 차이, 나이에 따라 달라지는 뼈의 모습 등 다양한 주제로 뼈를 연구할 수 있게 되었다. 1920년에 토드는 해맨 비교인류학 및 해부학 박물관장으로 부임했고, 1924년에는 의과 대학 내에 정식으로 해부학과를 만들었다. 그가 이렇게 열정적으로 뼈를 모을 수 있었던 것은 의대 학장이었던 해맨 교수의 전폭적인 지지 덕분이었다. 이러한 교수들의 노력으로 오늘날 케이스 웨스턴 리저브 의과 대학은 5천 명 이상의 교수진을 보유한 미국 최고의 명문 의대 중 하나로 꼽히고 있다.

뼈의 숫자가 많아지자 의과 대학은 이를 클리블랜드 자연사 박물관으로 옮기기로 했다. 1950년대부터 약 10년에 걸쳐 옮겨진 사람 뼈는 해맨-토드 컬렉션으로 알려지게 되었다. 이 컬렉션은 지금까지도 전 세계에서 가장 규모가 큰 사람 뼈 컬렉션 중 하나이다. 클리블랜드 자연사 박물관의 전시실 뒤쪽 연구실로 들어가면 마치 도서관의 자료 보관실 같이 생긴 방에 사람 뼈들이 보관되어 있다. 층층이 높게 쌓인 서랍 하나마다 한 사람의 뼈가 들어가 있다.

이 뼈를 이용해 연구를 하고 싶은 사람은 박물관 홈페이지에 있는 간단한 양식에 연구 주제와 방법을 적고 향후 연구 결과가 나왔을 때 논문 끝에 해맨-토드 컬렉션으로 연구했음을 밝히겠다고 서명해서 제출하면 된다. 동료들 중에서 아직까지 신청했다가 퇴짜 맞은 경우는 단 한 사람도 없는 것으로 보아 연구 주제가 분명하다면 누구에게나 개방하겠다는 박물관의 의지를 엿볼 수 있다. 이런 개방 정책으로 해맨-토드 컬렉션은 인류학을 공부하는 사람이라면 누구나 보고 싶어하는 컬렉션이 되었다.

선견지명을 가지고 뼈를 열심히 모은 학자들과 이를 잘 보관해 연구를 원하는 학자들에게 개방한 박물관 덕분에 우리는 사람 뼈만 가지고도 그 사람이 사망했을 당시의 나이, 성별, 신장 등을 비교적 정확하게 추정할 수 있게 되었다. 어딘가에서 뼈가 되어 발견되는 사람들의 신원을 확인해 그들의 억울함을 풀어줄 수 있게 된 것도, 머나먼 한국 땅에서 전사해 뼈만 남은 미군들의 신원을 밝혀 그들을 가족의 품으로 돌려보낼 수 있게 된 것도, 모두 열심히 모아 놓은 사람 뼈 컬렉션이 없었다면 불가능한 일이다.

너무나도 귀한 아시아 사람의 뼈

안타깝게도 아직 우리나라에는 사람 뼈를 모으려는 노력이 거의 없다. 사람 뼈는 일단 무섭다는 인식이 강하고, 뼈를 화장하는 것이 망자에 대한 예의라고 생각하기 때문이다. 앞서 이야기한 스미소니언의 테리 컬렉션에도 클리블랜드의 해맨-토드 컬렉션에도 아시아인의 뼈는 찾아보기 힘들다. 수천 명 중에 열 명 정도가 있을까 말까다. 그렇다면 아시아인 변사체의 뼈가 발견되더라도 정확한 연령, 성별, 신장 추정 등이 쉽지 않다는 이야기다. 백인이나 흑인의 경우 이미 수천 명의 샘플을 이용해 뼈에 나타나는 신체적 특징이 자세히 연구되어 있기 때문에 신원 미상의 뼈가 발견되었을 때 신원을 밝힐 수 있는 정확한 단서를 찾아낼 수 있다.

그래서 아시아인의 뼈는 백인이나 흑인 샘플과 비교하는 수밖에 없다. 우리가 백인과 신체적으로 얼마나 다른지는 굳이 설명 안 해도 누구나 잘 알 것이다. 그런데도 한국인의 뼈 컬렉션이 따로 없어 유럽계 백인의 뼈를 기준으로 만들어진 방법을 그대로 적용하는 수밖에 없다. 그렇게 되면 당연히 결과가 정확하지 못하다. 정확하지 못한 결과를 이용하면 억울한 이의 죽음을 풀어줄 확률도, 사랑하는 이를 가족의 품으로 돌려보낼 확률도 줄어든다.

우리나라의 일부 의과 대학에서도 사람 뼈를 보관하고 있다고 한다. 하지만 이것이 왜 중요한지에 대한 인식이 부족할 뿐만 아니라 연구자들에게 개방하는 곳은 더더욱 없다. 뼈가 우리 학교 소유라는 인식이 강해서 그 학교 학생이 아닌 사람이 연구를 하고자 연락을 취했을 때 대부분 안 된다는 답신이 돌아온다.

사람 뼈 컬렉션의 문이 꽁꽁 닫혀 있는 상태에서 새로운 뼈를 수집할 법적 근거도 없고 사람들의 인식도 부족하니 고고학 유적에서 발견되는 뼈도 그대로 화장해버리기 일쑤다. 뼈를 공부하는 사람으로서 이런 현실이 특히나 안타깝다. 그렇기 때문에 뼈의 중요성을 알리고 유적에서 나오는 사람 뼈를 지금부터라도 모아야 한다고 계속해서 설득하는 것이 학자로서의 의무라고 생각한다. 다행히 현재 우리나라에서도 뼈를 모아 고인골 보관 센터를 만들자는 논의가 진행 중이라고 한다. 하지만 이 역시 갈 길이 멀다.

현행법상 재개발 지역에서 고고학 유물이 나오면 공사를 중단하고 이에 대한 조사가 끝나야만 개발을 계속할 수 있다. 이렇게 되면 공사 기간이 늘어나고 고고학 조사 비용도 부담해야 하기 때문에 건설 회사나 재개발 지역 주민 입장에서는 그리 달갑지 않다.

고고학 발굴도 대부분의 경우 울며 겨자 먹기로 진행되는 마당에 사람 뼈까지 분석 대상에 포함된다면 그건 어떤 이들에게는 더더욱 달갑지 않을 수도 있다. 하지만 사람 뼈는 다른 유물과 마찬가지로 우리 선조들이 남긴 귀중한 자료다. 유물은 옛날에 이 땅에 살았던 사람들이 만든 것이지만 사람 뼈는 실제로 수백 년, 수천 년 전에 한반도에 살았던 사람들 자체이다.

유물을 통해 그 사람들의 문화와 인식을 엿볼 수 있다면, 사람 뼈를 통해서는 그들의 주식부터 영양 상태와 키, 평균 수명 등 참으로 다양한 정보를 얻을 수 있다. 뿐만 아니라 옛 조상들부터 현대 한국인의 뼈까지 모두 모으면 한반도에 살아온 이들의 생물학적 특징이 세대를 넘어가며 어떻게 변했는지도 알 수 있다. 성별, 연령, 신장, 병력 등의 정보를 가진 최근의 뼈도 모으면 모을수록 과거에 대한 이해는 물론이고 현재 한국인의 특징까지 자세히 파악할 수 있다. 언젠가는 우리나라에도 미국과 유럽, 중국처럼 제대로 된 사람 뼈 컬렉션이 만들어져 원하는 사람이면 누구나 한국인의 특징에 대해 연구할 수 있는 날이 오길 바란다.

마지막 인사

#1 63년 만의 재회

2013년 12월 말. 아직 해가 뜨기 전인 캄캄한 새벽의 미국 엘에이 공항 활주로에 두툼한 외투를 걸친 94세의 흑인 할머니가 군인과 경찰의 부축을 받으며 방금 전 착륙한 비행기를 향해 걸어가고 있다. 비행기 문이 열리자 병사 넷이 성조기로 덮힌 관을 정중히 들고 나왔다. 군악대의 장엄한 연주가 새벽 공기를 가르면서 마침내 관이 할머니 앞에 와서 멈추었고 할머니는 참았던 눈물을 터뜨렸다. 63년 만에 고향으로 돌아온 남편의 유해가 담긴 관에 기대어 조용히 흐느끼는 할머니를 지켜보던 이들도 눈물을 흘렸다.

캘리포니아행 기차 안에서 한눈에 반해 부부의 연을 맺었던 클라라와 조셉. 알콩달콩한 결혼 생활을 보낸 지 2년도 채 되지 않왔을 무렵에 한국전쟁이 터졌고 남편은 먼 길을 떠나야 했다. 당시 미국인들에게 생소하기만 했던 한국으로 떠나기 전 날, 조셉은 아내에게 만약 내가 돌아오지 못하면 다른 사람 만나서 잘 살라고 당부했다. 이에 클라라는 그런 말 하지 말라며 무슨 일이 있더라도 나는 당신의 아내로 살 거라고 답했다. 그렇게 조셉과 클라라는 헤어졌다.

1950년 11월 말 청천강 유역에 도달한 한국군과 미군을 기다리고 있었던 것은 험준한 산을 넘어 사방에서 밀려오는 중국군이었다. 이곳에서 수천 명의 미군이 중국군에게 포로로 잡혀 평안북도의 한 포로수용소로 끌려갔다. 전쟁이 끝나고 살아 돌아온 미군의 증언에 의하면 조셉 갠트 중사는 포로수용소에서 영양실조로 사망했다고 했다. 가슴이 무너졌다. 그래도 아내는 언젠가는 남편의 유해라도 다시 돌아올 것이라는 희망을 버리지 않았다. 클라라는 남편이 돌아오는 것을 보고 죽게 해달라고 기도하며 평생을 혼자 살았다.

어느 날 신원을 밝히지 않은 한국인이 용산 미군 기지로 미군 추정 유해라며 몇 점의 뼈를 보냈다. 그 뼈를 감식해보니 아무래도 조셉 갠트 중사의 뼈 같았다. 그래서 DNA 검사를 추가로 의뢰해 그 뼈의 신원을 확인했다. 1950년 크리스마스 전에 전쟁이 끝날 거라는 맥아더 장군의 약속은 비록 지켜지지 않았지만, 갠트 중사는 63년 만인 2013년 크리스마스에 아내 클라라에게 돌아왔다. 유해로나마 남편을 다시 만난 백발의 할머니는 이렇게 말했다.

"우리는 둘이었지만 하나인 그런 부부였습니다. 비록 그는 돌아오지 않았지만 나는 다른 누구도 만날 수 없었습니다. 그는 누구보다 멋진 남자였고 좋은 남편이었지요. 나는 평생을 그의 아내로서 행복한 삶을 살았습니다."

영화에서나 나올 법한 러브 스토리였다.

#2 더 나은 삶을 찾아서

며칠째 아무도 없는 사막을 홀로 걷는 남자가 있었다. 집을 떠날 때 가방을 가득 채웠던 먹을거리와 물은 이제 얼마 남지 않았고, 조금만 가면 나온다던 희망의 땅은 어디에도 보이지 않았다. 결국 그는 탈수와 열사병이 겹쳐 고향 땅 멕시코를 떠난 지 열흘 만에 황량한 미국의 사막 한가운데에서 세상을 뜨고 말았다. 그렇게 몇 달이 지난 후에 이 남자는 하얀 뼈가 되어 그 지역을 순찰하던 미국 국경 관리인에 의해 발견되었다. 그의 곁에는 빈 물통과 묵주 그리고 가족사진이 남아 있었다.

일거리를 구하지 못하는 중남미의 수많은 사람들에게 미국은 희망의 나라이다. 일단 미국에 가면 뭐라도 할 수 있을 것이라 믿기 때문이다. 그러나 희망의 나라로 가는 길은 험난하다. 정식 서류를 갖추어 입국하는 것이 쉽지 않은 이들은 목숨을 걸고 광활한 애리

조나의 소노라 사막 지대를 걸어서 밀입국하는 경로를 택하곤 한다. 이러한 사람의 수가 늘어나면서 비교적 국경을 넘기 쉬운 지역까지 데려다 주는 '코요테'라는 밀입국 알선자들이 생겨났다.

당장 입에 풀칠하기도 어려운 이들은 수백만 원에 달하는 알선비를 힘닿는 데까지 겨우 마련해 희망의 땅으로 향한다. 그렇게 소노라 사막 근처에 도달해 만난 알선업자들은 하룻밤만 걸어가면 큰 도시가 나온다는 달콤한 말을 남기고 사라진다. 사람들은 그 말만 믿고 열심히 걷기 시작한다. 그러나 몇 날 며칠을 걸어도 도시는 커녕 작은 마을 하나 보이지 않는다. 결국 그들은 탈수와 굶주림으로 인해 뜨거운 태양 아래에서 쓸쓸히 세상을 뜨고 만다. 이렇게 목숨을 잃은 채 발견되는 이들의 수가 한 해에 500명이 넘는다. 미국과 멕시코의 국경은 3천 킬로미터에 달하기 때문에 국경 근처에서 사망한 사람들의 시신을 모두 발견하는 것조차도 쉽지 않다. 이로 미루어볼 때 실제 사망자 수는 훨씬 더 많을 것이다.

이렇게 발견된 이들의 유해는 법의학 부검실이나 대학의 인류학 연구소로 옮겨진다. 그곳에서 유해의 성별, 나이, 인종, 사망원인 추정 및 DNA 검사가 이루어진다. 그러나 대부분의 이들은 가족의 품으로 돌아가지 못한 채 근처 무연고자 묘지에 묻힌다.

고향과 가족을 뒤로 하고 밥벌이를 하기 위해 험난한 여정을 떠난 아들은 미국에 가면 전화를 하겠다고 했다. 한 달이 지나도 두 달이 지나도 전화는 오지 않고, 자식의 생사 여부조차 모르는 부모의 마음은 까맣게 타 들어갔다. 아들을 찾아달라고 신고라도 하고 싶지만 행여 미국 어딘가에 살아 있을 아들이 실종 신고 때문에 불법 체류 사실이 알려져 추방될까 염려가 되어 그저 기다릴 뿐이다. 상황이 이렇다 보니 유해에서 DNA가 추출된다 해도 실종 신고가 들어오지 않는 한 누구의 유해인지 확인할 방법이 없다. 설령 가족이 신고를 하려고 해도 미국에 해야 하는지 멕시코에 해야 하는지부터 애매하다. 밀입국 문제는 정치적으로 민감한 사안이기 때문에 미국도, 멕시코도 이렇다 할 해결책을 내놓지 못하고 있다.

국제적십자사가 나서서 이렇게 죽은 이들도 신원을 확인해 가족의 품으로 돌아갈 권리가 있다고 주장했다. 망자에 대한 최소한의 예의라는 것이다. 그리하여 미국과 중남미의 NGO들과 인류학 교수들이 모여 국경 지대에서 목숨을 잃은 사람들을 가족의 품으로 돌려보내는 일을 추진했다. 이들은 소식이 끊긴 가족을 애타게 기다리고 있는 멕시코의 가족들을 찾아다니며 실종된 이의 생전 정보를 모으고, 국경 부근에서 발견된 무연고자 유해의 중앙 데이터베이스를 구축하는 작업을 시작했다. 이런 노력 덕분에 아직까지 극소수이기는 하지만 국경을 넘다 목숨을 잃은 이들의 유해가 가족의 품으로 돌아가 고향 땅에 묻힐 수 있게 되었다.

이런 문제는 미국과 멕시코에만 한정된 게 아니다. 매년 수천 명의 사람들이 아프리카에서 유럽으로 건너가기 위해 통통배에 몸을 싣는다. 그러다가 배가 뒤집어져 유럽 근처에도 못 가보고 파도가 넘실대는 바다에서 생을 마감하는 사람들이 너무도 많다. 북한에서 남한으로 들어오기 위해 목숨을 걸고 중국으로 넘어가는 사람들도 매년 더 많아지고 있다. 당장 입에 풀칠조차 하기 어려워 목숨을 걸고 일거리를 찾아 국경을 넘으려는 사람들을 어떤 법으로도, 총칼로도 막기 힘들다.

미국 국경에서 발견되는 신원 미상의 유해가 많아지니 얼마 전에는 내가 일하고 있는 연구소에도 분석 의뢰가 들어왔다. 이들의 유해는 비행기를 타고 하와이로 왔다. 그토록 갈망했던 미국에서 꿈을 펼쳐보지도 못한 채 유해가 되어 도착한 이들을 보고 있노라니 마음이 좋지 않았다. 우리가 아무리 신원 확인을 위해 노력해도 이들 대부분은 미국 땅 어딘가에 쓸쓸히 묻히고 말 것이다. 다만 내가 할 수 있는 것은 이들을 기다리고 있을 가족을 생각하며 최선을 다해 감식하는 것뿐이다. 이들이 마지막 순간까지 꼭 쥐고 있었던 묵주와 가족사진이 자꾸만 머릿속을 맴돌아 마음이 찡하다.

어떤 이는 60년을 기다려 사랑하는 이의 가슴에 안기고 어떤 이는 아무도 찾지 않는 무연고 무덤에 묻힌 채 사라진다. 이 두 사람에게 마지막 인사를 하는 사람이 바로 나다. 어떤 존재에 이름을 붙여주고 다정한 마지막 인사를 건넬 수 있다니, 참으로 감사하다.

8월의 무더운 여름. 나는 4년 만에 다시 베트남에 와 있다. 잠시만 밖에 나가도 정글의 열기에 숨이 턱턱 막힌다. 빽빽한 나무로 뒤덮인 깊은 산속에 야전 캠프를 차리고 징그러운 열대 숲 속의 벌레들과 싸우며 통조림으로 끼니를 때운다. 이곳에서 나는 40년 전 헬기가 추락하며 실종된 사람들의 유해를 찾고 있다. 시간이 많이 흘렀지만 유해라도 만져볼 수 있길 바라는 유족을 위해 우리 팀원 15명은 사랑하는 가족과 편안한 집을 떠나 베트남의 정글에서 40일을 보낸다. 아무리 일이 고되어도 우리는 40일이 지나면 가족의 품으로 돌아가지만 이곳 어딘가에 묻힌 이들은 40년 동안 집에 가지 못하고 있다는 생각에 더위에 지쳐도 힘을 내본다. “돌아와, 집에 가자”는 팽목항의 애달픈 외침처럼 내가 집으로 돌아갈 때 이들도 함께 집으로 갈 수 있었으면 좋겠다.

감사의 말

어렸을 때부터 늘 메모지와 연필을 들고 다니며 끄적이는 버릇이 있었다. 돌이켜보면 유치한 글들도 많지만, 끊임없이 무언가를 적곤 했다. 메모하는 것만큼 좋아하는 게 책 읽기였다. 책을 통해 내가 모르던 새로운 세계로 빠져드는 게 좋았다. 대학에 들어가 뼈를 공부하고 흥미를 느끼기 시작하면서 언젠가 나도 뼈에 관한 책을 써 보고 싶다는 생각을 했다. 내가 그랬던 것처럼 다른 이들도 내 책을 통해 뼈가 들려주는 이야기에 푹 빠져볼 수 있다면 어떨까. 생각만으로도 설레는 일이었지만 대학 새내기에게는 그저 꿈만 같았다.

2013년 어느 날 밤에 이메일 한 통을 받았다. 뼈에 관한 책을 써보지 않겠냐는 거였다. 문득 10년 넘게 접어두었던 꿈이 되살아났다. 이렇게 시작된 푸른숲과의 인연으로 책이 2년 만에 세상에 나왔다. 책 한 권에 이렇게 많은 사람의 노력이 들어가는지 미처 몰랐다.

나를 믿고 책을 맡긴 푸른숲 이현주 선생님. "천천히 쓰세요" 하며 빙그레 웃으면 그게 오히려 더 무서워(?) 원고에 열중했다. 그 분이 아니었으면 아직 원고의 절반도 못 썼을지 모른다. 편집자의 예리한 눈으로 수백 쪽의 초고를 꼼꼼히 읽고 코멘트해준 덕에 글 다듬는 법을 제대로 배웠다. 하와이, 한국, 베트남을 오가는 정신없던 나의 일정에 맞춰 휴가지에서까지 원고를 보느라 고생 많았던 푸른숲 조한나 선생님. 베트남 발굴 중에 국제 특송 배달로 도착한 교정 원고에 손편지까지 넣어 나를 감동시켰다. 얼굴은 본 적 없지만 이 책이 나오기까지 노력한 푸른숲의 모든 직원 분들에게도 감사한다.

풀타임 직장을 다니면서 책을 쓰는 건 생각보다 어려웠다. 퇴근하고 집에 가면 딸의 재롱을 보며 쉬고만 싶었다. 남편이 도와주지 않았다면 내 책은 세상의 빛을 보지 못했을 거다. 밤에 원고를 쓸 때는 리아를 씻기고 재우는 일이 모두 남편 몫이었다. 주말에도 내가 혼자 조용히 책을 쓸 수 있게 해주었다. 고마워요!

일가친척이 모두 한국에 있으니 하와이에서는 친구들이 가족 같다. 책 쓴다며 신세를 많이 졌던 수영 씨, 유륜 씨, 동윤 엄마, 윤아 엄마, Kanika, 모두 고마워요.

한국에 출장 갈 때마다 부모님, 동생, 이모들이 원고 작업하라며 기꺼이 리아를 돌봐주었다. 그 덕에 리아는 한국에 갈 때마다 할머니, 할아버지, 이모의 사랑을 듬뿍 받으며 훌쩍 크곤 했다. 나를 늘 믿고 격려하는 사랑하는 부모님과 동생 그리고 제부, 감사합니다.

써놓고 보니 마치 리아가 원고 쓰는데 방해(?)가 된 듯한데 그건 아니었다. 언젠가 리아가 커서 엄마가 쓴 책을 보면 자랑스러워하지 않을까 하는 생각에 혼자 뿌듯해 하면서 피곤해도 참으며 원고에 몰두할 수 있었기 때문이다. 고맙다 딸.

마지막으로 나에게 소중한 삶과 가족, 친구, 동료들을 허락해주신 하나님께 감사드린다. 이렇게 많은 사람들이 노력한 결실인 이 책을 통해 독자들이 '알고 보니 뼈는 재밌는 거구나' 하게 된다면 더 바랄 게 없다.

뼈가 들려준 이야기

첫판 1쇄 펴낸날 2015년 10월 21일
12쇄 펴낸날 2024년 5월 1일

지은이 진주현
발행인 김혜경
편집인 김수진
기획 이현주
책임편집 조한나
편집기획 김교석 유승연 문해림 김유진 곽세라 전하연 박혜인 조정현
디자인 한승연 성윤정
경영지원국 안정숙
마케팅 문창운 백윤진 박희원
회계 임옥희 양여진 김주연

펴낸곳 (주)도서출판 푸른숲
출판등록 2003년 12월 17일 제2003-000032호
주소 서울특별시 마포구 토정로 35-1 2층, 우편번호 04083
전화 02)6392-7871, 2(마케팅부), 02)6392-7873(편집부)
팩스 02)6392-7875
홈페이지 www.prunsoop.co.kr
페이스북 www.facebook.com/prunsoop **인스타그램** @prunsoop

ISBN 979-11-5675-621-7 (03400)